国家自然科学基金青年项目（71703051）
国家自然科学基金重点项目（71333006）
国家教育部哲学社会科学研究重大课题攻关项目（15JZD014）
湖北省社会科学基金（2017021）
华中农业大学农林经济管理学科建设专项基金

农业与农村经济管理研究

农业废弃物资源化生态补偿

NONGYE FEIQIWU ZIYUANHUA SHENGTAI BUCHANG

◆ 何 可/著

总 序

截至“十二五”末期，我国农业取得了粮食生产“十二连增”、农民增收“十二连快”的卓越成就。“十三五”伊始，我国农业发展的物质技术装备基础愈加雄厚，主要农产品供给充足，新技术、新产业、新业态不断涌现，现代农业提质增效的发展机遇非常难得。与此同时，各种新老矛盾交织叠加，农业发展不平衡、不协调、不持续问题仍然存在；农产品供需失衡、结构性过剩现象十分突出，推进供给侧结构性改革的任务较为艰巨；农业资源环境约束不断加强，农业现代化发展相对滞后，农村经济社会转型发展依然需要时日。在这种背景下，加快推进传统农业向现代农业转变，探求农业现代化发展之路和农业供给侧结构性改革之策，农业经济管理学科应承担起为农业产业发展和农村经济建设提供智力支持的重要职责。

华中农业大学农业经济管理学科是国家重点学科和湖北省优势学科，农林经济管理专业是国家特色专业，农林经济管理学科是湖北省重点学科。长期以来，学科点坚持以学科建设为龙头、以人才培养为根本、以科学研究和社会服务为己任，紧紧围绕“三农”发展中出现的重点、热点和难点问题开展理论研究与实践探索。“十一五”以来，先后承担完成国家自然科学基金41项，国家社会科学基金34项，其中重大项目1项、重点项目8项；1项成果入选2015年度《国家哲学社会科学成果文库》；出版学术专著35部；获省部级以上优秀成果奖22项。学科点丰硕的研究成果推动了现代农业和区域经济的较大发展。

近年来，学科点依托学校农科优势，加大资源融合力度，重点围绕农业经济理论与政策、农产品贸易与市场营销、食品经济与供应链管理、农业资源与环境经济、农业产业与农村发展等研究领域，开展系统深入、科学规范的跨学科交叉研究，积极推进农业经济管理学科与经济学、管理学、社会学、农学、生物学和土壤学等学科融合和协同创新，形成了柑橘、油菜、蔬菜、食用菌和水禽等 5 个特色鲜明、优势突出的现代农业产业经济研究团队，以及农产品流通与贸易、农业资源与环境经济、食物经济与食品安全等 3 个湖北省高等学校优秀中青年科技创新团队，有力支撑了本学科的持续发展。

为了进一步总结和展示本学科点在农业经济管理领域的研究成果，特推出这套《农业与农村经济管理研究》丛书。丛书既包括粮食安全、产业布局等宏观经济政策的战略研究，也涉及农户、企业等市场经济主体的微观分析。其中，一部分是国家自然科学基金和国家社会科学基金项目的结题成果，一部分是区域经济或产业经济发展的研究报告，还有一部分是青年学者的学术力作。正是这些辛勤耕耘在教学科研岗位上的诸多学者们的坚守与付出，才有了本学科点的坚实积累和繁荣发展。

本丛书的出版，既是对作者辛勤工作的肯定，更是借此向各位学科同行切磋请教，以使本学科的研究更加规范，也为本学科的发展奉献一份绵薄之力。最后，向一直以来对本学科点发展给予关心和支持的各位领导、专家表示诚挚的谢意！

序

何可博士是我教学生涯中遇到的众多优秀博士生之一。他将其博士学位论文修订成书，并希望我为他作序，我欣然接受。何可博士出生于农村，长成于农村，求思于农村，治学于农村。乡土育人，山川行路。他实实在在地熟悉中国的农村生活，知晓农业的发展逻辑，懂得农民的喜怒哀乐。也正是这种植根于农村大地的情结，催生了这本见微知著的学术著作。

经济学理论表明，由于环境资源的外部性，社会成员在保护或破坏生态环境时，其成本或收益往往不完全由该行为人所承担，由此而导致其价格难以与其价值相匹配，从高价待沽到低价贱卖的情况屡见不鲜。理论上，任何资源都有其潜在价值，只不过由于理念、价值观或技术等原因而使之“放错了位置”，未能得到科学处理，从而成为“废弃物”，进而导致其经济价值、生态价值和社会价值未能完全实现。从农业来看，作为农业大国，中国每年产生了大量的农业废弃物。据测算，2014 年中国农作物秸秆理论资源量约为 9.89 亿吨，畜禽粪尿理论资源量（鲜重）约为 26.81 亿吨。数量如此庞大的废弃物，如果不加以循环利用，必将造成资源浪费，并会严重危害农村生态环境、农业生产环境和农民生活环境，进而影响农村经济发展和生态文明建设。对此，如何激发农业经营主体参与到农业废弃物资源化的利用过程，提高农业废弃物资源化的利用水平，释放其蕴含的巨大价值，既是理论研究者关注的前沿课题，也是实践工作者关心的现实问题。

经济学家一般认为，将环境资源的外部性内部化的方法主要包括指令控制与市场激励，且后者通常比前者更有效率。生态补偿既是一种重要的市场激励手段，亦是让绿水青山更有价值的理想门径。事实上，在现代农业发展的过程中，农业生态补偿被世界发达国家和大多数发展中国家视为推动农业产业绿色转型的政策工具，是可持续发展要求下农业政策体制与机制的重大创新。中国于20世纪80年代就开始了生态补偿探索，进入90年代后开启了农业生态补偿的试点工作。2016年4月，中国政府发布的《国务院办公厅关于健全生态保护补偿机制的意见》将实施生态保护补偿作为生态文明制度建设的重要内容，并提出了“建立以绿色生态为导向的农业生态治理补贴制度”；2018年9月颁布的《乡村振兴战略规划（2018—2022年）》则将健全生态保护补偿机制作为加强乡村生态保护与修复的关键举措，并提出了“推动市场化多元化生态补偿，建立健全用水权、排污权、碳排放权交易制度，形成森林、草原、湿地等生态修复工程参与碳汇交易的有效途径，探索实物补偿、服务补偿、设施补偿、对口支援、干部支持、共建园区、飞地经济等方式，提高补偿的针对性”的工作目标。由此可见，在中国政府“绿水青山就是金山银山”“像保护眼睛一样保护生态环境，像对待生命一样对待生态环境”等思想理念的号召下，农业生态补偿相关政策方针已经上升为国家战略。

在生态补偿理论研究中，把传统依赖农业资源低能高耗的增产导向经济体系，转变为依靠农业资源循环利用的提质导向经济体系的农业废弃物资源化理念，受到了学术界的关注和认可。尤其是进入21世纪之后，不论是在政策层面还是在实践层面，伴随着难以承受之重的雾霾困局、愈演愈烈的“垃圾村”……绿色发展、低碳发展、循环发展引起了全社会前所未有的关切与讨论。作为绿色低碳循环发展理念下破解“农业资源贫乏”与“农业环境贫困”的重要突破口，农业废弃物资源化也正演变为农业生态补偿的主要内容，被社会公众寄予厚望。

在这样的时代背景下，本书采用多学科的研究方法，从宏观和微观的双重角度评估了农业废弃物资源化的价值，探讨了农业废弃物资源化利用过程中利益相关者的博弈冲突，进而构建了以生态补偿制度为核心的农业废弃物资源化利用制度框架、激励机制与政策体系。理论上，本书研究成果突破了既有研究“内容零散”“视角狭窄”的局限，提升了农业废弃物资源化研究的理论层次。实践上，首次提出的农业废弃物资源化生态补偿机制，实现了对“头痛医头，脚痛医脚”的传统环境治理模式的创新，为政府相关部门系统解决农业废弃物污染问题提供了具有一定可操作性的治理策略。

可以说，本书是何可博士学术成长之路上的重要阶段性成果之一。“文章，经国之大业，不朽之盛事。”祝愿何可博士在今后的学术之路上，百尺竿头更进一步。寥寥数语，是以为序。

张俊飚

华中农业大学经济管理学院　副院长、教授、博士生导师

国家现代农业产业技术体系产业经济岗位科技创新组　组长

2019 年 1 月 10 日

目　录

导 论

面对与日俱增的资源环境压力，以农业废弃物资源化（Agricultural Wastes Recycling）为核心的循环农业呼声方兴未艾。为此，以农作物秸秆、畜禽粪尿为研究对象，探讨可持续发展理念支持下农业废弃物资源化价值的科学评估与实现路径问题，便成为了本书的缘起。本导论将从历史、现今、国内、国外的综合视角揭示本书拟解决的现实问题与科学问题，在此基础上阐述研究的目的与意义，并对研究思路、研究布局、研究方法以及研究创新进行概括性介绍。

一、研究的缘起

保护生态环境是中华民族的优良传统。传说黄帝族以熊为图腾、夏族以鱼为图腾、商族以玄鸟为图腾，这种对图腾的崇拜，便是中国生态思想的萌芽（姜春云，2004）。[①] 此后，在长期的进化中，人们逐渐积累了“顺应自然”的理性认知，至农耕文明时代，更是形成了影响深远的“天人合一”世界观。如《道德经》主张“道法自然”,《孟子》提倡“斧斤以时入山林，材木不可胜用也”,《国语》强调“山不槎蘖，泽不伐夭，鱼禁鲲鲕”,《管子》更是直言不讳地指出：“为人君而不能谨守其山林菹泽草莱，不可以立为天下王”。在实践方面，古人对生态环境保护的重视还表现在农业废弃物资源化利用上。《周官》《授时通考》《农桑辑要》《农

① 姜春云:《中国生态演变与治理方略》，中国农业出版社 2004 年版。

政全书》《农桑衣食撮要》《博物志》等书籍记载了古人利用人畜粪便治病、除虫、改良土壤、摧花、作为饲料与燃料，乃至预测天气的事例；《本草纲目》《王祯农书》《补农书》《齐民要术》《三农纪》《便民图纂》等著作亦总结了古人对草木灰的应用案例。

及至现代，1962年美国生态学家蕾切尔·卡逊（Rachel Carson）出版《寂静的春天》后，生态环境问题在全世界范围内引起了前所未有的关注。此后，《增长的极限》《最后的资源》《第四次浪潮》《我们共同的未来》《人类属于地球》等著作成果的出版，让人们进一步认识到资源利用过程中污染物随意排放的危害，并开始注意到采取资源化方式处理废弃物的重要性。摒弃“资源—产品—废弃物”的“单程式经济”，转而发展“资源—产品—废弃物—再生资源”的循环经济，已经逐渐成为了世界各国共同关注的问题与目标。从国际来看，美国对农业废弃物的处置主要体现在水体污染防控与畜禽养殖废弃物管理上，并注重从约束与激励的双重角度，推进农业废弃物资源化利用进程。[①] 德国则较为重视沼气工程建设，其补偿政策经历了由依靠政府补贴向强调市场机制调节作用转变的过程。[②] 日本对废弃物处置优先顺序为：减少废弃物的产生、废弃物资源化利用、通过焚烧废弃物回收热能，其特色在于建设“环境保

① 在畜禽养殖方面，美国出台的综合养分管理计划（Comprehensive Nutrient Management Plan，CNMP）具有深远影响与价值，并被世界许多国家所借鉴。综合养分管理计划将保护措施与管理活动纳入同一个系统，旨在实现生产目的的同时，控制农业废弃物排放，抑制水土流失，并保护和改善水资源。其主要内容包括粪便与污水的处理与存储、土壤治理实践、养分管理、记录保存、饲料管理以及其他利用活动。准备综合养分管理计划的复杂程度取决于集约化畜禽养殖（Concentrated Animal Feeding Operation，CAFO）的规模大小。为了能够对水、粪便、畜禽养殖进行科学评估与管理，准备综合养分管理计划通常需要工程学、农学、作物养分管理、灌溉系统、侵蚀控制、水资源管理等方面的知识。因而，在准备综合养分管理计划时，生产者可能需要一位或多位专家的帮助。

② 据欧洲沼气协会（European Biogas Association，EBA）统计，截至2014年12月31日，德国共建成10786个沼气工程，位居欧洲第一，比第二名意大利多了9295个。德国于2000年推出了《可再生能源优先法》（*Erneuerbare-Energien-Gesetz*，EEG），此后该部法案分别于2004年、2009年、2012年、2014年进行了修订，为沼气产业的发展提供了较为良好的政策环境。

全型农业”[①]。韩国则提出了“亲环境农业”概念，规定了政府、民间团体、农户在亲环境农业中的“权责利”。[②]从国内来看，中国政府关于农作物秸秆资源化利用的政策沿革大体上可以划分为三个阶段：第一阶段（1992—1998年），以利用农作物秸秆推动畜牧业发展为主线；第二阶段（1999—2007年），以农作物秸秆禁烧为重点；第三阶段（2008年至今），以农作物秸秆产业化利用为核心。畜禽粪尿方面，在21世纪之前，中国政府针对畜禽管理出台的政策以防疫、良种繁育为主，兼顾畜禽污染；进入21世纪之后，畜禽养殖污染防治则逐渐成为了重点。

然而，与政府部门高度重视相悖的客观现实是，近年来伴随农业产出水平的提高，农业废弃物的排放总量亦呈上升趋势。而由于更多依循传统生产方式惯性使得许多农户对政府制定的相关规章制度置若罔闻，采取科学、环保的方式处理农业废弃物的意愿不强，使得进入环境中的有害物质有增无减，既在一定程度上导致了农业经济的“裹足不前”和“举步维艰”，又致使农业废弃物资源的经济价值、生态价值与社会价值难以完全实现，从而进一步制约了农村生态环境的改善。循环经济理论认为，农业废弃物只有得到资源化利用，方能在避免对农业可持续发展

① 从世界影响力来看，日本“环境保全型农业”较为著名。其内涵为，充分发挥农业的物质循环功能，在追求经济价值的同时，减轻农业环境负荷。综合来看，“环境保全型农业”模式主要分为三类：一是通过减少化肥、农药等化学投入品的使用量，减少环境污染，保障食品安全；二是通过农业废弃物资源化利用，提高农业资源利用效率，预防土壤、水、空气污染，推动循环农业发展；三是通过采取农作物秸秆还田、畜禽粪尿肥田、病虫害绿色防控等措施，发展有机农业（焦必芳与孙彬彬，2009；喻锋，2012）。为了扩大社会对“环境保全型农业”的认同，日本政府建立了有机农产品认证、生态农户认证、特别栽培农产品认证等制度。

② 针对日益严峻的环境恶化态势，韩国生态人类学家全京秀从高丽民族“身土不二”这一传统哲学观出发，先后出版了《粪便是资源》（1992年）、《粪便也是资源》（2005年）等著作，提出了“亲环境农业”理论。随着环境挑战的愈发严重，加之社会公众对“亲环境农业”的呼吁日渐强烈，韩国政府于1994年在农林畜产食品部设立了环境农业科（后改名为“亲环境农业政策科”），逐步实施亲环境农业政策，于1997年12月颁布了《环境农业培育法》，并将1998年作为“亲环境农业元年”。在韩国政府的大力推进下，“亲环境农业运动”在20世纪末几乎席卷了韩国全境。

造成严重障碍的同时，实现其价值（何可等，2013）。[①] 这种利用理念以“清洁生产”和“循环利用”为重要手段，把传统依赖农业资源消耗的线性增长经济体系，转变为依靠生态型农业资源循环来发展的经济体系，使整个资源利用过程实现了物质能量梯次和闭路循环使用，从而将资源利用活动对生态环境的影响降低到尽可能小的程度，具有较为明显的正外部性（张俊飚，2008）。[②] 例如，有研究指出，在养殖规模和养殖模式不变的情况下，粪便管理优化后甲烷排放因子仅为现状值的 29.12%，一氧化二氮排放因子同样比现状值减少了 34.13%（杨璐等，2016）。[③] 一项针对畜禽粪尿能源化利用潜力的研究发现，中国 2010 年畜禽粪尿资源总量可产沼气 1072.75 亿立方米，其能源潜力相当于中国天然气年消费量的 60%（耿维等，2013）。[④] 更有学者展望，至 2100 年，人类活动排放的二氧化碳中有 25% 可通过农作物秸秆、谷壳等有机质转化为生物炭（Lenton，2010）。[⑤] 可见，基于循环经济发展理念的农业废弃物资源化，理应是助力“乡村振兴战略”的一剂良药。那么，农业废弃物资源化的利用潜力究竟如何？如果农业废弃物资源化确实蕴含了巨大的潜在价值，那么，是什么原因导致了农户行为目标与政府行为目标的偏离？如何才能顺利推动农业废弃物资源化的理论“潜在价值”完成向市场“现实价值”转变的“惊险一跃”，进而激发和提高各类利益相关者（Stakeholder）参与农业废弃物资源化的动能？对诸如此类问题的理性回答，不但有助于破解当前农业可持续发展的困境，而且能够充实和丰富自然资源与环境

① 何可、张俊飚、田云：《农业废弃物资源化生态补偿支付意愿的影响因素及其差异性分析——基于湖北省农户调查的实证研究》，《资源科学》2013 年第 3 期。

② 张俊飚：《农业资源环境安全与利用问题研究》，中国农业出版社 2008 年版。

③ 杨璐、于书霞、李夏菲等：《湖北省畜禽粪便温室气体减排潜力分析》，《环境科学学报》2016 年第 7 期。

④ 耿维、胡林、崔建宇等：《中国区域畜禽粪便能源潜力及总量控制研究》，《农业工程学报》2013 年第 1 期。

⑤ Lenton T. M., “The Potential for Land-Based Biological CO_2 Removal to Lower Future Atmospheric CO_2 Concentration”, *Carbon Management*, Vol.1, No.1, 2010.

济学、农业经济学、行为经济学等理论体系。

鉴于此，本书将以“价值评估—利益博弈—补偿机制”为逻辑主线，选取农作物秸秆、畜禽粪尿为研究对象，在大规模实地调研和数据资料分析的基础上，揭示农业废弃物资源化的价值构成，测算农业废弃物资源化的理论“潜在价值”，探究农业废弃物资源化的农户感知价值（Perceived Value）[①]；从利益相关者的冲突与博弈分析中，深度解构农业废弃物资源化市场“失灵”的原因；研究并设计以生态补偿制度为核心的中国农业废弃物资源化利用整体系统模型，以便为政府相关部门在政策制定方面提供科学依据和理论支撑。图 0.1 为本书的选题思路示意图。

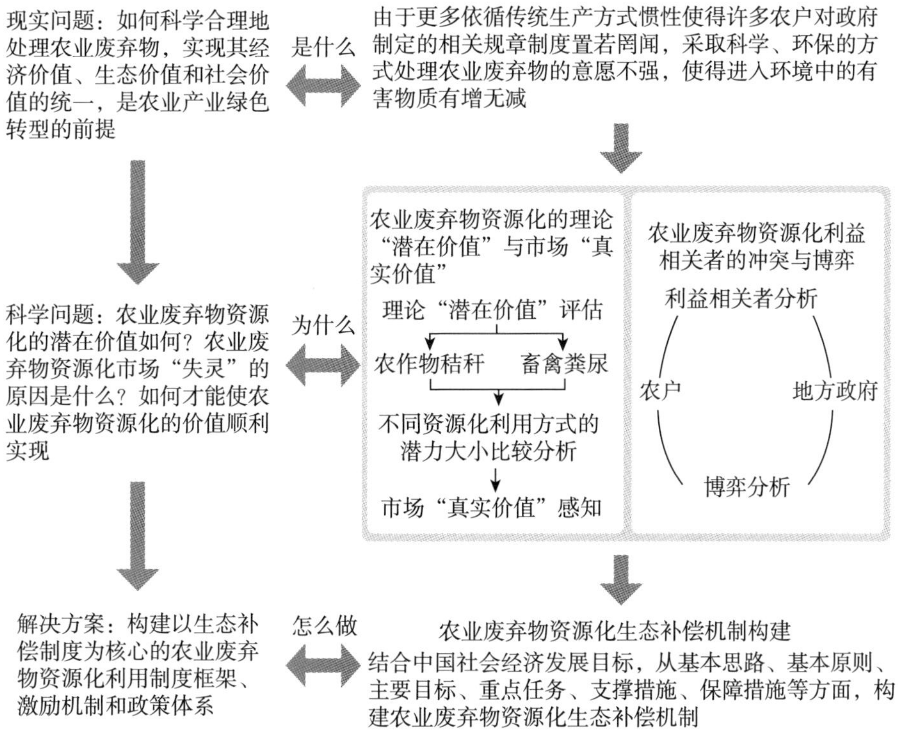

现实问题：如何科学合理地处理农业废弃物，实现其经济价值、生态价值和社会价值的统一，是农业产业绿色转型的前提

是什么

由于更多依循传统生产方式惯性使得许多农户对政府制定的相关规章制度置若罔闻，采取科学、环保的方式处理农业废弃物的意愿不强，使得进入环境中的有害物质有增无减

科学问题：农业废弃物资源化的潜在价值如何？农业废弃物资源化市场“失灵”的原因是什么？如何才能使农业废弃物资源化的价值顺利实现

为什么

农业废弃物资源化的理论“潜在价值”与市场“真实价值”

理论“潜在价值”评估

农作物秸秆　畜禽粪尿

不同资源化利用方式的潜力大小比较分析

市场“真实价值”感知

农业废弃物资源化利益相关者的冲突与博弈

利益相关者分析

农户　地方政府

博弈分析

解决方案：构建以生态补偿制度为核心的农业废弃物资源化利用制度框架、激励机制和政策体系

怎么做

农业废弃物资源化生态补偿机制构建

结合中国社会经济发展目标，从基本思路、基本原则、主要目标、重点任务、支撑措施、保障措施等方面，构建农业废弃物资源化生态补偿机制

图 0.1　本书的选题思路示意

① 本书认为，由于现阶段农业废弃物资源化的核心主体是农户，因此农户对农业废弃物资源化的感知价值可被认为是农业废弃物资源化的市场“现实价值”。

二、研究目的与研究意义

（一）研究目的

本书瞄准农业资源利用与环境保护领域的前沿问题，采用多学科的研究方法，多层次、多角度来探析农业废弃物资源化的价值及其利益分配问题，在此基础上，构建以生态补偿机制为核心的农业废弃物资源化利用制度框架、激励机制与政策体系，以丰富和发展本领域的研究成果，同时为农村生态环境治理相关的政策制定提供科学依据。具体而言，本书试图获得如下新的信息与认知：

一是揭示农业废弃物资源化的价值构成与理论“潜在价值”。在资料查阅和文献考证的基础上，揭示农业废弃物资源化的经济价值、环境价值与社会价值，分析其肥料化、饲料化、能源化、基质化、原料化利用路径。基于所构建的草谷比体系、排泄系数体系、可收集利用系数体系，科学测算中国农作物秸秆、畜禽粪尿的理论资源量、可收集利用量，并对其资源化理论“潜在价值”进行比较。

二是明晰农业废弃物资源化的农户感知价值（即市场“现实价值”）。在大规模实地调研和数据资料分析的基础上，厘清农户对农业废弃物资源化的感知经济价值、感知生态价值与感知社会价值，并比较其性别差异、代际差异与正规教育水平差异，进而以感知价值理论为依据，应用Ordinal Probit模型，初步探究农业废弃物资源化理论“潜在价值”转化为市场“现实价值”的障碍因素。

三是探究农业废弃物资源化利益相关者的冲突与博弈，解构农业废弃物资源化市场“失灵”的原因。尝试性地提出“紧密性—影响性—积极性”三维属性评价体系，识别农业废弃物资源化核心利益相关者。进而，借助完全信息动态博弈、演化博弈等分析工具，从经济学、社会学、政治学多重视角，解构农业废弃物资源化市场“失灵”的原因。

四是测算农业废弃物资源化生态补偿标准。以条件价值评估法（Contingent Valuation Method，CVM）为基础，通过考虑农户填写问卷时回答“意愿支付水平/意愿受偿水平”的不确定性，构建加权 Heckman 两阶段模型，科学测算农业废弃物资源化补偿标准。同时，比较和讨论非参数估计、参数估计、加权参数估计下的生态补偿标准差异。

五是研究并设计出以生态补偿制度为核心的中国农业废弃物资源化利用整体系统模型。以前文研究结果为基础，结合中国经济社会发展现状与目标，构建以生态补偿机制为核心的农业废弃物资源化利用制度框架、激励机制与政策体系，从而突破“头痛医头，脚痛医脚”的传统农村环境治理模式，为政府部门系统解决农业废弃物污染问题提供组合策略。

（二）研究意义

1. 理论意义

本书属于农业经济学、自然资源与环境经济学、社会学、管理学与政治学等学科的交叉与前沿领域，其理论意义在于：

（1）提出了“农业废弃物资源化生态补偿”的概念，构建了农业废弃物资源化生态补偿机制，丰富与发展了生态补偿理论。近年来，尽管部分地方政府的相关部门已经将“农作物秸秆综合利用”纳入农业生态补偿相关条例之中，但却尚未引起学者们的足够重视。国内鲜有关于农业废弃物资源化生态补偿问题的实证研究成果，国外的相关研究亦多集中于废弃物管理（Waste Management）。故而，本书首次提出了“农业废弃物资源化生态补偿”的概念，对农业废弃物资源化生态补偿问题进行了实证研究，并在此基础上构建出了农业废弃物资源化生态补偿机制。

（2）确立了适用于新时期的农作物草谷比体系和可收集利用系数体系，从而为更加准确地测算农作物秸秆理论资源量和可收集利用量、更为科学地评估农作物秸秆资源化理论“潜在价值”奠定了基础。农作物秸秆理论资源量一般根据农作物产量和相应的草谷比进行估算。如果草谷比取值存在较大差异，那么纵使在统计年份、统计对象均一致的前提下，农作物秸秆理论资源量的测算结果亦将截然不同。农作物秸秆资源可收集利用量亦复如是。因此，本书通过梳理近年来的大田试验文献，科学考证农作物草谷比，从而制定出较为合理的农作物草谷比体系、可收集利用系数体系，这无疑对农作物秸秆理论资源量及可收集利用量的准确测算、农作物秸秆资源化理论“潜在价值”的科学评估均具有重要促进作用。

（3）提出“紧密性—影响性—积极性”三维属性评价体系，为生态环境治理领域利益相关者的识别提供了依据。通常，公司治理目标是“将利益相关者的福利内部化”。据此，生态环境治理目标可以理解为“将环境外部性内在化”。显然，这一治理目标上的差异，致使同一类利益相关者在公司治理领域与生态环境治理领域的重要性、紧密性、相关性可能有所不同。为此，本书在借鉴公司治理领域利益相关者分类学的基础上，结合生态环境治理的特征，尝试性地提出了“紧密性—影响性—积极性”三维属性评价体系，以期准确识别生态环境治理领域中的各类利益相关者。

2. 实践意义

本书的实践意义主要体现在以下三个方面：

（1）有利于为中国农业产业绿色转型目标的实现提供良好对策。农业产业绿色转型的实质在于妥善处理好产业配置、经济效益与环境容量之间的关系。从这个意义上说，实现农业废弃物资源化是农业绿色转型的基本前提。评估农业废弃物资源化的理论“潜在价值”，寻找影响农户参与农业废弃物资源化的关键因素，探索农业废弃物资源化价值实现的基本途径，构建农业废弃物资源化生态补偿体系，无疑可以从多个层面上研究和制定出有利于农业产业绿色转型的对策建议，使得在经济利益不至于降低的情况下，农业的生态价值、社会价值得以凸显，从而更好地满足可持续发展对农业产业的要求。由此可认为，农业废弃物资源化的理论“潜在价值”顺利转化为市场“现实价值”的过程，一定程度上就是推进农业产业绿色转型的过程。

（2）有利于丰富中国生态文明建设的内容体系。农业废弃物资源化的价值及其生态补偿机制的主要研究对象是农业生产过程中的资源需求与利用问题，是在确保农户利益不受到损害的前提下，对农业资源的配置理念与利用手段的一种合理探索。就研究范畴而言，农业废弃物资源化是生态文明建设的子集，它从属于生态文明建设，是生态文明建设不可分割的一部分；就研究层次而言，农业废弃物资源化是以增强农业正外部性供给能力作为落脚点，而处于较高层次的生态文明建设，会形成对农业废弃物资源化的有益导向，也能够为农业废弃物资源化及其生态补偿问题的研究提供更为开阔的思路。同时，作为具体化的农业废弃物资源化，能够在一定程度上丰富和拓展中国生态文明建设的内容体系。

（3）有利于强化社会公众的生态价值观。从近期来看，农业废弃物资源化的顺利推进离不开广大农户的积极参与；从长远来看，以涉农企业为龙头、农村中介组织为骨干、农户参与、政府引导的集“收集—储存—运输”于一体的多主体互动式农业废弃物资源化利用体系的建立势在必行。从这一意义上来说，农业废弃物资源化的价值实现是人们行为的直接结果。显而易见，这种行为是在一定的观念指导下的产物。因而，寻求实现农业废弃物资源化经济价值、生态价值与社会价值相统一的路径，构建激励与约束相容、市场与政府结合、公平与效率兼顾的农业废弃物资源化政策，必然绕不开人们的价值观。同时，道德教育本身便是农业废弃物资源化生态补偿中智力（技术）补偿手段的重要内容；哲学中联系的普遍性规律也表明，农业废弃物资源化及其生态补偿机制的研究能够对人们的价值观形成正确导向与积极影响。

三、研究思路与方法

（一）研究思路

本书以农业废弃物资源化的“价值评估—利益博弈—补偿机制”为逻辑主线，基于多学科、多视角、多维度，试图揭示农业废弃物资源化市场“失灵”的原因，进而找出对策。具体而言，本书将遵循如下思路展开布局：首先，系统梳理本书研究所属领域的国内外研究热点、研究前沿及发展趋势，在此基础上构建本书的理论分析框架。其次，基于宏观统计数据与微观调研数据，深入探究农业废弃物资源化的理论“潜在价值”与农户感知价值（即市场“现实价值”），进而，通过分析农业废弃物资源化核心利益相关者的冲突与博弈，深度解构农业废弃物资源化市场“失灵”的内因与外缘。最后，以促进农业产业绿色转型的农业废弃物资源化利用为目的，构建中国农业废弃物资源化生态补偿机制。本书的技术路线如图 0.2 所示。

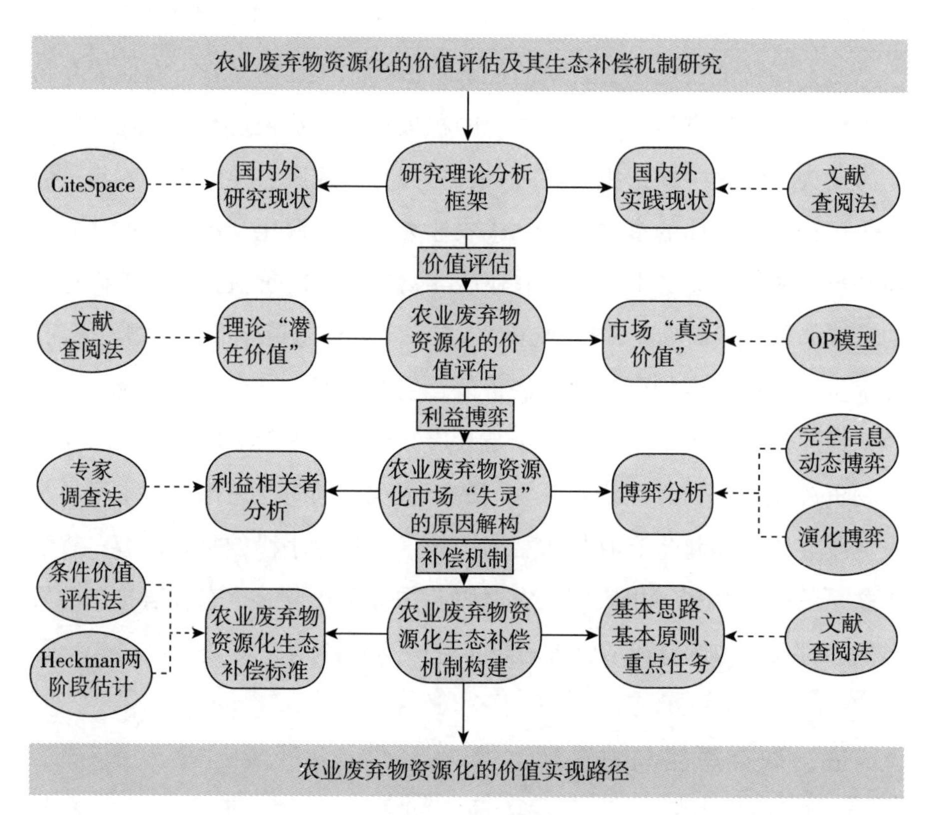

图 0.2 技术路线

（二）研究方法

本书采用定性分析与定量分析相统一、宏观分析与微观分析相统筹、规范分析与实证分析相结合的研究手段，注重文献分析法、实地调查法、博弈分析方法、计量经济学分析方法的综合运用。

1. 文献分析法

采用中国知网（CNKI）数据库与社会科学引文索引（Social Science Citation Index，SSCI）数据库收录的期刊论文数据，借助 CiteSpace 软件，以可视化图谱的方式直观展示农业废弃物、生态补偿两大领域的研究现状、研究热点及其演进路径，通过共被引图谱聚类分析，明晰上述领域的研究前沿与发展趋势。

2. 实地调查法

实地调查法主要分为两个部分——问卷调查与实地访谈。

（1）问卷调查。自制问卷的调查对象主要分为两类，分别是农户与专家。农户调查方面，考虑到目前中国农户的受教育程度普遍不高的客观现实，加之本书调查内容的专业性与学术性较强，笔者通过组织调查小组采取“面对面，一对一”的方式进行代填式问卷调查，即由经过培训的调查员根据农户的回答并经由农户确认后填写问卷，以获取有关农业废弃物处置现状、基于条件价值评估法的农业废弃物资源化生态补偿标准等方面的资料。专家调查方面，在全国范围内搜寻资源与环境经济学、农业经济学、行为经济学等领域的专家学者，通过发送电子邮件、现场发放（如会议现场、培训班现场）等方式，进行自填式问卷调查，获取专家对农业废弃物资源化利益相关者的识别、评价等资料。

（2）实地访谈。实地访谈的对象主要包括三类，分别是农户、政府官员与专家。通过实地访谈，了解上述主体对农业废弃物的认知和态度，以及他们对农业废弃物资源化的评价与展望，对农业废弃物资源化生态补偿政策的建议等资料。

3. 博弈分析方法

较之于传统经济学理论，基于博弈论的主体效用函数不仅取决于自身选择，而且有赖于他人抉择。因此，博弈论能够有助于解决冲突对抗条件下的最优决策问题。本书在利益相关者分析的基础上，分别探讨了地方政府与农户、农户与农户之间的博弈均衡。

4. 计量经济学分析方法

依据研究内容与研究目的的差异，本书各部分采用不同的计量经济学分析方法。其中，农业废弃物资源化的农户感知价值研究中，采用 Ordinal Probit 模型；探讨农业废弃物资源化生态补偿标准测算时，应用 Heckman 两阶段估计模型。

四、研究的创新之处

与既有文献相比，本书的创新之处在于以下五个方面：

一是提出了“农业废弃物资源化生态补偿”的概念，研究并设计出了以生态补偿制度为核心的中国农业废弃物资源化利用整体系统模型，挖掘出了推动农业废弃物资源化利用从高生态低效益向高生态高效益“惊险一跃”的逻辑演进路径。

本书首次提出了“农业废弃物资源化生态补偿”的概念，并以“价值评估—利益博弈—补偿机制”为逻辑主线，以农作物秸秆、畜禽粪尿为研究对象，在大规模实地调研和数据资料分析的基础上，深度解构了农业废弃物资源化市场“失灵”的内因与外缘；研究并设计以生态补偿制度为核心的中国农业废弃物资源化利用整体系统模型，为政府部门在破解农村环境污染困局、推动农业生态建设等方面提供了科学依据和理论支撑。同时，本书发现，从长远来看，伴随农业废弃物资源化利用与农业经济发展的融合协调发展机制的逐步建立，农业废弃物资源化的生态价值与经济价值实现高度统一将不再是黄粱一梦，从而在一定程度上实现了“自我补偿”，甚至无须补偿即可获得较为丰裕的利润回报。

二是确立了新时期农作物秸秆草谷比体系，有助于农作物秸秆理论资源量的准确测算，从而为农作物秸秆资源化理论“潜在价值”的科学评估、农作物秸秆资源化路径的合理选择奠定了基础。

正确估算农作物秸秆资源量，对了解资源状况，实现农作物秸秆资源化利用具有重要的意义。然而，既有文献中，农作物秸秆资源量估算结果往往差异较大。这种差异一方面源于不同文献对农作物秸秆种类的统计量不一致，另一方面则要归因于草谷比的取值。因此，构建合理的、完备的草谷比体系至关重要。故而，本书以农作物大田试验数据为基础，对各类农作物的草谷比进行全面系统的考证，建立了全新的、科学的、较为完备的草谷比体系。本书所构建的草谷比体系不仅涵盖了水稻、小麦、玉米、谷物、豆类、薯类等粮食作物，而且包括了油料作物、棉花、麻类作物、糖料作物、烟类、蔬菜、瓜果等，还考虑了农产品加工剩余物的副产品，例如稻壳、玉米芯、花生壳等。

三是在借鉴公司治理领域利益相关者分类学的基础上，结合生态环境治理的特点，尝试性地提出了“紧密性—影响性—积极性”三维属性评价体系，为生态环境治理领域利益相关者的识别提供了依据。

本书以农业废弃物资源化为例，尝试性地提出了适用于生态环境治理领域的利益相关者“紧密性—影响性—积极性”三维属性评价体系。（1）紧密性：该利益相关者与农业废弃物资源化工程实施的紧密程度。两者之间是直接相关（非常相关、比较相关、一般相关），还是间接相关，抑或潜在相关？（2）影响性：该利益相关者是否具有影响农业废弃物资源化工程运行的地位、能力及手段，或该利益相关者是否能够被农业废弃物资源化工程影响及其影响程度如何。两者之间是直接影响（影响非常大、影响比较大、影响一般），还是潜在影响，抑或没有影响？（3）积极性：该利益相关者支持农业废弃物资源化工作的积极程度、主动程度。是非常积极、比较积极、一般积极，还是比较不积极、非常不积极？

四是以“农户农业废弃物资源化利用决策”为例，探讨了非正式制度在农业废弃物资源化中的作用，既为理解农户环境保护行动的逻辑提供了新的理论解释，又为理解非正式制度的影响机理提供了新的经验证据。

自20世纪80年代以来，随着农村大量劳动力常年离土离乡，农村社会日渐演化出不同的形态。换言之，在“熟人社会”农村和“原子化”农村中，由于非正式制度的激励与约束作用存在差异，农户的行为逻辑也有可能不同。据此，本书从非正式制度嵌入的角度考察了农户在农业废弃物资源化利用中的行为目标，拓展了已有研究的分析视角。同时，本书通过引入“信任”变量，改进了泽瑟摩尔（Zeithaml，1988）的感知价值理论模型[①]，探究了农户对农作物秸秆能源化的感知经济价值、感知生态价值和感知社会价值；通过引入“信任”变量，改进了文卡特什（Venkatesh，2003）的整合型科技接受模式（Unified Theory of Acceptance and Use of Technology，UTAUT）模型[②]，探究了影响农户对农业废弃物资源化利用支付意愿（Willingness to Pay，WTP）、受偿意愿（Willingness to Accept，WTA）的关键因素。这些改进为理解中国社会背景下的农户环境保护行为提供了新的解释。

五是通过考虑农户填写调查问卷时面临的支付意愿/受偿意愿“不确定性”问题，科学量化了农业废弃物资源化生态补偿标准。这是改进型条件价值评估法在农业生态补偿领域中的一次先锋性尝试。

在条件价值评估调查中，被调查者获取信息的充分程度、被调查者自身的见识与眼界，都将影响其回答的确定性。因而，有必要考虑不确定性影响下农户意愿支付水平/意愿受偿水平的差异，才能更为准确地估计出农作物秸秆能源化生态补偿的标准。据此，本书将被调查农户选择的投标值确定性程度（即“非常不确定—1—2—3—4—5—6—7—8—9—10—非常确定”）视为0—1的概率值。换言之，当农户选择“1”时，则认为其对有关意愿支付水平或意愿受偿水平的回答持“确定”态度的概

① Zeithaml V. A., “Consumer Perceptions of Price, Quality, and Value: A Means-end Model and Synthesis of Evidence”, *Journal of Marketing*, Vol.52, No.3, 1988.

② Venkatesh V., Morris M.G., Davis G.B., et al., “User Acceptance of Information Technology: Toward a Unified View”, *MIS Quarterly*, Vol.27, No.3, 2003.

率仅为0.1；当农户选择“10”时，持“确定”态度的概率为1。在此基础上，本书应用Heckman两阶段加权参数估计的方法，科学量化了农业废弃物资源化生态补偿标准，较大程度上克服了传统条件价值评估法研究饱受诟病的偏差问题。这是改进型条件价值评估法在农业生态补偿领域中的一次先锋性尝试，基于该方法测算出的生态补偿标准具有较强的政策参考价值。

第一章 国内外研究现状

梳理、归纳和评述国内外研究现状是一切合理研究的基础，既能帮助研究者了解当前研究的进展与困境，又能明晰本书在国内学术界、国际学术界所处的位置。鉴于此，本章基于中国知网数据库与社会科学引文索引数据库，运用 CiteSpace 软件，从文献计量学的角度，厘清国内外农业废弃物、农业生态补偿两大领域的研究热点、研究前沿及研究趋势，并对中外文献进行比较分析，进而展开文献述评。

第一节 农业废弃物研究现状

一、数据来源

本章的中文数据来源于中国知网。文献检索策略为："SCI 收录刊 =Y 或者 EI 收录刊 =Y 或者核心期刊 =Y 或者 CSSCI 期刊 =Y 并且主题 = 农业废弃物或者主题 = 畜禽粪尿或者主题 = 秸秆或者主题 = 生物质并且主题 = 废弃物（模糊匹配）"。从数据库中通过相关检索策略得到的数据难免会存在一些不相关的记录，这在数据收集中是难以避免的（李杰和陈超美，2016）。[①] 因此，为了尽可能保证入选文献的合理性，本书采用人工的方式对从中国知网搜索引擎获得的文献进行了一一核实，具体步骤如下：首先，剔除了书评、会议通知、会议综述、广告、期刊总目录、

① 李杰、陈超美：《CiteSpace：科技文本挖掘及可视化》，首都经济贸易大学出版社 2016 年版。

新闻报道、政府公文以及其他不相干的文献；之后，对剩余文献进行深度阅读，将自然科学实验（例如丛枝菌根真菌对秸秆降解的影响、预处理对秸秆厌氧发酵产气的影响等）、机械装备制造（例如秸秆压块机的参数优化、秸秆床发酵系统的改进等）、计算机软件开发（例如秸秆资源海量存储系统的开发、计算机视觉的应用等）等领域的农业废弃物相关文献予以剔除。最终一共获得适用于研究目的的有效文献658篇。数据下载时间为2016年8月10日。

本章的外文文献数据来源于社会科学引文索引数据库。文献检索策略为："主题：（Agricultural Waste）or 主题：（Straw）or 主题：（Livestock Manure）or 主题：（Biomass Waste）or 主题：（Agriculture Waste）；精炼依据：文献类型：(Article or Review)；时间跨度：所有年份；索引：SSCI"，一共获得文献1230篇。需要指出的是，由于本次检索的关键词"Straw"除了表示"秸秆"之外，还能组合成"Straw Man""Straw Voting""Straw-breathing Task""Bonds of Straw"等短语。因此，为了尽可能保证入选文献的合理性，本书采用人工的方式对上述文献一一核实，剔除与本书不相干的文献，最终一共获得适用于研究目的的有效文献719篇。数据下载时间为2016年8月15日。

二、外文文献计量结果

（一）文献数量情况分析

本次检索共得到农业废弃物领域研究文献719篇，时间范围为1970—2016年，平均每年出版文献数量约为15篇。图1.1报告了其年度变化趋势。不难发现，2006年之后，该领域文献出版的数量急剧上升，2014年达至顶峰104篇。

（二）作者、机构与国家（地区）分析

选择CiteSpace 4.2.R1中的"Author"节点，得到1970—2016年农业废弃物领域作者论文发表概况，如表1.1所示。不难发现，在该领域的

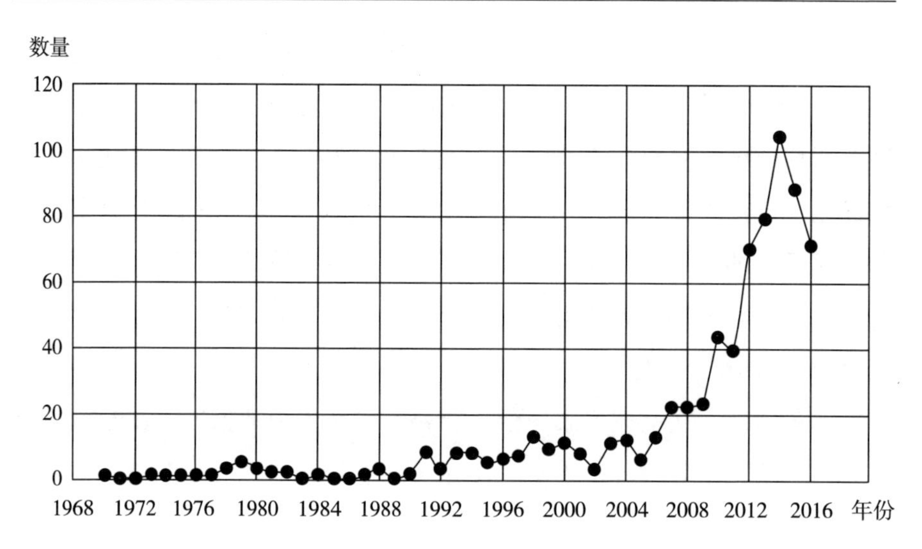

图 1.1 1970—2016 年农业废弃物领域出版文献数量分布（外文）

代表性学者中，北京大学的陈国谦（Chen G.Q.）教授以 6 篇论文位居第一；美国加利福尼亚大学戴维斯分校（University of California, Davis）的范悦悦（Fan Y.Y.）副教授居于第二；瑞典查尔姆斯理工大学（Chalmers University of Technology）的高级讲师维尔森尤斯（Wirsenius S.）、荷兰瓦格宁根大学（Wageningen University）的摩尔（Mol, A.P.J.）教授并列第四。

表 1.1 1970—2016 年农业废弃物领域作者论文发表概况（外文）

排名	作者	论文发表数量（篇）	占 719 篇的百分比（%）	首篇论文发表时间（年）
1	Chen G.Q.	6	0.83	2007
2	Fan Y.Y.	5	0.70	2008
4	Wirsenius S.	4	0.56	2010
4	Mol A.P.J.	4	0.56	2004
21	Vachal J.	3	0.42	2016
21	Smith P.	3	0.42	2014
21	Phalan B.	3	0.42	2009
21	Lansink A.G.J.M.O.	3	0.42	2009
21	Borjesson P.	3	0.42	1998

续表

排名	作者	论文发表数量（篇）	占 719 篇的百分比（%）	首篇论文发表时间（年）
21	Chen B.	3	0.42	2007
21	Chen C.W.	3	0.42	2010
21	Marouskova A.	3	0.42	2016
21	Shackley S.	3	0.42	2008
21	Krausmann F.	3	0.42	2004
21	Bi J.	3	0.42	2012
21	Garnett T.	3	0.42	2013
21	Welsh R.	3	0.42	2003
21	Ramsden S.J.	3	0.42	2013
21	Wilson P.	3	0.42	2013
21	Parrot L.	3	0.42	2009
21	Glithero N.J.	3	0.42	2013

注：本表结果已经过人工核对剔除了重名；如无说明，本书所有表格中的数字均为四舍五入后的结果。

选择 CiteSpace 4.2.R1 中的"Institution"节点，得到 1970—2016 年农业废弃物领域机构论文发表概况，如表 1.2 所示。不难发现，在主要研究机构排名中，荷兰瓦格宁根大学以 21 篇论文居于首位，中国科学院（Chinese Academy of Sciences）、北京大学（Peking University）分别以 17 篇、13 篇论文的数量分列二三名。

表 1.2　1970—2016 年农业废弃物领域机构论文发表概况（外文）

排名	作者	论文发表数量（篇）	占 719 篇的百分比（%）	首篇论文发表时间（年）
1	Wageningen Univ	21	2.92	2001
2	Chinese Acad Sci	17	2.36	2007
3	Peking Univ	13	1.81	2007
4	Univ Calif Davis	12	1.67	2008
5	Univ Oxford	9	1.25	2012
9	Norwegian Univ Life Sci	8	1.11	2008

续表

排名	作者	论文发表数量（篇）	占 719 篇的百分比（%）	首篇论文发表时间（年）
9	Chalmers	8	1.11	2007
9	Univ British Columbia	8	1.11	1998
9	Univ Cambridge	8	1.11	2003
13	Aarhus Univ	7	0.97	2010
13	Purdue Univ	7	0.97	2010
13	Univ Nottingham	7	0.97	2013
13	Univ Sheffield	7	0.97	2002

选择 CiteSpace 4.2.R1 中的“Country”节点，得到 1970—2016 年农业废弃物领域国家（地区）论文发表概况，如表 1.3 所示。不难发现，在主要国家（地区）排名中，美国以 165 篇的论文数量高居首位，中国以 94 篇的成绩排名第二，英国、荷兰、德国分列三、四、五名。由此可见，中国虽 2001 年才在农业废弃物领域的国际舞台上发声，但后来居上，在国际学术界的影响力较强。

表 1.3 1970—2016 年农业废弃物领域国家（地区）论文发表概况（外文）

排名	作者	论文发表数量（篇）	占 719 篇的百分比（%）	首篇论文发表时间（年）
1	USA	165	22.95	1970
2	PEOPLES R. CHINA	94	13.07	2001
3	ENGLAND	72	10.01	1998
4	NETHERLANDS	46	6.40	1991
5	GERMANY	39	5.42	1996
6	AUSTRALIA	37	5.15	1998
8	SWEDEN	35	4.87	1998
8	CANADA	35	4.87	1998
9	ITALY	27	3.76	2007
10	FRANCE	20	2.78	1988

（三）研究热点分析

选择 CiteSpace 4.2.R1 中的“Keyword”节点，筛选策略为 Top 20，一共获得 47 个研究热点。本书通过综合考虑关键词的数量、频次与中介中心性，进一步筛选出农业废弃物减碳化与能源化研究、农业废弃物排放的影响研究、农业废弃物相关的物流与能流研究、农业废弃物污染防控研究等四大主要研究热点，具体分析如下：

1. 农业废弃物减碳化与能源化研究

表 1.4 报告了关键词概况。不难发现，“energy”“biomass resource”“management”“system”“sustainability”“renewable energy”“policy” 等关键词的频次均超过了 50。其中，“energy”“management” 的中介中心性更是超过了 0.1，表明将农业废弃物作为一种生物质资源，探究其能源化的研究是该研究热点的主要内容。从起始时间来看，“climate change”“greenhouse gas emission” 虽分别于 2010 年、2013 年才出现，但却拥有不低的频次，意味着近年来气候变化下农业废弃物问题研究受到重视。从 CiteSpace 筛选出的文献来看，该研究热点又可以划分为三个主要研究方向：农业废弃物能源化路径及其比较研究、农业废弃物减碳化利用研究、农业废弃物能源化与温室气体减排研究。

表 1.4　农业废弃物减碳化与能源化研究的关键词（外文）

起始年份（年）	关键词	频次	中介中心性
1991	energy	105	0.11
1993	system	55	0.07
1993	waste	35	0
1993	developing country	22	0.01
1994	biomass resource	96	0.09
1994	impact	40	0.06
1995	management	64	0.13
1997	biofuel	39	0.04

续表

起始年份（年）	关键词	频次	中介中心性
2006	policy	53	0.09
2008	lca	42	0.04
2009	sustainability	56	0.02
2009	renewable energy	55	0.02
2009	model	24	0.01
2010	climate change	37	0.02
2011	technology	30	0
2013	greenhouse gas emission	29	0

注：频次低于 20 的关键词未报告。

2. 农业废弃物排放的影响研究

表 1.5 报告了关键词概况。不难发现，“soil”“water quality”“pathogen”等关键词均入选，其中“water quality”的频次排名第一，且中介中心性大于 0.1，表明该研究热点较为关注农业废弃物排放对土壤、水资源、人体健康的影响，尤其是关于水质的研究在该领域具有重要影响力。同时，“livestock waste”“poultry”等关键词则表明该研究热点更为关注农业废弃物中的畜禽废弃物。结合 CiteSpace 筛选出的文献，可将该研究热点划分为三个主要研究方向：一是农业废弃物排放对水质的影响研究。例如，帕克（Parker，2000）探讨了《1998 年马里兰水质改善法案》（The Maryland Water Quality Improvement Act of 1998）在畜禽粪尿引起的非点源营养物污染减排中的作用。[①] 二是农业废弃物排放对土壤的影响。例如，塞纳（Centner，2000）认为通过对畜禽废弃物可持续的土壤营养管理有助于保护水质。[②] 三是农业废弃物排放对人体健康的影响。例如，艾维

① Parker D., “Controlling Agricultural Nonpoint Water Pollution: Costs of Implementing the Maryland Water Quality Improvement Act of 1998”, *Agricultural Economics*, Vol.24, No.1, 2000.

② Centner T. J., “Animal Feeding Operations: Encouraging Sustainable Nutrient Usage rather than Restraining and Proscribing Activities”, *Land Use Policy*, Vol.17, No.3, 2000.

（Ivey，2012）通过调查发现，蔬菜生产者尽管认识到良好农业规范（Good Agricultural Practices）有助于食品安全，却并不同意野生动物粪便、畜禽粪尿等污染问题通常在农场发生。[①]

表 1.5　农业废弃物排放的影响研究的关键词（外文）

起始年份（年）	关键词	频次	中介中心性
1995	growth	15	0.01
2000	soil	30	0.08
2000	livestock waste	6	0
2003	water quality	35	0.17
2003	poultry	5	0.03
2009	consumption	24	0.02
2009	intensification	10	0
2009	pathogen	5	0

注：频次低于 5 的关键词未报告。

3. 农业废弃物相关的物流与能流研究

表 1.6 报告了关键词概况。不难发现，频次最高的关键词为“China”，且其中介中心性为 0.03，表明有关中国的区域性研究在该研究热点中占据主要地位，且具有一定的影响力。“land use”的中介中心性超过了 0.1，表明有关土地利用的研究在该研究热点内具有重要影响力。从研究内容来看，该研究热点又可划分为三个主要研究方向：一是土地利用变化与农业废弃物能源转化研究。例如，库克斯（Cussó et al.，2006）探究了 1860—1870 年加泰罗尼亚农村地区的社会代谢（Social Metabolism）问题，发现整个生态系统内不同地块之间的功能断开（Functional Disconnection）

---

① Ivey M. L. L., Lejeune J. T., Miller S. A., “Vegetable Producers’ Perceptions of Food Safety Hazards in the Midwestern USA”, *Food Control*, Vol.26, No.2, 2012.

是导致生物质转化效率低下的重要原因之一。[①] 二是关于沼气中的能源问题研究。例如，丁文广等（Ding et al.，2012）探究了中国西北部农村地区户用沼气在环境保护与能源节约方面的作用。[②] 三是农业废弃物利用中的物质流研究。例如，马敦超等（Ma et al.，2012）通过物质流分析发现，城市化、生活水平的改善、人口的增长对废弃物排放、矿石开采、含磷废弃物回收比例下降导致的磷素流动变化具有重要影响。[③]

表 1.6 农业废弃物相关的物流、能流研究的关键词（外文）

起始年份（年）	关键词	频次	中介中心性
1994	emission	41	0.07
2001	China	42	0.03
2001	land use	38	0.11
2001	livestock	25	0.08
2003	area	11	0.01
2012	scale	14	0
2012	risk	13	0
2013	health	20	0
2013	perspective	14	0

注：频次低于 5 的关键词未报告。

4. 农业废弃物污染防控研究

表 1.7 报告了关键词概况。不难发现，该研究热点的起始年份为 1990 年，最新年份为 2006 年，可见该研究热点具有较长的生命力。减少

① Cuss ó X., Garrabou R., Tello E., "Social Metabolism in an Agrarian Region of Catalonia (Spain) in 1860–1870: Flows, Energy Balance and Land Use", *Ecological Economics*, Vol.58, No.1, 2006.

② Ding W., Niu H., Chen J., et al., "Influence of Household Biogas Digester Use on Household Energy Consumption in a Semi-arid Rural Region of Northwest China", *Applied Energy*, Vol.97, No.9, 2012.

③ Ma D., Hu S., Chen D., et al., "Substance Flow Analysis as a Tool for the Elucidation of Anthropogenic Phosphorus Metabolism in China", *Journal of Cleaner Production*, Vol.29–30, No.10, 2012.

农业废弃物排放、加强农业废弃物的科学管理无疑在环境保护、资源节约方面具有良好效益，为此，一系列试图解决上述问题及其他相关农业问题的新技术、新制度应运而生。该研究方向的核心内容正是探讨这些新技术、新制度的运行现状、存在的问题及优化策略。从 CiteSpace 筛选出的文献来看，该研究热点可分为三大类：一是基于技术视角的农业废弃物污染防控研究。例如，埃本德韦蒙德佐（Egbendewe-Mondzozo et al.，2011）模拟了多个不同轮作种植方式下的生物质供应问题。[①] 二是基于政策视角的农业废弃物污染防控研究。例如，罗宾逊（Robinson，2006）对加拿大安大略环保农产计划（Environmental Farm Plan）进行了评估。[②] 三是基于法律视角的农业废弃物污染防控研究。例如，鲁尔（Ruhl，2000）探讨了美国环境法在废弃物管理等方面的作用。[③]

表 1.7　农业废弃物污染防控研究的关键词（外文）

起始年份（年）	关键词	频次	中介中心性
1990	pollution	20	0.06
1994	agriculture	76	0.32
1996	efficiency	13	0
1998	environment	14	0
1998	attitude	5	0
1999	nigeria	5	0
2006	australia	5	0

注：频次低于 5 的关键词未报告。

① Egbendewe-Mondzozo A., Swinton S. M., Izaurralde C. R., et al., "Biomass Supply from Alternative Cellulosic Crops and Crop Residues: A spatially Explicit Bioeconomic Modeling Approach", *Biomass and Bioenergy*, Vol.35, No.11, 2011.

② Robinson G. M., "Ontario's Environmental Farm Plan: Evaluation and Research Agenda", *Geoforum*, Vol.37, No.5, 2006.

③ Ruhl J. B., "Farms, Their Environmental Harms, and Environmental Law", *Ecology Law Quarterly*, Vol.27, No.2, 2000.

（四）研究热点的阶段性演进分析

对农业废弃物阶段性研究热点的分析，可以更好地从整体上把握该领域研究热点的演化路径与发展趋势。以研究热点的受关注度（关键词频次≥10）与影响力（关键词中介中心性≥0.1）为准则，结合关键词之间的语义联系，按照时间动态将研究热点划分为5个阶段。具体分析如下：

第一阶段（1970—1989年）：该阶段未能筛选出关键词。可能的解释是，该阶段有关农业废弃物方面的社会科学研究较为分散，且数量较少。

第二阶段（1990—1996年）：该阶段较为关注农业废弃物的污染问题及其能源化研究。表1.8报告了该阶段的关键词。不难发现，1990年的两个关键词“animal manure”“pollution”的频次均较高，且中介中心性分别为0.17、0.06，表明动物粪便污染问题引起了全世界学者们的广泛关注。其原因可能在于，1990年4月22日第二十届地球日活动首次在全球范围内的爆发引发人们对生态环境的高度关切，从而推动了学者们针对农业废弃物污染问题的研究。同年，由于波斯湾战争导致了石油价格暴涨，从而引发了世界新一轮能源危机。在这样的形势下，国际组织于1991年5月举办了以“回收资源、保护环境”为主题的第六届国际厌氧消化（沼气）会议。这些关键性历史事件助力“energy”“anaerobic digestion”于当年成为关键词。该阶段另一个中介中心性超过0.1的关键词是1994年的“agriculture”，可能的解释是1994年全球气候呈现出亚洲暴风雨成灾、欧洲夏季高温、非洲多雨致涝、北美多暴风雨（雪）的形势（邱杏琳，1995），一定程度上引起了人们对农业的担忧。[①] 同年，欧盟通过决议发展生物质能，美国亦在国内推行使用生物燃料，从而致使“biomass resource”于当年成为关键词，并在本阶段全部关键词频次排名中位居第二。1990年之后，1995年召开了德国柏林世界气候大会、1996年召开了瑞士日内瓦世界气候大会，一定程度上引起了人们对低碳

① 邱杏琳：《1994年世界重大气候》，《世界农业》1995年第5期。

农业的关注，然而由于这两次会议都未能签订明确的议定书，因而其影响力有限。这在某种程度上解释了为何“carbon”一词虽成为关键词，但频次仅为 11，且中介中心性为 0。

表 1.8 农业废弃物领域研究第二阶段（1990—1996 年）的关键词（外文）

起始年份（年）	关键词	频次	中介中心性
1990	animal manure	31	0.17
1990	pollution	20	0.06
1991	energy	105	0.11
1991	anaerobic digestion	20	0.04
1991	design	12	0
1991	behavior	10	0.02
1993	system	55	0.07
1993	waste	35	0
1993	developing country	22	0.01
1993	nitrogen	18	0
1993	waste management	16	0
1994	biomass resource	96	0.09
1994	agriculture	76	0.32
1994	emission	41	0.07
1994	impact	40	0.06
1994	cost	14	0.01
1994	economics	11	0.02
1995	management	64	0.13
1995	phosphorus	19	0
1995	growth	15	0.01
1996	efficiency	13	0
1996	farmer	11	0
1996	carbon	11	0

第三阶段（1997—2005 年）：该阶段的研究热点是农业废弃物利用

对生态环境的影响研究。表1.9报告了该阶段的关键词。不难发现，进入1997年之后，欧盟颁布了《可再生能源战略和行动白皮书》、日本颁布了《促进新能源特别利用措施法》，加之众多国家出台的各类政策，使得农业废弃物能源化研究的热潮不减，其中介中心性尽管未能达到0.1，但也体现出一定的影响力。同年，为了应对疯牛病问题的挑战，欧盟提出了“食品安全溯源”的理念，加之香港禽流感肆虐，“food security”成为关键词，且中介中心性达到0.16。该阶段中中介中心性达到0.1的关键词还有2001年的“land use”和2003年的“water quality”，表明该阶段中有关农业废弃物利用在食品安全、土地利用、水质等方面影响的研究占据了主流。在研究区域上，“中国（China）”于2001年成为关键词，且频次居于该阶段全部关键词首位。这意味着进入21世纪之后，有关中国的农业废弃物研究逐渐赢得了国际学术界的认可。在研究方法上，“contingent valuation”自1963年被提出后，于1998年在农业废弃物领域获得了较为广泛的应用。

表1.9 农业废弃物领域研究第三阶段（1997—2005年）的关键词（外文）

起始年份（年）	关键词	频次	中介中心性
1997	biofuel	39	0.04
1997	food security	36	0.16
1998	environment	14	0
1998	contingent valuation	10	0.05
2000	soil	30	0.08
2000	solid waste	13	0.03
2000	urban agriculture	10	0.02
2001	China	42	0.03
2001	land use	38	0.11
2001	livestock	25	0.08
2003	water quality	35	0.17
2003	area	11	0.01

续表

起始年份（年）	关键词	频次	中介中心性
2005	soil fertility	10	0.02

第四阶段（2006—2009 年）：该阶段的研究热点较为分散，但总体上主要包括农业废弃物政策研究、农业废弃物资源化技术创新与应用研究、农业废弃物资源化产品的消费研究等三个方面。表 1.10 报告了该阶段的关键词。不难发现，该阶段全部关键词的中介中心性均未达到 0.1，但大部分超过了 0，意味着该阶段并没有影响力特别大的研究热点，整体上呈现出"遍地开花"的特征。从关键词频次来看，2009 年的"sustainability"和"renewable energy"、2006 年的"policy"、2008 年的"lca"，分列前四，分别从研究背景、研究内容、研究方法上体现出了该阶段的特征。

表 1.10 农业废弃物领域研究第四阶段（2006—2009 年）的关键词（外文）

起始年份（年）	关键词	频次	中介中心性
2006	policy	53	0.09
2006	agricultural innovation	19	0.01
2007	electricity	15	0.01
2008	lca	42	0.04
2008	adoption	10	0
2009	sustainability	56	0.02
2009	renewable energy	55	0.02
2009	consumption	24	0.02
2009	model	24	0.01
2009	ethanol	18	0
2009	biodiversity	15	0
2009	benefit	10	0.01
2009	intensification	10	0

第五阶段（2010年至今）：该阶段的研究热点是气候变化与低碳农业发展背景下的农业废弃物问题研究。表1.11报告了该阶段的热点词。不难发现，有关气候变化与低碳农业的热点词分别是2010年的“climate change”、2013年的“greenhouse gas emission”、2015年的“biochar”，其中“climate change”是本阶段唯一一个中心性不为0的热点词，表明气候变化与低碳农业发展背景下的农业废弃物问题研究是该阶段的核心。这也与近年来国际社会对气候变化的广泛关注相一致。此外，值得一提的是，2012年“straw”成为热点词，这与过去较为注重畜禽粪尿、野生动物粪便的利用与管理有所区别，表明农作物秸秆的资源化利用问题开始引起学术界的重视。

表1.11 农业废弃物领域研究第五阶段（2010年至今）的关键词（外文）

起始年份（年）	关键词	频次	中介中心性
2010	climate change	37	0.02
2011	technology	30	0
2012	straw	15	0
2012	scale	14	0
2012	risk	13	0
2013	greenhouse gas emission	29	0
2013	health	20	0
2013	perspective	14	0
2015	performance	17	0
2015	biochar	11	0
2016	uncertainty	14	0

（五）研究前沿分析

选择CiteSpace 4.2.R1中的“Cited Reference”节点，筛选策略为Top 20，一共筛选出舍琴格（Searchinger，2008）、戈弗雷（Godfray，2010）、

福利（Foley，2011）等前沿文献。[①] 进一步，本书展开聚类分析，共得到 42 个聚类。CiteSpace 提供了三种方法从施引文献中提取名词性术语对聚类进行命名，这三种方法分别是词频 * 逆文本频率指数（Term Frequency* Inverse Document Frequency，TF * IDF）、对数似然率算法（Log-Likelihood Ratio，LLR）和互信息算法（Mutual Information，MI）（李杰和陈超美，2016）。[②] 其中，对数似然率算法通常能够给出较佳的结果。因此，本书采用对数似然率算法对聚类进行命名。表 1.12 报告了文献数量排名前 11 的聚类。不难发现，全部聚类的同质性均超过了 0.7，可认为聚类结果是高信度的（李杰和陈超美，2016）。[③] 其中，“supply chain（#0）”是最大的聚类，“greenhouse gas mitigation potential（#1）”是最新的聚类，“returning waste（#1）”则是最久远的聚类。

表 1.12 农业废弃物管理领域的聚类排名

聚类	文献数量	同质性	平均年份（年）	标签（对数似然率算法）
#0	30	0.975	2006	supply chain
#1	21	0.948	2010	greenhouse gas mitigation potential
#2	20	1	1973	agricultural waste
#3	20	1	1966	returning waste
#4	19	0.992	1978	agricultural waste
#5	19	1	1977	agricultural waste
#6	17	1	1984	policy option

① Searchinger T., Heimlich R., Houghton R. A., et al., “Use of U.S. Croplands for Biofuels Increases Greenhouse Gases through Emissions from Land-use Change”, *Science*, Vol.319, No.5867, 2008. Godfray H. C., Beddington J. R., Crute I. R., et al., “Food Security: The Challenge of Feeding 9 Billion People”, *Science*, Vol.327, No.5967, 2010. Foley J. A., Ramankutty N., Brauman K. A., et al., “Solutions for a Cultivated Planet”, *Nature*, Vol.478, No.7369, 2011.

② 李杰、陈超美：《CiteSpace：科技文本挖掘及可视化》，首都经济贸易大学出版社 2016 年版。

③ 李杰、陈超美：《CiteSpace：科技文本挖掘及可视化》，首都经济贸易大学出版社 2016 年版。

续表

聚类	文献数量	同质性	平均年份（年）	标签（对数似然率算法）
#7	16	1	1986	productive agricultural-development
#8	14	0.992	1977	food recovery
#9	12	1	1994	sustainable development
#10	11	1	1991	chesapeake bay
#11	11	1	1984	urban waste

注：未提取出突现词的聚类结果未报告。

由于“greenhouse gas mitigation potential（#1）”是最新的聚类，本书重点对该聚类展开分析。表 1.13 报告了聚类 1 中的部分文献。这些文献可被认为是研究的前沿所在（李杰和陈超美，2016）。[①] 综合来看，这些前沿文献的研究重点可划分为三大类：

一是专门针对农业废弃物资源化利用温室气体减排潜力的研究。例如，宋国宝等（Song et al.，2016）利用生命周期法评估了中国作物秸秆资源化利用在能源节约与温室气体减排中的优势。他们的研究结果表明，现有中国农作物秸秆利用节约了 0.75 艾焦能源，减少温室气体排放 270.76 百万吨二氧化碳当量，且在全部的资源化利用模式中，饲料化的环保程度最高，其次是将农作物秸秆作为营养与能源的来源。[②]

二是关于生物炭的研究。例如，高特（Gaunt，2014）研究了在英国部署生物炭的可行性以及碳管理的成本问题。他试图为生物炭提供一个“收支平衡点（Break-even Selling Point）”。他们发现，经济效益最佳的生物炭来源是废弃物，但他们也指出，如果采用废弃物这种材料制作生物

① 李杰、陈超美：《CiteSpace：科技文本挖掘及可视化》，首都经济贸易大学出版社 2016 年版。

② Song G. B., Jie S., Zhang S. S., “Modelling the Policies of Optimal Straw Use for Maximum Mitigation of Climate Change in China from a System Perspective”, *Renewable and Sustainable Energy Reviews*, Vol.55, No.3, 2016.

炭将面临着复杂的监管与测试问题。[①]

表 1.13　聚类 1 中的部分文献（外文）

引用频率	标题	期刊	作者（出版年份）
7	Climate Change and Food Systems	*Social Science Electronic Publishing*	Vermeulen et al.（2012）
5	Greenhouse Gas Mitigation Potentials in the Livestock Sector	*Nature Climate Change*	Herrero et al.（2016）
2	Biochar Projects for Mitigating Climate Change: An Investigation of Critical Methodology Issues for Carbon Accounting	*Carbon Management*	Whitman et al.（2014）
2	The Feasibility and Costs of Biochar Deployment in the UK	*Carbon Management*	Shackley et al.（2014）
1	Monetary Value of the Environmental and Health Externalities Associated with Production of Ethanol from Biomass Feedstocks	*Energy Policy*	Kusiima and Powers（2010）
1	Modelling the Policies of Optimal Straw Use for Maximum Mitigation of Climate Change in China from a System Perspective	*Renewable & Sustainable Energy Reviews*	Song et al.（2016）

三是将农业废弃物的减碳潜力作为某一系统温室气体减排的一部分进行研究。这类文献的研究对象包括食品系统（Food System）、畜牧业部门（Livestock Sector）等。例如，在畜牧业温室气体减排研究中，埃雷罗（Herrero et al.，2016）发现减少畜禽粪尿的排放则能够提升畜牧业部门的减排潜力。[②] 在粮食系统与气候变化的关系研究中，乌梅尔马尔等

① Gaunt J., "The Feasibility and Costs of Biochar Deployment in the UK", *Carbon Management*, Vol.2, No.3, 2014.

② Herrero M., Henderson B., Havlík P., et al., "Greenhouse Gas Mitigation Potentials in the Livestock Sector", *Nature Climate Change*, Vol.6, No.5, 2016.

（Vermeulen et al.，2012）指出气候变化将使得粮食生产面临更高的包括农业剩余物、危险废弃物在内的风险，从而不利于食品质量安全。他们同时还发现，粮食产业链中的废弃物处置环节的温室气体排放不容忽视。因而他们认为，推行集约化的生产将有助于温室气体减排。[①]

三、中文文献计量结果

（一）文献数量情况分析

本次检索总共得到农业废弃物领域研究文献 658 篇，时间范围为 1992—2016 年，平均每年出版文献的数量约为 26 篇。图 1.2 报告了其年度变化趋势。

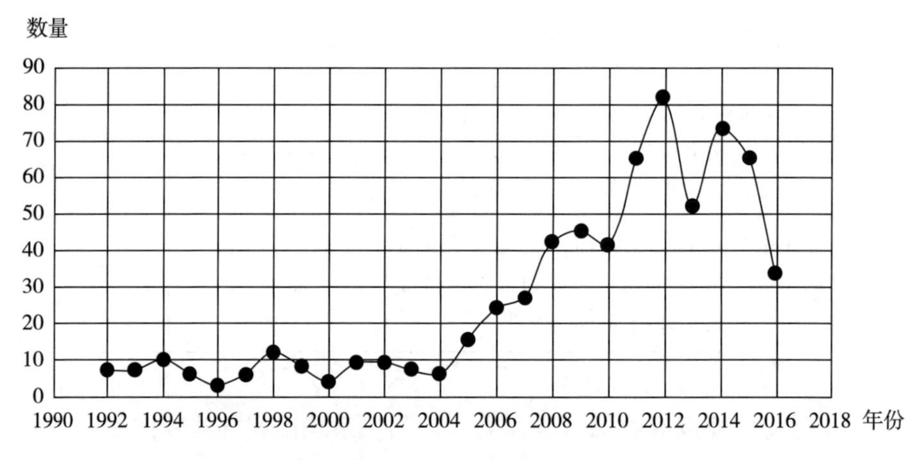

图 1.2 1992—2016 年农业废弃物领域出版文献数量分布（中文）

由图 1.2 不难发现，25 年以来，农业废弃物领域的文献出版数量总体上呈增长趋势，经历了“平稳发展→快速增长→平稳发展”三个阶段。2005 年、2012 年为两个明显的时间节点。2005 年之前，文献出版数量较少，平均每年约 7 篇；之后，则数量明显增加，至 2012 年达至顶峰 81

① Vermeulen S. J., Campbell B. M., Ingram J. S. I., “Climate Change and Food Systems”, *Social Science Electronic Publishing*, Vol.37, No.37, 2012.

篇。尤其是，近5年出版的文献数量累计已达25年总量的46.35%。可能的解释是：(1)中国政府于2004年发布了关于三农问题的“一号文件”。此乃中国政府时隔18年后再次聚焦“三农”问题，加之“一号文件”明确提出了开展“秸秆气化”基础设施建设，在一定程度上引起了国内学术界对农业废弃物的关注，从而使得2005年成为农业废弃物研究的转折点。(2)2011年为中国“十二五”规划的开局之年。2011—2012年，中国政府针对国民经济与社会发展作出了大量调整。无论是国家社会层面的总体部署，还是专门针对生物质产业的发展规划，都将农业废弃物资源化利用作为农业产业结构调整、节约型社会建设不可分割的内容，推动了农业废弃物研究的迅速发展与壮大。

（二）作者和机构分析

选择 CiteSpace 4.2.R1 中的“Author”节点，得到1992—2016年农业废弃物领域作者论文发表概况，如表1.14所示。不难发现，在农业废弃物领域的代表学者中，华中农业大学经济管理学院张俊飚教授以22篇的论文数高居第一，占论文总数的3.34%；华中农业大学经济管理学院何可副教授、西北农林科技大学农学院杨改河教授分列二三名。

表1.14　1992—2016年农业废弃物领域作者论文发表概况（中文）

排名	作者	论文发表数量（篇）	占658篇的百分比（%）	首篇论文发表时间（年）
1	张俊飚	22	3.34	2010
2	何可	16	2.43	2013
3	杨改河	9	1.37	2006
5	李鹏	7	106	2007
5	周定国	7	1.06	2000
10	颜廷武	6	0.91	2014
10	席西民	6	0.91	2008
10	谢光辉	6	0.91	2011
10	王效华	6	0.91	1994

续表

排名	作者	论文发表数量（篇）	占658篇的百分比（%）	首篇论文发表时间（年）
10	仇焕广	6	0.91	2012

注：本表结果已经过人工核对剔除了重名。

选择CiteSpace 4.2.R1中的“Institution”节点，得到1992—2016年农业废弃物领域机构论文发表概况，如表1.15所示。不难发现，在主要研究机构排名中，作为中国老牌农业类研究型院校，华中农业大学经济管理学院尽管研究起步较晚，但后来居上，拔得头筹。

表1.15 1992—2016年农业废弃物领域机构论文发表概况（中文）

排名	单位	论文发表量（篇）	占658篇的百分比(%)	首篇论文发表时间（年）
1	华中农业大学经济管理学院	24	3.65	2010
2	中国科学院地理科学与资源研究所	15	2.28	2003
4	中国农业大学经济管理学院	12	1.82	2007
4	中国农业大学资源与环境学院	12	1.82	2004
5	西北农林科技大学资源环境学院	10	1.52	2009
9	中国农业科学院农业资源与农业区划研究所	9	1.37	2009
9	西安交通大学管理学院	9	1.37	2008
9	西北农林科技大学农学院	9	1.37	2006
9	南京农业大学经济管理学院	9	1.37	2009
11	南京农业大学工学院	8	1.22	2004
11	中国农业科学院农业经济与发展研究所	8	1.22	2008

（三）研究热点及代表性文献分析

选择CiteSpace 4.2.R1中的“Keyword”节点，筛选策略为Top 20，一共获得68个研究热点。通过综合考虑关键词的数量、频次与中介中心性，进一步筛选出农业废弃物资源化利用研究、农业废弃物对生态环境的影响研究、农业废弃物利用与畜牧业发展研究、农业废弃物资源化生态补偿研究等四大主要研究热点。需要特别指出的是，由于从中国知网数据库下载后的文献没有附带被引量，从而导致无法应用 CiteSpace 开展共引分析。因此，在代表性文献的选择上，本书以 CiteSpace 提取的文献为对象，结合中国知网被引量数据，确立了如下入选策略：首先报告关键词提取数最高的文献，其次报告被引量排名靠前的文献，最后报告出版年代较新的文献。中国知网数据库查询时间为 2016 年 8 月 11—12 日。

1. 农业废弃物资源化利用研究

表 1.16 报告了关键词与代表性文献。不难发现，该研究热点较为重视农业废弃物资源化路径的探索，尤其是农作物秸秆能源化的可行性、效益以及发展趋势。同时，全部热点词频数之和高达 347 次，中介中心性之和亦达到 0.65，位居第一，表明该研究热点在农业废弃物领域中处于主流地位。具体而言，该研究热点又可划分为六个主要类别：一是农业废弃物资源化路径研究。例如，陈智远等（2010）梳理了农业废弃物肥料化、饲料化、能源化、基质化、原料化的研究进展。[①] 二是农业废弃物资源化利用潜力研究。例如，边淑娟等（2010）基于能值分析与生态足迹理论，评估了福建省农业废弃物利用的生态盈余。[②] 三是农业废弃物资源化效益研究。例如，颜廷武等（2016）探讨了农户对农作物秸秆资源化经济福利、生态福利、健康福利的响应程度。[③] 四是农业废弃物资源化的发展趋势。例如，车长波和袁际华（2011）从国际视角探讨了世界

① 陈智远、石东伟、王恩学等：《农业废弃物资源化利用技术的应用进展》，《中国人口·资源与环境》2010 年第 12 期。

② 边淑娟、黄民生、李娟等：《基于能值生态足迹理论的福建省农业废弃物再利用方式评估》，《生态学报》2010 年第 10 期。

③ 颜廷武、何可、崔蜜蜜等：《农民对作物秸秆资源化利用的福利响应分析——以湖北省为例》，《农业技术经济》2016 年第 4 期。

生物质能源产业的发展现状及趋势。[①] 五是农业废弃物能源化产品消费研究。例如，王效华和冯祯民（2004）从微观层面分析了中国农村居民生物质能源消费状况、消费需求。[②] 六是农业废弃物资源化效率研究。例如，李鹏等（2014）分析了农业废弃物资源化主体之间的协同创新绩效。[③]

表 1.16 农业废弃物资源化利用研究的关键词与代表性文献（中文）

关键词				代表性文献			
起始年份（年）	名称	频次	中介中心性	文献	关键词数	被引数	下载量
1999	农作物秸秆	42	0.17	姚玮玮等（2010）	3	6	152
2002	资源化利用	75	0.18	刘宪和王国占（2010）	3	2	158
2003	可持续发展	14	0.02	王效华和冯祯民（2004）	1	115	962
2004	农业废弃物	32	0.02	熊承永等（2003）	2	60	489
2004	生物质能	30	0.1	陈智远等（2010）	1	59	1511
2005	循环经济	21	0.06	车长波和袁际华（2011）	2	46	1962
2008	秸秆发电	11	0.02	边淑娟等（2010）	1	33	683
2009	影响因素	17	0.01	颜廷武等（2016）	1	—	112
2009	沼气工程	14	0.04	李鹏等（2014）	1	4	1164

2. 农业废弃物对生态环境的影响研究

表 1.17 报告了关键词与代表性文献。不难发现，该研究热点首先较为关注畜禽粪尿排放对生态环境造成的影响，进而试图探寻污染防治的

① 车长波、袁际华：《世界生物质能源发展现状及方向》，《天然气工业》2011 年第 1 期。

② 王效华、冯祯民：《中国农村生物质能源消费及其对环境的影响》，《南京农业大学学报》2004 年第 1 期。

③ 李鹏、张俊飚、颜廷武：《农业废弃物循环利用参与主体的合作博弈及协同创新绩效研究——基于 DEA-HR 模型的 16 省份农业废弃物基质化数据验证》，《管理世界》2014 年第 1 期。

对策措施。进入 2013 年后，随着气候变化问题在全球范围内引发了公众的高度关切，以减少二氧化碳等温室气体排放为目的的农业废弃物减碳化利用逐渐成为研究热点。在研究区域上，则以农业大省湖北省与江苏省为主。总体上，该研究热点可细分为两大类：一是农业废弃物污染及其防治研究。例如，定量分析方面，刘培芳等（2002）、刘忠和段增强（2010）、景栋林等（2011）、徐勇峰等（2016）通过测算畜禽粪尿的污染负荷当量，探讨其对生态环境的影响程度；[①] 定性分析方面，李淑芹和胡玖坤（2003）、刘辉等（2010）从理论上分析了畜禽粪尿等农业废弃物造成的空气污染、有害病原微生物污染等生态环境污染问题，进而提出相应的对策建议。[②] 二是低碳约束下的农业废弃物利用研究。例如，何可等（2013）探讨了农户对生物质废弃物减碳化利用的需求及驱动路径；[③] 杨璐等（2016）提出了能够有助于减少温室气体排放的畜禽粪尿管理措施。[④]

表 1.17　农业废弃物对生态环境的影响研究的关键词与代表性文献（中文）

关键词				代表性文献			
起始年份（年）	名称	频次	中介中心性	作者	关键词量	被引量	下载量
2002	畜禽粪尿	83	0.22	刘培芳等（2002）	2	289	1167
2002	污染负荷	13	0	何可等（2013）	2	19	782

① 刘培芳、陈振楼、许世远等：《长江三角洲城郊畜禽粪便的污染负荷及其防治对策》，《长江流域资源与环境》2002 年第 5 期。刘忠、段增强：《中国主要农区畜禽粪尿资源分布及其环境负荷》，《资源科学》2010 年第 5 期。景栋林、严有福、陈希萍：《番禺区畜禽粪便产生量估算及其环境效应分析》，《广东农业科学》2011 年第 23 期。徐勇峰、阮子学、吴翼等：《环洪泽湖地区耕地养殖污染负荷估算及其风险评价》，《南京林业大学学报（自然科学版）》2016 年第 4 期。

② 李淑芹、胡玖坤：《畜禽粪便污染及治理技术》，《可再生能源》2003 年第 1 期。刘辉、王凌云、刘忠珍等：《我国畜禽粪便污染现状与治理对策》，《广东农业科学》2010 年第 6 期。

③ 何可、张俊飚：《基于农户 WTA 的农业废弃物资源化补偿标准研究——以湖北省为例》，《中国农村观察》2013 年第 5 期。

④ 杨璐、于书霞、李夏菲等：《湖北省畜禽粪便温室气体减排潜力分析》，《环境科学学报》2016 年第 7 期。

续表

关键词				代表性文献			
起始年份（年）	名称	频次	中介中心性	作者	关键词量	被引量	下载量
2007	江苏省	10	0.02	景栋林等（2011）	2	6	166
2008	生物质	21	0.03	李淑芹和胡玖坤（2003）	1	126	591
2012	环境污染	14	0	刘辉等（2010）	1	59	1015
2013	温室气体	10	0.01	刘忠和段增强（2010）	1	35	512
2013	湖北省	10	0.02	杨璐等（2016）	1	—	8
2014	耕地负荷	8	0	徐勇峰等（2016）	1	—	—

3. 农业废弃物利用与畜牧业发展研究

表 1.18 报告了关键词与代表性文献。不难发现，该研究热点主要探讨如何通过农业废弃物循环利用以发展畜牧业，进而实现经济效益、生态效益。从研究时间分布来看，该研究热点主要集中于 2000 年之前。较有代表性的研究有：张存根和史照林（1994）分析了秸秆养牛的经济效益；[①] 常泽军（2001）根据时代特征，探讨了进入 21 世纪后秸秆养牛战略调整的问题；[②] 黄秀声等（2010）则探讨了畜牧业发展与低碳经济之间的关系，指出农业废弃物循环利用是畜牧业低碳发展的有效路径；[③] 孙冬岩等（2010）提出通过控制畜禽粪尿引起的氮磷污染推动畜牧业与生态环境和谐发展的思路。[④]

① 张存根、史照林：《秸秆养牛经济效益的初步分析》，《农业技术经济》1994 年第 1 期。

② 常泽军：《发展优质肉牛推行肉乳复合经营》，《中国畜牧杂志》2001 年第 2 期。

③ 黄秀声、黄勤楼、翁伯琦等：《畜牧业发展与低碳经济》，《中国农学通报》2010 年第 24 期。

④ 孙冬岩、温俊、孙笑非：《促进畜牧业与生态环境的和谐发展》，《饲料研究》2010 年第 8 期。

表 1.18　农业废弃物利用与畜牧业发展研究的关键词与代表性文献（中文）

关键词				代表性文献			
起始年份（年）	名称	频次	中介中心性	作者	关键词量	被引量	下载量
1992	养牛业发展	8	0.04	常泽军（2001）	7	1	14
1993	节粮型畜牧业	5	0.01	黄秀声等（2010）	1	16	443
1994	畜牧业发展	29	0.24	张存根和史照林（1994）	1	4	110
1994	秸秆养牛	17	0.07	孙冬岩等（2010）	2	1	97
1994	牛肉产量	7	0.04				
1998	秸秆养畜	5	0.02				

4. 农业废弃物资源化生态补偿研究

表 1.19 报告了关键词与代表性文献。不难发现，该研究热点主要探讨农业废弃物资源化的生态补偿标准、生态补偿政策效果等。同时，表 1.19 还显示，该研究方向关键词中介中心性均为 0，且代表性文献出版时间多为 2014—2015 年，可见，有关农业废弃物资源化生态补偿的研究尚处于起步阶段。

表 1.19　农业废弃物资源化生态补偿研究的关键词与代表性文献（中文）

关键词				代表性文献			
起始年份（年）	名称	频次	中介中心性	作者	关键词量	被引量	下载量
2003	秸秆还田	10	0	胡立峰和张立峰（2003）	4	6	77
2003	效果评价	2	0	钱加荣等（2011）	1	21	749
2011	logit 模型	3	0	颜廷武等（2015）	1	1	202
2014	cvm	4	0	王舒娟（2014）	1	5	539
2014	支付意愿	4	0	何可等（2014）	1	4	362

（四）研究热点的阶段性演进分析

对农业废弃物阶段性研究热点的分析，可以更好地从整体上把握该领域研究热点的演化路径与发展趋势。以研究热点的受关注度（关键词频次≥ 5）与影响力（关键词中介中心性≥ 0.1）为准则，结合关键词之间的语义联系，按照时间动态将研究热点划分为四大阶段。具体分析如下：

第一阶段（1992—1998 年）：研究热点为农业废弃物利用与畜牧业发展。由表 1.20 可知，1992—1998 年，高频关键词主要关注畜牧业发展，包括“畜牧业发展”“秸秆养牛”“秸秆氨化”“养牛业发展”“牛肉产量”“节粮型畜牧业”等。这可能与中国当时的政策方针有关。1992 年 5 月，中国政府发布了《国务院办公厅转发农业部关于大力开发秸秆资源发展农区草食家畜报告的通知》，要求在多个省份开展农作物秸秆养牛示范县建设，发展节粮型畜牧业。由此，学术界针对“节粮型畜牧业”“秸秆养牛”展开了讨论。1996 年 10 月颁布了《国务院办公厅转发农业部关于 1996—2000 年全国秸秆养畜过腹还田项目发展纲要的通知》，将农作物秸秆养畜项目作为国家农业综合开发计划的重要内容，由此而引起了学术界对“秸秆养畜”的关注。由此可见，这一阶段的研究与国家农业政策是紧密相连的。

表 1.20　农业废弃物领域研究第一阶段（1992—1998 年）的关键词（中文）

起始年份（年）	名称	频次	中介中心性
1992	养牛业发展	8	0.04
1992	人造板	8	0.01
1993	开发利用	5	0.05
1993	节粮型畜牧业	5	0.01
1994	畜牧业发展	29	0.24
1994	秸秆养牛	17	0.07
1994	农村能源	16	0.08

续表

起始年份（年）	名称	频次	中介中心性
1994	秸秆氨化	10	0.11
1994	牛肉产量	7	0.04
1994	农业生产	7	0.11
1998	生物能源	8	0
1998	秸秆饲料	5	0.04
1998	秸秆养畜	5	0.02

第二阶段（1999—2003 年）：研究热点为农业废弃物污染防治与资源化利用。由表 1.21 可知，该阶段出现了“畜禽粪尿”“农作物秸秆”“秸秆气化”“资源化利用”等关键词，表明较之于 1992—1998 年，学术界对农业废弃物的关注不再局限于“秸秆养畜”，而是转为更为广阔的领域，并于2002年开始较为关注畜禽粪尿；在农业废弃物资源化路径的研究上，突破了过去以“饲料化”为主的局面，农业废弃物能源化、肥料化逐渐成为了研究热点。除了上述关键词，频次大于等于 15 且中介中心性较高的关键词还有 2001 年出现的“秸秆焚烧”。1999—2001 年，中国政府开始注重农作物秸秆焚烧对生态环境、交通的影响，先后颁布了《秸秆禁烧和综合利用管理办法》《关于做好 2001 年秋季秸秆禁烧工作的紧急通知》等文件。由此可见，这一阶段的研究依然与中国农业政策紧密相关。

表 1.21　农业废弃物领域研究第二阶段（1999—2003 年）的关键词（中文）

起始年份（年）	名称	频次	中介中心性
1999	农作物秸秆	42	0.17
1999	秸秆气化	11	0.11
1999	产业化	9	0.07
2000	秸秆利用	8	0

续表

起始年份（年）	名称	频次	中介中心性
2001	秸秆焚烧	15	0.06
2002	畜禽粪尿	83	0.22
2002	资源化利用	75	0.18
2002	污染负荷	13	0
2002	畜禽养殖场	6	0
2002	经济效益	5	0
2003	可持续发展	14	0.02
2003	生态环境	10	0
2003	秸秆还田	10	0
2003	生态农业	6	0.02

第三阶段（2004—2009年）：研究热点为农业废弃物能源化与畜禽养殖污染防控。由表1.22可知，该阶段较之于1999—2003年的研究呈现出精细化特征，即由农业废弃物资源化利用转向农业废弃物能源化开发，由农业废弃物污染防控转向畜禽养殖污染防治。同时，这一阶段频次最高的关键词是“农业废弃物”，表明学术界开始从一个相对宏观的层面将“农作物秸秆”与“畜禽粪尿”纳入同一个框架进行分析。2004年出现了该阶段唯一一个中介中心性达到0.1的关键词——“生物质能”——意味着学术界在接下来的时期较为关注这方面的研究。可能的原因是，2004年，可再生能源在全球范围内引起了广泛关注，德国颁布了《可再生能源法2004》，美国发布了《就业机会创造法》，以推动可再生能源行业的发展。中国亦于2005年2月实施了《中华人民共和国可再生能源法》。之后的关键词“生物质”（2008年）、“秸秆发电”（2008年）、“沼气工程”（2009年）亦证明了学术界对生物质能源的重视。值得一提的是，2006年“畜禽养殖”成为关键词，这表明上一阶段的研究热点——畜禽粪尿污染防治，延续到了这一阶段。这可能与同年7月《中华人民共和国畜

牧法》正式执行有关。

表 1.22 农业废弃物领域研究第三阶段（2004—2009 年）的关键词（中文）

起始年份（年）	名称	频次	中介中心性
2004	农业废弃物	32	0.02
2004	生物质能	30	0.1
2004	能源消费	8	0
2005	循环经济	21	0.06
2005	发展趋势	5	0
2006	畜禽养殖	30	0.09
2007	江苏省	10	0.02
2008	生物质	21	0.03
2008	秸秆发电	11	0.02
2009	影响因素	17	0.01
2009	沼气工程	14	0.04
2009	风险评价	7	0

第四阶段（2010 年至今）：研究热点为低碳农业约束下的农业废弃物利用问题。从表 1.23 不难发现，较之于过去，新阶段下的研究热点不再局限于某一个或某几个研究方向，而是呈现出百花齐放的格局：既有从总体上探讨农业废弃物资源化的研究，又有专门针对畜禽粪尿的讨论；既有从理论上提出政策建议的文献，又有从实证上分析农户行为的论文；既有从正向视角分析农业废弃物对生态环境影响的研究，又有从反向视角酌量面源污染、可再生能源中农业废弃物问题的研讨。从中心性来看，仅仅“温室气体”“湖北省”两个热点词超过了 0，表明低碳农业约束下的农业废弃物利用问题以及针对湖北省的区域研究，具有相对较强的影响力。实际上，从 CiteSpace 提取的文献来看，这一阶段的大多数研究都会涉及乃至专门探讨农业废弃物资源化在节能减排方面的作用。可能的解释是，在 2009 年 12 月哥本哈根世界气候大会召开之际，中国提出

了至2020年单位国内生产总值二氧化碳排放量较之2005年降低40%—45%的承诺。作为节能减排的重要组成部分，“低碳农业”于2010年顺势成为热点词。由此可见，农业废弃物领域的研究在这一阶段逐渐变得兴盛。

表1.23 农业废弃物领域研究第四阶段（2010年至今）的关键词（中文）

起始年份（年）	名称	频次	中介中心性
2010	面源污染	10	0
2010	可再生能源	9	0
2010	排放量	5	0
2010	低碳农业	5	0
2011	循环农业	10	0
2012	环境污染	14	0
2012	农户行为	9	0
2012	粪便污染	9	0
2012	时空分布	7	0
2013	温室气体	10	0.01
2013	湖北省	10	0.02
2013	环境影响	6	0
2013	政策建议	5	0
2013	农业废弃物资源化	5	0
2014	耕地负荷	8	0
2015	污染防治	7	0

四、中外文献比较

国外有关农业废弃物的研究起步较早，20世纪70年代就有一些学者针对这一领域展开了探讨；国内的研究则发迹于20世纪90年代。尽管中外研究在起源时间上存在差异，但无论是中文文献，还是外文文献，针对农业废弃物的研究数量均于近年来呈现出爆炸式增长趋势。这表明，在生态环境问题日益严峻的今天，国内学术界与国际学术界在农业废弃物与农业可持续发展的关系问题上具有共识，即都认为农业废弃物研究是农业资源与环境经济领域中一个较为重要的课题，是农业可持续发展研究中不可回避的环节。表 1.24 报告了农业废弃物领域的中外文献比较结果。

尽管中国学者针对该领域的研究起步较晚，但却依托于“后发优势”，实现了“青出于蓝而胜于蓝”的成就。中国最早于 2001 年在国际社会科学引文索引期刊中发表相关论文，总量仅次于 1970 年便开始取得成果的美国。从作者发文数量来看，外文文献中，北京大学陈国谦教授独占鳌头，其次是加州大学戴维斯分校的范悦悦副教授、查尔姆斯理工大学的高级讲师维尔森尤斯和荷兰瓦赫宁根大学的摩尔教授；中文文献的排名则是华中农业大学经济管理学院张俊飚教授、华中农业大学经济管理学院何可副教授、西北农林科技大学农学院杨改河教授。从机构发文数量来看，外文文献中，荷兰瓦赫宁根大学位居第一，中国科学院、北京大学分列二三名；国内方面农业类研究型院校则是主力军，华中农业大学经济管理学院、中国科学院地理科学与资源研究所、中国农业大学经济管理学院包揽了前三名。

在研究热点方面，中外文献体现出了一些异同。经过近 50 年的发展，国际学术界逐渐形成了农业废弃物减碳化与能源化、农业废弃物排放的影响、农业废弃物相关的物流与能流、农业废弃物污染防控四大主要研究热点；而国内学术界则主要针对农业废弃物资源化利用、农业废弃物对生态环境的影响、农业废弃物利用与畜牧业发展、农业废弃物资源化生态补偿展开了讨论。共同之处在于均重视农业废弃物资源化路径及其对生态环境的影响研究；差异之处则是：在农业废弃物资源化路径上，外文文献更加侧重于减碳化与能源化这两条路径，而中文文献除了上述路径，还关注饲料化、肥料化、原料化等其他方式；在农业废弃物的影响上，外文文献除了关注其对生态环境的影响外，还关注其对人体健康的作用，中文文献则集中于讨论农业废弃物的生态环境效应；在农业废弃物资源化生态补偿上，外文文献较少关注，而这一主题却是近年来中文研究的热点。

表 1.24 农业废弃物领域的中外文献比较

项目	外文	中文
起源时间	1970 年	1992 年
文献数量	719 篇	658 篇
作者发文数量	陈国谦 > 范悦悦 > 维尔森尤斯 = 摩尔	张俊飚 > 何可 > 杨改河
机构发文数量	荷兰瓦赫宁根大学位 > 中国科学院 > 北京大学	华中农业大学经济管理学院 > 中国科学院地理科学与资源研究所 > 中国农业大学经济管理学院
研究热点	农业废弃物减碳化与能源化、农业废弃物排放的影响、农业废弃物相关的物流与能流、农业废弃物污染防控	农业废弃物资源化利用、农业废弃物对生态环境的影响、农业废弃物利用与畜牧业发展、农业废弃物资源化生态补偿
研究前沿	气候变化与低碳农业发展背景下的农业废弃物问题研究	低碳农业约束下的农业废弃物利用问题

注：正如前文所述，由于中国知网下载的数据没有引文等信息，无法通过 CiteSpace 进行共引分析，因此，此处中文文献的研究前沿以“研究热点阶段性演进分析”中最新阶段的研究热点代替。

第二节 农业生态补偿研究现状

一、数据来源

本节研究的中文数据来源于中国知网数据库。文献检索策略为：“SCI 收录刊 =Y 或者 EI 收录刊 =Y 或者核心期刊 =Y 或者 CSSCI 期刊 =Y 并且主题 = 生态补偿并且主题 = 农业或者主题 =CVM 并且主题 = 农业或者主题 = 农业环境并且主题 = 补偿或者主题 = 农业资源并且主题 = 补偿或者主题 = 农业污染并且主题 = 补偿或者主题 = 农业生态并且主题 = 补偿或者主题 = 条件价值并且主题 = 农业（模糊匹配）”。为了尽可能保证入选文献的合理性，本书采用人工的方式对 CNKI 搜索引擎获得的文献进行了一一核实，剔除了书评、会议通知、会议综述、广告、期刊总目录、新闻报道、政府公文以及其他不相关的资料后，最终一共获得适用于本书的有效文献434篇。数据下载时间为2016年8月9日。

本节研究的外文文献数据来源于社会科学引文索引数据库。由于在国际学术界，生态补偿的另一个类似概念是“生态服务付费”（Payment for Ecosystem Services），同时考虑到采用条件价值评估法探讨生态补偿支付意愿、受偿意愿的文献较多，本书在反复测试后，最终以“主题：（Agricultural Ecological Compensation）并且主题：（Payment for Agricultural Ecosystem Services）并且主题：（Agricultural Eco-compensation）并且主题：（Agricultural Willingness to Pay）并且主题：（Agricultural Willingness to Accept）并且主题：（Agricultural Contingent Valuation）并且主题：（Cropland Contingent Valuation）并且主题：（Agriculture Ecological Compensation）并且主题：（Payment for Agriculture Ecosystem Services）并且主题：（Agriculture Willingness to Pay）并且主题：（Agriculture Willingness to Accept）并且主题：（Farmer Contingent Valuation）并且主题：（Farmer Willingness to Accept）并且主题：（Farmer Willingness to Pay）并且主题：（Farmland Ecological Compensation）并且主题：（Cropland Ecological Compensation）并且主题：（Farmland Willingness to Pay）并且主题：（Farmland Willingness to Accept）并且主题：（Cropland Willingness to Pay）并且主题：（Cropland Willingness to Accept）并且主题：（Farmland Contingent Valuation）并且主题：（Household Payment for Ecosystem Services）并且主题：（Farmer Payment for Ecosystem Services）并且主题：（Payment for Farmland Ecosystem Services）并且主题：（Payment for Cropland Ecosystem Services）。精炼依据：文献类型（Article or Review）。时间跨度：所有年份。索引：SSCI”为检索策略，一共获得文献949篇。同时，为了尽可能保证入选文献的合理性，本书采用人工的方式对上述文献进行核实，剔除掉与本书不相干的文献，最终一共获

得适用于本书的有效文献580篇。数据下载时间为2016年8月18日。

二、外文文献计量结果

（一）文献数量情况分析

本次检索总共得到农业生态补偿领域研究文献580篇，时间范围为1990—2016年，平均每年出版文献的数量约为21篇。图1.3报告了其年度变化趋势。不难发现，2006年之前，该领域文献出版的数量较少，年均约5篇；2006年之后，增长迅速，至2015年达至顶峰75篇。

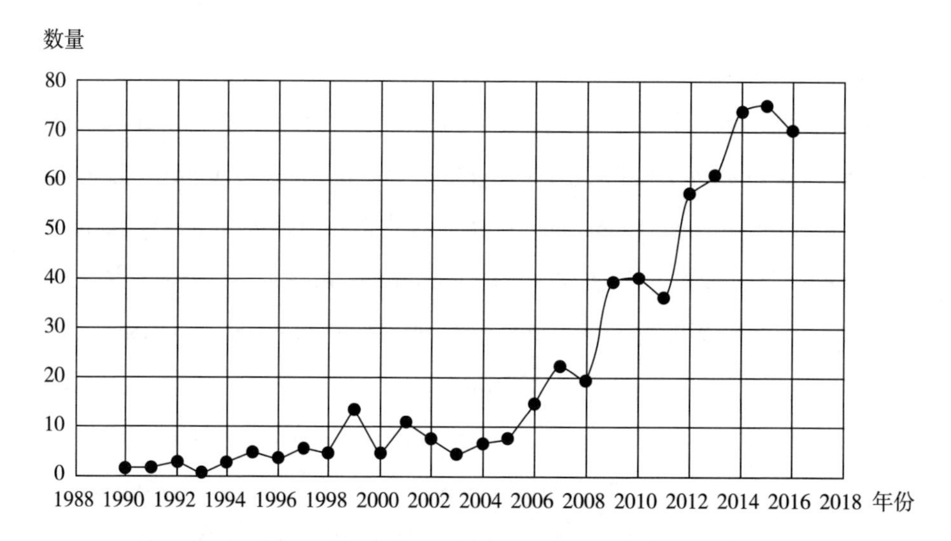

图1.3 1990—2016年农业生态补偿领域出版文献数量分布（外文）

（二）作者、机构与国家（地区）分析

选择CiteSpace 4.2.R1中的“Author”节点，得到1990—2016年农业生态补偿领域作者论文发表概况，如表1.25所示。不难发现，在该领域的代表性学者中，英国圣安德鲁斯大学（University of St Andrews）的汉利（Hanley N.）教授以11篇论文位居第一；英国剑桥大学的帕斯夸尔（Pascual U.）教授、美国克拉克大学（Clark University）的约翰斯顿（Johnston R.J.）教授并列第三；美国特拉华大学（University of Delaware）

的杜克（Duke J.M.）教授、爱尔兰国立高威大学（National University of Ireland）的高级讲师海因斯（Hynes S.）并列第五。

表 1.25 1990—2016 年农业生态补偿领域作者论文发表概况（外文）

排名	作者	论文发表数量（篇）	占 580 篇的百分比（%）	首篇论文发表时间（年）
1	Hanley N.	11	1.90	1999
3	Johnston R.J.	9	1.55	2001
3	Pascual U.	9	1.55	2007
5	Duke J.M.	8	1.38	2007
5	Hynes S.	8	1.38	2009
7	Drucker A.G.	7	1.21	2009
7	Bryan B.A.	7	1.21	2010
9	Pouta E.	6	1.03	2006
9	Brouwer R.	6	1.03	1998
17	Daily G.C.	5	0.86	2006
17	Lupi F.	5	0.86	2009
17	Chen X.D.	5	0.86	2008
17	Narloch U.	5	0.86	2011
17	Polasky S.	5	0.86	2009
17	Matzdorf B.	5	0.86	2014
17	Yao S.B.	5	0.86	2013
17	Howley P.	5	0.86	2010

注：本表结果已经过人工核对剔除了重名。

选择 CiteSpace 4.2.R1 中的“Institution”节点，得到 1990—2016 年农业生态补偿领域机构论文发表概况，如表 1.26 所示。不难发现，在主要研究机构排名中，美国密西根州立大学（Michigan State University）以 19 篇论文独占鳌头；中国科学院、英国剑桥大学分别以 15 篇、14 篇论文的数量分列二三名；荷兰瓦格宁根大学、美国科罗拉多州立大学（Colorado State University）并列第五。

表 1.26 1990—2016 年农业生态补偿领域机构论文发表概况（外文）

排名	机构	论文发表数量（篇）	占 580 篇的百分比（%）	首篇论文发表时间（年）
1	Michigan State Univ	19	3.28	2007
2	Chinese Acad Sci	15	2.59	2006
3	Univ Cambridge	14	2.41	2006
5	Wageningen Univ	13	2.24	2008
5	Colorado State Univ	13	2.24	1999
6	Vrije Univ Amsterdam	12	2.07	2011
8	Univ Stirling	11	1.90	1999
8	Stanford Univ	11	1.90	2006
9	Cornell Univ	10	1.72	1999
11	Univ E Anglia	9	1.55	1998
11	Univ Delaware	9	1.55	2007

选择 CiteSpace 4.2.R1 中的“Country”节点，得到 1990—2016 年农业生态补偿领域国家（地区）论文发表概况，如表 1.27 所示。不难发现，在主要国家（地区）排名中，美国以 199 篇的论文数量鳌头独占，德国、英国分列二三名，中国以 61 篇的数量排名第四，澳大利亚、西班牙并列第六。由此可见，中国虽 2001 年才在农业生态补偿领域的国际舞台上发声，但后发先至，在国际学术界的影响力越来越强。

表 1.27 1990—2016 年农业生态补偿领域国家（地区）论文发表概况（外文）

排名	作者	论文发表数量（篇）	占 580 篇的百分比（%）	首篇论文发表时间（年）
1	USA	199	34.31	1992
2	GERMANY	66	11.38	2001
3	ENGLAND	65	11.21	1998
4	PEOPLES R. CHINA	61	10.52	2001

续表

排名	作者	论文发表数量（篇）	占 580 篇的百分比（%）	首篇论文发表时间（年）
6	AUSTRALIA	49	8.45	1990
6	SPAIN	49	8.45	2006
8	NETHERLANDS	34	5.86	1998
8	SCOTLAND	27	4.66	1999
9	ITALY	25	4.31	2001
10	FRANCE	24	4.14	1999

（三）研究热点分析

选择 CiteSpace 4.2.R1 中的“Keyword”节点，筛选策略为 Top 20，一共获得 18 个研究热点。通过综合考虑关键词的数量、频次与中介中心性，进一步筛选出农业生态系统服务付费的理论、政策及应用研究，以及基于条件价值评估的农业生态补偿研究、农田景观与有机食品生产生态补偿研究、土地利用与保护生态补偿研究、支付意愿研究等五大主要研究热点。

1. 农业生态系统服务付费的理论、政策及应用研究

表 1.28 报告了关键词概况。不难发现，关键词“ecosystem service”的频次高达 184，位居第一，表明有关生态系统服务的研究是该研究热点的重要内容；中介中心性大于 0.1 的关键词为“conservation”，意味着这方面的研究具有较高的影响力。从研究内容来看，该研究热点侧重于有关“payments for ecosystem service”的研究；从研究对象来看，主要是“farmer”；从研究目的来看，重点囊括了“conservation”“biodiversity conservation”“poverty”“carbon sequestration”“sustainability”；从研究区域来看，“developing country”“China”“Latin America”“Costa Rica”较为热门。结合 CiteSpace 筛选出的文献，可将该研究热点划分为三大主要研究方向：一是农业生态系统服务的应用研究；二是农业生态系统服

务的政策研究；三是农业生态系统服务的理论研究。

表 1.28 农业生态系统服务付费的理论、政策及应用研究的关键词（外文）

起始年份（年）	关键词	频次	中介中心性
1999	conservation	98	0.13
2001	developing country	25	0.02
2003	biodiversity conservation	101	0.07
2003	agriculture	75	0.04
2003	China	33	0
2003	adoption	30	0.01
2003	attitude	23	0.01
2004	ecosystem service	184	0.09
2006	management	77	0.05
2007	poverty	24	0
2007	carbon sequestration	23	0
2007	forest	23	0
2008	sustainability	35	0.02
2009	farmer	31	0.01
2009	participation	29	0
2010	payments for ecosystem service	78	0.01
2012	Latin America	20	0
2015	Costa Rica	20	0

2. 基于条件价值评估的农业生态补偿研究

表 1.29 报告了关键词概况。不难发现，关键词“contingent valuation”以 169 的频次高居第一，且中介中心性高达 0.41，表明有关条件价值评估的研究在该领域具有非常重要的影响力。同时，“policy”的中介中心性也达到了 0.12，意味着政策研究的影响力不可忽视。

表 1.29　基于条件价值评估的农业生态补偿研究的关键词（外文）

起始年份（年）	关键词	频次	中介中心性
1991	contingent valuation	169	0.41
1991	policy	70	0.12
1991	wetland	7	0
1994	farmland	23	0.02
1996	water quality	21	0.01
1996	consumption	11	0
1997	preservation	10	0
1999	sustainable agriculture	10	0
1999	amenity benefit	6	0
2005	auction	8	0
2007	economic valuation	12	0
2015	climate change	35	0

3. 农田景观与有机食品生产生态补偿研究

表 1.30 报告了关键词概况。较之于其他研究热点，该研究热点在研究对象上集中于“农田景观”与“食品”，且“agricultural landscape”的中介中心性达到了 0.15，体现出较强的影响力。另一具有较高中介中心性的关键词为“benefit”。结合 CiteSpace 在该聚类中筛选出的文献，不难发现，该研究热点的补偿缘由在于：农田景观、有机食品生产给经济社会带来了正外部性，因而消费者需要为此付费。农田景观生态补偿研究方面，有研究指出，农田在除了提供食物与纤维之外，还为野生动物提供了栖息之地，能够保护自然资源，并提供了开放的空间、秀丽的风景，以及对文化的保护（佛莱谢和铁杉，2000）。[①] 在有机食品方面，有研究基于消费者视角，探讨了消费者对当地有机食品的偏好及付费意愿（亚当斯和莎乐美，2010）或研究了消费者对有机食品的购买习惯（皮伯恩

① Fleischer A., Tsur Y., “Measuring the Recreational Value of Agricultural Landscape”, *European Review of Agricultural Economics*, Vol.27, No.3, 2000.

等，2014）。①

表 1.30 农田景观与有机食品生产生态补偿研究的关键词（外文）

起始年份（年）	关键词	频次	中介中心性
1995	agricultural landscape	61	0.15
1995	recreation	8	0
1995	agricultural policy	6	0
1998	value	29	0.02
1999	quality	29	0.05
2000	benefit	52	0.15
2001	consequence	9	0
2008	valuation	49	0.01
2008	food	18	0
2008	consumer preference	8	0
2015	perception	28	0

4. 土地利用与保护生态补偿研究

表 1.31 报告了关键词概况。不难发现，关键词“model”频次达到 67，位居第一，且中介中心性超过了 0.1，加之“conjoint analysis”亦是关键词之一，表明使用计量经济学方法的研究是该领域的重点。从研究内容来看，“land use”“land preservation”“open space”是关键词，意味着该研究方向侧重于对土地利用与保护的生态补偿研究。在研究对象上，较之于“农田景观与有机食品生产生态补偿研究”关注消费者偏好，该研究热点的范围更广，侧重于“public preference”。例如，班扎夫（Banzhaf）在发表于 2010 年的研究中指出，过去的 50 年中，经济学家

① Adams D. C., Salois M. J., “Local Versus Organic: A Turn in Consumer Preferences and Willingness-to-Pay”, *Renewable Agriculture & Food Systems*, Vol.25, No.4, 2010. Pyburn M., Puzacke K., Halstead J. M., et al., “Sustaining and Enhancing Local and Organic Agriculture: Assessing Consumer Issues in New Hampshire”, *Agroecology & Sustainable Food Systems*, Vol.10, No.2, 2014.

开发出了估算绿色空间（Green Spaces）公共利益的方法，并允许将这些信息纳入土地利用规划中。然而，这些方法的使用程度不得而知。为此，他回顾了城市郊区中土地利用公共价值评估的相关文献，进而指出，过去强调显示偏好的研究方法忽视了土地利用的非市场价值。[①]

表 1.31　土地利用与保护生态补偿研究的关键词（外文）

起始年份（年）	关键词	频次	中介中心性
1991	land preservation	15	0.03
1996	model	67	0.19
1998	land use	42	0.03
1998	impact	35	0.07
1998	public preference	12	0.01
1998	price	7	0
1998	good	7	0.02
2000	demand	21	0.05
2004	program	24	0.01
2004	conjoint analysis	14	0
2004	open space	10	0

5. 支付意愿研究

表 1.32 报告了关键词概况。不难发现，“willingness to pay”一词的频次高达 140，且中介中心性为 0.26，意味着该研究热点侧重于对支付意愿的探讨。频次紧随其后的是“choice experiment”，表明在评估方法上，较之于条件价值评估法，该研究热点更加侧重于选择实验法。在研究方法上，“meta analysis”“mixed logit”是关键词，说明采用这两种方法进行分析的文献占据了重要地位。例如，阿斯拉特（Asrat）等学者在一篇发表于2010年的论文中应用选择实验法，调查了农户对作物品种的偏好，

① Banzhaf H. S., “Economics at the Fringe: Non-Market Valuation Studies and Their Role in Land Use Plans in the United States”, *Journal of Environmental Management*, Vol.91, No.3, 2010.

估计其为每个作物品种属性的平均支付意愿。[①]

表 1.32 支付意愿研究的关键词（外文）

起始年份（年）	关键词	频次	中介中心性
1994	willingness to pay	140	0.26
1997	information	20	0.01
2000	food safety	10	0.1
2002	market	30	0.02
2002	attribute	10	0
2004	preference	44	0.01
2006	choice experiment	65	0.04
2006	meta analysis	10	0
2006	economic value	8	0
2011	mixed logit	12	0
2016	design	25	0

（四）研究热点的阶段性演进分析

对农业生态补偿领域阶段性研究热点的分析，可以更好地从整体上把握该领域研究热点的演化路径与发展趋势。以研究热点的受关注度（关键词频次≥ 10）与影响力（关键词中介中心性≥ 0.1）为准则，结合关键词之间的语义联系，按照时间动态将研究热点划分为 3 个阶段。具体分析如下：

表 1.33 农业生态补偿领域第一阶段（1990—1998 年）的关键词（外文）

起始年份（年）	关键词	频次	中介中心性
1991	contingent valuation	169	0.41
1991	policy	70	0.12

① Asrat S., Yesuf M., Carlsson F., et al., “Farmers’ Preferences for Crop Variety Traits: Lessons for on-Farm Conservation and Technology Adoption”, *Ecological Economics*, Vol.69, No.12, 2010.

续表

起始年份（年）	关键词	频次	中介中心性
1991	land preservation	15	0.03
1994	willingness to pay	140	0.26
1994	farmland	23	0.02
1994	economics	15	0.08
1995	agricultural landscape	61	0.15
1996	model	67	0.19
1996	water quality	21	0.01
1996	consumption	11	0
1997	choice	27	0.1
1997	public good	22	0.01
1997	cost	21	0.01
1997	information	20	0.01
1997	preservation	10	0
1998	land use	42	0.03
1998	impact	35	0.07
1998	value	29	0.02
1998	public preference	12	0.01

第一阶段（1990—1998 年）：研究热点为基于条件价值评估法的农业生态补偿，且研究内容侧重于土地利用、农田景观。由表 1.33 可以看出，1991 年的关键词“contingent valuation”“policy”的中介中心性分别为 0.41、0.12，体现出较强的影响力，尤其是条件价值评估法，至今仍在农业生态补偿领域长盛不衰。此外，1991 年的另一个关键词是“land preservation”。可能的解释是，20 世纪 80 年代以来，土地污染问题受到了全世界的广泛关注。美国政府于 1986 年实施了“土地休耕保护计划（Conservation Reserve Program）”；欧盟也于 1988 年实施了自愿休耕项目，并于 1991 年新增临时休耕项目；中国亦于 1991 年 1 月颁布了《中华人

民共和国土地管理实施条例》，对征地补偿标准、补偿期限等进行了规定。进入 1994 年之后，“willingness to pay”成为关键词，且中介中心性达到 0.26，表明此时基于支付意愿的条件价值评估研究具有较强影响力。1995 年后“agricultural landscape”成为关键词，并且中介中心性超过 0.1，这可能与各国政府对农业景观的重视有关。例如，日本通过法案《农山渔村宿型休闲活动促进法》支持乡村旅游；同年美国白宫认可了乡村历史文化旅游（凌丽君，2015）；中国乡村旅游业也于 1995 年起迅速发展起来（苏勤，2007）。[①] 而在土地利用上，1995 年，国际地圈生物圈计划（International Geosphere–Biosphere Programme，IGBP）与国际全球环境变化人文因素计划（International Human Dimensions Programme on Global Environmental Change，IHDP）颁布了《土地利用 / 土地覆盖变化科学研究计划》，使土地利用与土地覆盖研究成为全球变化研究的前沿。三年后，有关土地利用方面的农业生态补偿研究也引起了学术界的重视。

表 1.34 农业生态补偿领域第二阶段（1999—2003 年）的关键词（外文）

起始年份（年）	关键词	频次	中介中心性
1999	conservation	98	0.13
1999	quality	29	0.05
1999	incentive	13	0
1999	Africa	12	0.04
1999	sustainable agriculture	10	0
2000	benefit	52	0.15
2000	demand	21	0.05
2000	risk	21	0.08
2000	food safety	10	0.1
2000	uncertainty	10	0

① 凌丽君：《美国乡村旅游发展研究》，《世界农业》2015 年第 10 期。苏勤：《乡村旅游与我国乡村旅游发展研究》，《安徽师范大学学报（自然科学版）》2007 年第 3 期。

续表

起始年份（年）	关键词	频次	中介中心性
2001	developing country	25	0.02
2002	market	30	0.02
2002	attribute	10	0
2003	biodiversity conservation	101	0.07
2003	agriculture	75	0.04
2003	China	33	0
2003	adoption	30	0.01
2003	attitude	23	0.01
2003	behavior	22	0.06
2003	area	13	0

第二阶段（1999—2003 年）：研究热点为基于农业多功能性的生态补偿研究。由表 1.34 可以看出，该阶段频次最高的两个关键词分别是 1999 年的“conservation”与 2003 年的“biodiversity conservation”，由此可见，该阶段的研究较为重视农业在保护自然资源与生物多样性等方面的“attribute”“benefit”。此外，农业的基本功能——食物保障，亦受到重视。与之相关的关键词有：1999 年的“quality”；2000 年的“demand”“risk”“food safety”；2002 年的“market”。尤其是 2000 年，世界卫生组织（World Health Organization，WHO）会员国将食品安全作为一项基本的公共卫生职能；同年，全球食品安全倡议（Global Food Safety Initiative）成立，加之欧盟亦于当年发布了《食品安全白皮书》，使得有关消费者溢价支付有机农产品的研究成为热点。在研究区域上，1999 年的“Africa”、2001 年的“developing country”、2003 年的“China”均为关键词，意味着该阶段发展中国家的研究在国际舞台的影响力非比寻常。

第三阶段（2004 年至今）：研究热点为农业生态系统服务及其付费

研究。由表1.35可以看出，进入2004年后，“ecosystem service”成为关键词，且频次高达184，加之2010年的“payments for ecosystem service”的频次也以78居于第二，可见，有关农业生态系统服务及其付费的研究在该阶段处于主流地位。在研究主题上，除了过去的食品安全、土地利用、农业景观、生物多样性之外，该阶段发展出了一些新的研究方向：一是针对政府主导的农业环境计划的研究，如2004年的关键词“program”、2011年的“agri environment scheme”、2016年的“design”。二是在原有研究主题的基础上进一步扩充与丰富的研究，如2004年出现的关键词“open space”是在土地利用研究的基础上进行了拓展。三是针对低碳农业的研究，如2007年的“carbon sequestration”、2015年的“climate change”。四是关于扶贫与生态补偿的研究，如2007年的“poverty”。此外，该阶段的一大特点在于研究方法的多样性。评估方法上，除了第一阶段的条件价值评估法之外，2006年，“choice experiment”引起重视；在研究方法上，2006年的“meta analysis”是关键词；在计量模型上，2004年的“conjoint analysis”、2011年的“mixed logit”均被不少研究应用。

表1.35 农业生态补偿领域第三阶段（2004年至今）的关键词（外文）

起始年份（年）	关键词	频次	中介中心性
2004	ecosystem service	184	0.09
2004	preference	44	0.01
2004	program	24	0.01
2004	conjoint analysis	14	0
2004	open space	10	0
2006	management	77	0.05
2006	choice experiment	65	0.04
2006	meta analysis	10	0
2007	poverty	24	0

续表

起始年份（年）	关键词	频次	中介中心性
2007	carbon sequestration	23	0
2007	forest	23	0
2007	economic valuation	12	0
2008	valuation	49	0.01
2008	sustainability	35	0.02
2008	food	18	0
2009	farmer	31	0.01
2009	participation	29	0
2009	diversity	14	0
2009	perspective	10	0
2010	payments for ecosystem service	78	0.01
2011	agri environment scheme	13	0.02
2011	mixed logit	12	0
2011	England	10	0
2012	Latin America	20	0
2012	deforestation	16	0
2015	climate change	35	0
2015	perception	28	0
2015	Costa Rica	20	0
2016	design	25	0

（五）研究前沿分析

选择 CiteSpace 4.2.R1 中的"Cited Reference"节点，筛选策略为 Top 20，并采用 LLR 算法进行聚类分析，共获得 26 个聚类。表 1.36 报告了文献数量排名前 11 的聚类。不难发现，全部聚类的同质性均超过了 0.7，可认为聚类结果是高信度的。其中，"payments for ecosystem services（#0）"既是文献数量最多的聚类，又是最新的聚类；"agriculture protection（#2）"则是最久远的聚类。

表 1.36 农业生态补偿领域研究 1990—2016 年期间的突现词（外文）

聚类	文献数量	同质性	平均年份	标签（对数似然率算法）
#0	61	0.842	2008	payments for ecosystem services
#1	29	0.898	2005	Bangladesh
#2	21	0.994	1986	agriculture protection
#3	20	0.963	1994	environmental amenities from agriculture
#4	18	0.981	2003	latent demand
#5	17	0.980	1987	filter strip
#6	17	0.993	1993	external benefit
#7	15	1.000	1989	agriculture protection
#8	14	0.944	2003	agricultural multi-functionality
#9	12	1.000	1995	sustainable agriculture
#10	12	0.963	1996	contingent valuation

由于“payments for ecosystem services（#0）”是最新的聚类，本书重点对该聚类展开分析。表 1.37 报告了聚类 0 中的部分文献。综合来看，这些前沿文献的研究重点可划分为三大类：

表 1.37 聚类 0 中的部分前沿文献（外文）

引用频率	标题	期刊	作者
12	Payments for Ecosystem Services: Justified or Not? a Political View	*Environmental Science & Policy*	Hecken and Bastiaensen（2010）①
7	Social and Environmental Impacts of Payments for Environmental Services for Agroforestry on Small-Scale Farms in Southern Costa Rica	*International Journal of Sustainable Development & World Ecology*	Cole（2010）②

① Hecken G. V., Bastiaensen J., “Payments for Ecosystem Services: Justified or Not? a Political View”, *Environmental Science & Policy*, Vol.13, No.8, 2010.

② Cole R. J., “Social and Environmental Impacts of Payments for Environmental Services for Agroforestry on Small-Scale Farms in Southern Costa Rica”, *International Journal of Sustainable Development & World Ecology*, Vol.17, No.3, 2010.

续表

引用频率	标题	期刊	作者
7	A Conservation Industry for Sustaining Natural Capital and Ecosystem Services in Agricultural Landscapes	*Ecological Economics*	Yang et al.,（2010）①
5	Cost–Effectiveness Targeting under Multiple Conservation Goals and Equity Considerations in the Andes	*Environmental Conservation*	Narloch（2011）②
5	Trends and Future Potential of Payment for Ecosystem Services to Alleviate Rural Poverty in Developing Countries	*Ecology & Society*	Milder et al.（2010）③
5	Payments for Ecosystem Services as a Framework for Community–Based Conservation in Northern Tanzania	*Conservation Biology*	Nelson et al.（2010）④

一是农业生态系统服务的理论研究。例如，赫金和巴斯蒂安森（Hecken and Bastiaensen）在一篇发表于2010年的论文中指出，在可持续农业发展的背景下，有关生态系统服务付费的研究已经引起了学术界与政界越来越多的关注。⑤他们认为，生态系统服务付费的理论基础是环境的外部性，即市场失灵是环境恶化的根本原因。然而，以市场为基础的生态系统服务付费本身存在一些弱点：其外部性框架具有隐性的政治

① Yang W. H., Bryan B. A., Macdonald D. H., et al., "A Conservation Industry for Sustaining Natural Capital and Ecosystem Services in Agricultural Landscapes", *Ecological Economics*, Vol.69, No.4, 2010.

② Narloch U., "Cost–Effectiveness Targeting under Multiple Conservation Goals and Equity Considerations in the Andes", *Environmental Conservation*, Vol.38, No.4, 2011.

③ Milder J. C., Scherr S. J., Bracer C., "Trends and Future Potential of Payment for Ecosystem Services to Alleviate Rural Poverty in Developing Countries", *Ecology & Society*, Vol.15, No.2, 2010.

④ Nelson F., Foley C., Foley L. S., et al., "Payments for Ecosystem Services as a Framework for Community–Based Conservation in Northern Tanzania", *Conservation Biology*, Vol.24, No.1, 2010.

⑤ Hecken G. V., Bastiaensen J., "Payments for Ecosystem Services: Justified or Not? A Political View", *Environmental Science & Policy*, Vol.13, No.8, 2010.

模糊性（Hidden Political Ambiguities）以及可能存在的“搭便车”行为。

二是农业生态系统服务付费的案例研究。科尔（Cole）在一篇发表于2010年的论文中指出，生态系统服务付费有利于减少贫困，并促进农业可持续发展。为此，他以哥斯达黎加南部从事农林复合经营的小规模农场为例，探讨了生态系统服务付费对农户植树造林效率的影响，以及参加生态系统服务付费计划后农户的观念转变。[①] 纳尔逊（Nelson）等在一篇发表于2010年的论文中以坦桑尼亚北部的社区为研究对象，分析了以社区为基础的野生动物保护政策问题。他们指出，当地的旅游经营者组成的财团与一个位于塔兰吉雷国家公园（Tarangire National Park）外围关键野生动物疏散区的村庄达成了协议：这些财团将为牧民付费，以使他们限制自身的农业生产经营活动。他们认为，这一举措不仅有助于野生动物保护，而且能够改善牧民的生计，并缓解国家利益与地方利益在土地使用权上的冲突。[②]

三是农业生态系统服务付费的多重目标研究。除了保护生态环境之外，这些目标还有扶贫、社会公平等。例如，米尔德（Milder）等在一篇发表于2010年的论文中研究了生态系统服务付费在减轻发展中国家农村贫困方面的潜力与趋势。他们指出，目前造福穷人的生态系统服务付费实例几乎都是具有地区限制、规模较小的项目。为此，他们通过评估生态系统服务付费的规模、特点和趋势，测算发展中国家低收入土地管理人（Land Steward）的未来潜在收益，发现到2030年，生物多样性保护市场能够使得发展中国家1000万—1500万低收入家庭受益，碳市场的受益户数为2500万—5000万户，流域保护市场则是8000万—10000万

---

① Cole R. J., “Social and Environmental Impacts of Payments for Environmental Services for Agroforestry on Small-Scale Farms in Southern Costa Rica”, *International Journal of Sustainable Development & World Ecology*, Vol.3 No.17, 2010.

② Nelson F., Foley C., Foley L.S., etal., “Payments for Ecosystem Services as a Framework for Community-Based Conservation in Northern Tanzania”, *Conservation Biology*, Vol.24, No., 2010.

户，景观休闲市场也能达到500万—800万户。[①] 纳洛克（Narloch）则在一篇发表于2011年的论文中分析了生态系统服务付费在促进社会公平方面的作用。[②]

三、中文文献计量结果

（一）文献数量情况分析

本次检索总共得到农业生态补偿领域研究文献434篇，时间范围为1992—2016年，平均每年出版文献的数量约为17篇。值得一提的是，在2002年以前，本书仅于1992年、2000年各检索到1篇相关文献。若将之排除，则2002—2016年平均每年出版文献的数量约为30篇。图1.4报告了其年度变化趋势。

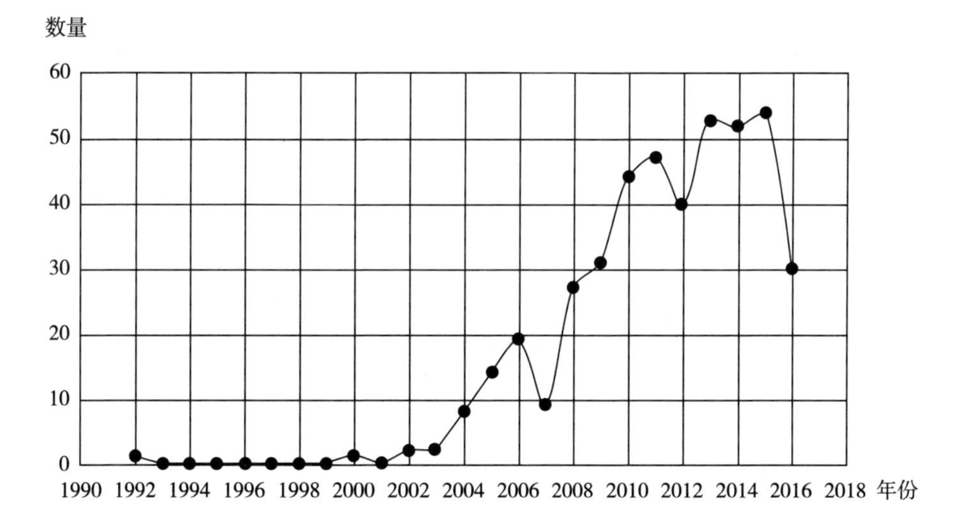

图1.4　1992—2016年农业生态补偿领域出版文献数量分布（中文）

① Milder J. C., Scherr S. J., Bracer C., "Trends and Future Potential of Payment for Ecosystem Services to Alleviate Rural Poverty in Developing Countries", *Ecology & Society*, Vol.15, No.2, 2010.

② Narloch U., "Cost-Effectiveness Targeting under Multiple Conservation Goals and Equity Considerations in the Andes", *Environmental Conservation*, Vol.38, No.4, 2011.

由图 1.4 不难发现，国内有关农业生态补偿领域的研究真正起步于 21 世纪之后，且文献出版数量总体上呈增长趋势，仅 2007 年、2012 年、2014 年略有下降，至 2015 年则达至顶峰 54 篇。尤其是近 5 年出版的文献数量累计已达 229 篇，为 25 年总量的 52.76%。综观 25 年的文献年均增长量，2007—2008 年增加了 18 篇，位居第一。可能的解释是，2006 年中国召开了第六次全国环境保护大会，提出了“完善生态补偿机制”的要求；紧接着在 2007 年发布的《关于开展生态补偿试点工作的指导意见》（环发〔2007〕130 号）将“有效控制农村面源污染”作为重要生态功能区生态补偿试点工作的内容。因而，在一定程度上推动了农业生态补偿问题的研究。

（二）作者和机构分析

选择 CiteSpace 4.2.R1 中的“Author”节点，得到 1992—2016 年农业生态补偿领域作者论文发表概况，如表 1.38 所示。不难发现，在该领域的代表学者中，华中农业大学公共管理学院蔡银莺教授以 17 篇的论文数高居第一，占论文总数的 3.92%；排名第二的是中南财经政法大学工商管理学院严立冬教授。

表 1.38 1992—2016 年农业生态补偿领域作者论文发表概况（中文）

排名	作者	论文发表数量（篇）	占 434 篇的百分比（%）	首篇论文发表年份（年）
1	蔡银莺	17	3.92	2006
2	严立冬	11	2.53	2009
4	邓远建	10	2.31	2009
4	张安录	10	2.31	2006
7	张俊飚	6	1.38	2013
7	何可	6	1.38	2013
7	刘某承	6	1.38	2009
12	尹昌斌	5	1.15	2009
12	黄河清	5	1.15	2010

续表

排名	作者	论文发表数量（篇）	占434篇的百分比（%）	首篇论文发表年份（年）
12	田苗	5	1.15	2012
12	余亮亮	5	1.15	2013
12	周颖	5	1.15	2010

选择 CiteSpace 4.2.R1 中的“Institution”节点，得到 1992—2016 年农业废弃物领域机构论文发表概况，如表 1.39 所示。需要说明的是，由于部分院校合并，加之部分文献出版时的作者单位省略了院级单位。因此，本书对文献作者及其单位进行了一一核实，最终结果如表 1.39 所示。[①] 不难发现，排名前 15 的机构论文出版数量总和达到 137 篇，占农业生态补偿领域论文总数的 31.57%。其中，华中农业大学公共管理学院、中国科学院地理科学与资源研究所、中南财经政法大学工商管理学院分列前三名。

表 1.39　1992—2016 年农业生态补偿领域机构论文发表概况（中文）

排名	单位	论文发表量（篇）	占434篇的百分比（%）	首篇论文发表时间（年）
1	华中农业大学公共管理学院	23	5.30	2006
2	中国科学院地理科学与资源研究所	19	4.38	2003

① 首先，2013 年华中农业大学土地管理学院与高等教育研究所合并为公共管理学院，故华中农业大学公共管理学院的最终论文出版数量为 23 篇（华中农业大学土地管理学院 16 篇 + 华中农业大学公共管理学院 7 篇）；其次，有 3 篇论文的机构为西北农林科技大学，经核实后发现，其中 2 篇为西北农林科技大学经济管理学院，1 篇属于西北农林科技大学人文学院，故西北农业大学经济管理学院的最终论文出版数量为 10 篇（西北农林科技大学经济管理学院 6 篇 + 西北农林科技大学经管院 2 篇 + 西北农林科技大学 2 篇）；再次，有 1 篇文献的机构为中国农业科学院区划研究所，经核实属于中国农业科学院农业资源与农业区划研究所，故该机构的最终论文出版数量为 11 篇（中国农业科学院农业资源与农业区划研究所 10 篇 + 中国农业科学院区划研究所 1 篇）；最后，有 2 篇文献的机构为中南财经政法大学，经核实均属于中南财经政法大学工商管理学院，故该机构最终论文出版数量为 16 篇（中南财经政法大学工商管理学院 14 篇 + 中南财经政法大学 2 篇）。

续表

排名	单位	论文发表量（篇）	占434篇的百分比（%）	首篇论文发表时间（年）
3	中南财经政法大学工商管理学院	16	3.69	2009
4	中国农业科学院农业资源与农业区划研究所	11	2.53	2005
5	西北农林科技大学经济管理学院	10	2.30	2008
6	中国农业大学资源与环境学院	9	2.07	2004
7	华中农业大学经济管理学院	7	1.61	2010
9	中南财经政法大学经济学院	6	1.38	2009
9	中国农业科学院农业经济与发展研究所	6	1.38	2006
15	中国人民大学环境学院	5	1.15	2009
15	中国人民大学农业与农村发展学院	5	1.15	2005
15	农业部农村经济研究中心	5	1.15	2005
15	宁夏大学资源环境学院	5	1.15	2006
15	河北农业大学商学院	5	1.15	2010
15	中国科学院研究生院	5	1.15	2009

（三）研究热点及代表性文献分析

选择 CiteSpace 4.2.R1 中的“Keyword”节点，筛选策略为 Top 20，一共获得 37 个研究热点。通过综合考虑关键词的数量、频次与中介中心性，进一步筛选出农业生态补偿政策研究、农业生态补偿标准研究、农业生态补偿的机理与价值评估研究、农业生态补偿机制研究四大主要研究热点。在代表性文献的选择上，采用与前文分析相同的策略，即分别报告关键词提取数最多、被引量排名靠前、出版年份较新的文献。中国知网数据库查询时间为 2016 年 8 月 13 日。

1. 农业生态补偿政策研究

表 1.40 报告了关键词概况。该研究热点瞄准国家农业政策，或从生

态文明发展的高度（郭索彦，2010），或从法律制度建设的层面（骆世明，2015），或从国际比较与经验借鉴的视角（温铁军等，2010；刘平养，2010；刘某承等，2014；李靖、于敏，2015），或从先进技术应用的范畴（刘益军等，2011），或从利益相关者行为的框架（齐振宏和王培成，2010；潘理虎等，2010；李芬等，2010），提出完善农业生态补偿政策与机制的建议。[①] 全部关键词频数之和高达 219 次，中介中心性之和亦达到 0.83，位居 37 个研究热点中的第一名，表明该研究热点在农业生态补偿领域中处于主流地位。

表 1.40　农业生态补偿政策研究的关键词（中文）

关键词				代表性文献			
起始年份（年）	名称	频次	中介中心性	作者	关键词量	被引量	下载量
2002	退耕还林	15	0.07	刘平养（2010）	3	25	609
2004	生态补偿	96	0.65	潘理虎等（2010）	3	20	658
2005	农业环境政策	9	0	郭索彦（2010）	3	7	181
2005	农户行为	6	0.01	刘益军等（2011）	3	1	232
2006	生态环境保护	19	0.03	温铁军等（2010）	1	68	2351
2006	土地利用	5	0	李芬等（2010）	2	46	1086

① 郭索彦：《基于生态文明理念的水土流失补偿制度研究》，《中国水利》2010 年第 4 期。骆世明：《构建我国农业生态转型的政策法规体系》，《生态学报》2015 年第 6 期。温铁军、董筱丹、石嫣：《中国农业发展方向的转变和政策导向：基于国际比较研究的视角》，《农业经济问题》2010 年第 10 期。刘平养：《发达国家和发展中国家生态补偿机制比较分析》，《干旱区资源与环境》2010 年第 9 期。刘某承、熊英、伦飞等：《欧盟农业生态补偿对中国 GIAHS 保护的启示》，《世界农业》2014 年第 6 期。李靖、于敏：《美国农业资源和环境保护项目投入研究》，《世界农业》2015 年第 9 期。刘益军、张素强、王小屈等：《3S 技术在自然保护区生态补偿管理中的应用》，《北京林业大学学报》2011 年第 2 期。齐振宏、王培成：《博弈互动机理下的低碳农业生态产业链共生耦合机制研究》，《中国科技论坛》2010 年第 11 期。潘理虎、黄河清、姜鲁光等：《基于人工社会模型的退田还湖生态补偿机制实例研究》，《自然资源学报》2010 年第 12 期。李芬、甄霖、黄河清等：《鄱阳湖区农户生态补偿意愿影响因素实证研究》，《资源科学》2010 年第 5 期。

续表

关键词				代表性文献			
起始年份（年）	名称	频次	中介中心性	作者	关键词量	被引量	下载量
2009	经济补偿	10	0.02	齐振宏和王培成（2010）	1	35	1599
2010	耕地保护	9	0	骆世明（2015）	1	2	295
2010	生态文明	8	0.03	李靖和于敏（2015）	1	0	77
2010	水资源	6	0	刘某承等（2014）	1	3	186

2. 农业生态补偿标准研究

表 1.41 报告了关键词概况。顾名思义，该研究热点着眼于农业生态补偿领域的难点——生态补偿标准的确立问题展开讨论。全部关键词频数之和高达 142，中介中心性之和亦达到 0.36，位居第二。从研究对象来看，主要涵盖了农地（蔡银莺和张安录，2007）、农业面源污染（刘光栋等，2004）、农场休闲（蔡银莺和张安录，2008）、农业废弃物资源化（何可等，2014）等；从研究方法来看，主要有旅游成本法（蔡银莺等，2008）、意愿调查法（颜廷武等，2016）、收益还原法（乔荣锋等，2006）等；从影响因素分析的计量模型来看，则包括 Logistic 模型（何可等，2014）、Tobit 模型（唐学玉等，2012）、Heckman 两阶段估计模型（何可和张俊飚，2014）等。①

① 蔡银莺、张安录：《武汉市农地非市场价值评估》，《生态学报》2007 年第 2 期。刘光栋、吴文良、彭光华：《华北高产农区公众对农业面源污染的环境保护意识及支付意愿调查》，《生态与农村环境学报》2004 年第 2 期。蔡银莺、张安录：《武汉市石榴红农场休闲景观的游憩价值和存在价值估算》，《生态学报》2008 年第 3 期。何可、张俊飚、丰军辉：《基于条件价值评估法（CVM）的农业废弃物污染防控非市场价值研究》，《长江流域资源与环境》2014 年第 2 期。蔡银莺、陈莹、任艳胜等：《都市休闲农业中农地的非市场价值估算》，《资源科学》2008 年第 2 期。颜廷武、何可、张俊飚：《社会资本对农民环保投资意愿的影响分析》，《中国人口·资源与环境》2016 年第 1 期。唐学玉、张海鹏、李世平：《农业面源污染防控的经济价值——基于安全农产品生产户视角的支付意愿分析》，《中国农村经济》2012 年第 3 期。何可、张俊飚、丰军辉：《农业废弃物基质化管理创新的扩散困境——基于自我雇佣型女性农民视角的实证分析》，《华中农业大学学报（社会科学版）》2014 年第 4 期。

表 1.41　农业生态补偿标准研究的关键词（中文）

关键词				代表性文献			
起始年份（年）	名称	频次	中介中心性	作者	关键词量	被引量	下载量
2004	支付意愿	18	0.03	蔡银莺和张安录（2008）	4	39	842
2005	cvm	25	0.18	蔡银莺等（2008）	4	35	813
2006	受偿意愿	13	0.05	蔡银莺和张安录（2007）	1	83	917
2007	三峡库区	5	0.01	刘光栋等（2004）	1	72	609
2010	补偿标准	21	0.04	乔荣锋等（2006）	1	46	472
2010	影响因素	8	0.02	颜廷武等（2016）	2	0	339
2013	废弃物资源化	6	0.03	何可和张俊飚（2014）	2	9	635
2013	logistic 模型	5	0	何可等（2014）	1	4	362
2013	湖北省	5	0	唐学玉等（2012）	1	36	1775

3. 农业生态补偿的机理与价值评估研究

表 1.42 报告了关键词概况。该研究热点与“农业生态补偿政策研究”“农业生态补偿标准研究”具有一定的相似性，但侧重点不同。在农业生态补偿制度的分析上，该研究热点侧重于以经济学理论为基础，结合当前农业发展现状，分析农业生态补偿的科学性、必要性与可行性。例如，韦苇和杨卫军（2004）认为，农业的多功能性使之具有明显的正外部性，而不合理的农业生产行为则会产生负外部性，因而需要对正外部性予以补偿，对负外部性予以矫正；邱君（2007）、耿龙玺（2010）、路景兰（2011）分别以生态环境维护、农业生态补偿的经济学内涵、耕地的价值构成为切入点，探寻完善农业生态补偿制度的可行路径。[①] 在农业生态系统服务价值评估研究方面，评估方法多种多样，既有依靠 GIS

① 韦苇、杨卫军：《农业的外部性及补偿研究》，《西北大学学报（哲学社会科学版）》2004 年第 1 期。邱君：《我国化肥施用对水污染的影响及其调控措施》，《农业经济问题》2007 年第 1 期。耿龙玺：《甘肃省健全农业生态环境补偿制度研究》，《甘肃农业》2010 年第 8 期。路景兰：《别欠下耕地的生态债——浅论我国耕地的生态补偿制度》，《中国土地》2011 年第 8 期。

和土壤侵蚀方程的研究（高江波等，2009），又有依据农业生态系统功能的不同而采取不同测算方法的文献（周志明等，2016），也有结合物质量和价值量两种评估理念的论文（张丹等，2009）。[①]

表 1.42　农业生态补偿的机理与价值评估研究的关键词（中文）

关键词				代表性文献			
起始年份（年）	名称	频次	中介中心性	作者	关键词量	被引量	下载量
2002	外部性	19	0.1	邱君（2007）	2	27	682
2004	生态农业	10	0.04	耿龙玺（2010）	2	6	141
2004	生态价值	6	0.04	路景兰（2011）	2	3	230
2004	农业生态环境	19	0.05	周志明等（2016）	2	0	10
2004	生态系统服务功能	11	0.07	韦苇和杨卫军（2004）	1	67	618
2009	价值评估	4	0.03	张丹等（2009）	1	41	832
2013	农业生产	5	0	高江波等（2009）	1	19	732

4. 农业生态补偿机制研究

表 1.43 报告了关键词概况。该研究热点主要从整体上探讨农业生态补偿的运行体系。例如，朱立志等（2007）分析了农业污染防治生态补偿机制的内涵、补偿主体识别、补偿标准、补偿方式、资金来源等；邹昭晞（2010）则从农业功能的转变视角，为农业生态补偿机制的构建提出了一些建议。[②] 此外，该研究热点近年来还较为关注农业生态补偿与产

① 高江波、周巧富、常青等：《基于 GIS 和土壤侵蚀方程的农业生态系统土壤保持价值评估——以京津冀地区为例》，《北京大学学报（自然科学版）》2009 年第 1 期。周志明、张立平、曹卫东等：《冬绿肥—春玉米农田生态系统服务功能价值评估》，《生态环境学报》2016 年第 4 期。张丹、闵庆文、成升魁等：《传统农业地区生态系统服务功能价值评估——以贵州省从江县为例》，《资源科学》2009 年第 1 期。

② 朱立志、章力建、李红康：《农业污染防治的财政与市场补偿机制》，《财贸研究》2007 年第 4 期。邹昭晞：《北京农业生态服务价值与生态补偿机制研究》，《北京社会科学》2010 年第 3 期。

业发展的联动机制研究。例如，刘圣欢和杨砚池（2015）探讨了农业与旅游业之间的外部性问题，进而提出了以生态补偿为核心的联动发展机制。①

表 1.43　农业生态补偿机制研究的关键词（中文）

关键词				代表性文献			
起始年份（年）	名称	频次	中介中心性	作者	关键词量	被引量	下载量
2002	生态补偿机制	26	0.21	范子文（2007）	3	5	156
2005	农业生态	3	0	朱立志等（2007）	1	19	409
2007	循环农业	4	0	邹昭晞（2010）	1	11	613
2007	农业污染	3	0	刘圣欢和杨砚池（2015）	1	2	300

（四）研究热点的阶段性演进分析

以研究热点的受关注度（关键词频次≥ 4）与影响力（关键词中介中心性≥ 0.1）为准则，结合关键词之间的语义联系，按照时间动态将研究热点划分为四个阶段。具体分析如下：

第一阶段（2004 年之前）：研究热点为农业生态补偿的理论与政策研究。由表 1.44 可知，2002 年之前未有关键词入选，原因可能在于有关农业生态补偿方面的研究于 2002 年开始方才受到学术界的普遍关注。农业生态补偿理论研究方面，关键词"生态补偿机制""外部性"的中介中心性分别为 0.21、0.1，"可持续发展""生态系统服务功能"的中介中心性亦分别达到 0.08、0.07，这意味着，基于外部性理论、可持续发展理论、生态系统服务功能理论等基础性理论探讨农业生态补偿的研究是该阶段的热点。在农业生态补偿政策研究方面，"农业面源污染"也以 0.16 的中介中心性显露于 2002 年，这可能与同年 2 月国家环境保护总局将"加

① 刘圣欢、杨砚池：《现代农业与旅游业协同发展机制研究——以大理市银桥镇为例》，《华中师范大学学报（人文社会科学版）》2015 年第 3 期。

强小城镇环境管理和农业面源污染的政策研究”作为全国环境保护政策研究指导名录中的十大专题研究之一有关。2000年另一高频关键词为“退耕还林”，可能的原因是，同年1月中国全面启动退耕还林工程。此外，2004年，中央“一号文件”18年后再次聚焦“三农”问题，加之“粮食最低收购价”“主要农产品临时收储”等农业补贴政策的实施，一定程度上致使“‘三农’问题”“农业补贴”于当年顺势成为关键词。

表1.44 农业生态补偿领域研究第一阶段（2004年之前）的关键词（中文）

起始年份（年）	名称	频次	中介中心性
2002	生态补偿机制	26	0.21
2002	外部性	19	0.1
2002	退耕还林	15	0.07
2002	农业面源污染	15	0.16
2003	可持续发展	11	0.08
2004	生态补偿	96	0.65
2004	农业生态环境	19	0.05
2004	支付意愿	18	0.03
2004	生态系统服务功能	11	0.07
2004	生态农业	10	0.04
2004	生态价值	6	0.04
2004	土地管理	5	0
2004	农业补贴	4	0
2004	“三农”问题	4	0
2004	可持续利用	4	0

第二阶段（2005—2009年）：研究热点为基于条件价值评估法的农业生态系统非市场价值研究与农业生态补偿优化策略研究。由表1.45可知，该阶段中介中心性超过0.1的关键词仅有“cvm”，即基于条件价值评估法测算农业生态系统非市场价值的研究于2005年开始日增月盛。条件价值评估法的调查对象主要是“农户”。研究视角上，较之于上一阶段

以“支付意愿”为主，该阶段开始关注利益相关者的“受偿意愿”；研究内容上，“生态环境保护”“农产品质量安全”这两个关键词的中介中心性均超过了 0，意味着，学术界较为关注以保护生态环境、保障农产品品质量安全、转变农业发展方式为目标的生态补偿。得益于 2008 年 6 月修订的《水污染防治法》从法律层面制定了水环境生态保护补偿制度，有关节水方面的农业生态补偿研究逐渐兴起，“农业节水”的中介中心性达到了 0.07，在该阶段全部关键词中排名第三。

表 1.45　农业生态补偿领域研究第二阶段（2005—2009 年）的关键词（中文）

起始年份（年）	名称	频次	中介中心性
2005	cvm	25	0.18
2005	农业环境政策	9	0
2005	农户行为	6	0.01
2005	农户生计	4	0
2006	生态环境保护	19	0.03
2006	受偿意愿	13	0.05
2006	土地利用	5	0
2006	农产品质量安全	4	0.02
2006	非市场价值	4	0
2007	三峡库区	5	0.01
2007	循环农业	4	0
2008	对策建议	15	0.1
2009	经济补偿	10	0.02
2009	农业节水	8	0.07
2009	价值评估	4	0.03

第三阶段（2010 年至今）：研究热点为农业生态补偿标准研究。表 1.46 报告了关键词概况。放眼全局，较之于过去，该阶段的研究呈现出多样化特征。首先，在研究内容上，得益于 2009 年 12 月哥本哈根世界气候大会召开，低碳农业背景下的生态补偿研究日新月异；之后，2010

年中央“一号文件”提出了“坚决守住耕地保护红线，建立保护补偿机制，加快划定基本农田，实行永久保护”的目标，且整个文件中“耕地”一词累计出现频次高达9，使得“耕地保护”于当年顺势成为关键词，有关耕地、农田的生态补偿研究亦随之蒸蒸日上；同年《中华人民共和国水土保持法》的修订，也推动了这方面的生态补偿研究；较为新兴的研究在于2013年出现的“农业废弃物资源化”生态补偿，该研究方向从小处着手，探究农业产业绿色转型的具体路径，具有较强的前瞻性与应用价值。

表1.46 农业生态补偿领域研究第三阶段（2010年至今）的关键词（中文）

起始年份（年）	名称	频次	中介中心性
2010	补偿标准	21	0.04
2010	低碳农业	10	0.03
2010	耕地保护	9	0
2010	影响因素	8	0.02
2010	生态文明	8	0.03
2010	水资源	6	0
2011	生态足迹	4	0
2011	主体功能区	4	0.05
2012	武汉市	4	0
2012	tobit 模型	4	0
2012	塔里木河流域	4	0
2012	环境水价	4	0
2012	绿色农业	4	0
2013	农业废弃物资源化	6	0.03
2013	logistic 模型	5	0
2013	湖北省	5	0
2013	农业生产	5	0
2013	低碳经济	4	0
2014	农田生态补偿	8	0.05
2015	机会成本	4	0

四、中外文献比较

表 1.47 报告了中外文献比较结果。国外有关农业生态补偿的研究起源于 1990 年，国内的研究于 1992 年初露锋芒，但在接下来的十年中，仅 2000 年发表了 1 篇相关论文，直至 2002 年才真正在该领域崭露头角。中国最早于 2001 年在国际社会科学引文索引期刊中发表该领域的论文，以 61 篇的数量位居第四，比排名第一的美国少 138 篇。从作者发文数量来看，外文文献中，圣安德鲁斯大学汉利教授、剑桥大学帕斯夸尔教授、克拉克大学约翰斯顿教授位居前三；中文文献的排名则是华中农业大学公共管理学院蔡银莺教授、中南财经政法大学工商管理学院严立冬教授、中南财经政法大学工商管理学院邓远建副教授、华中农业大学公共管理学院张安录教授。从机构发文数量来看，外文文献中，冠军为密歇根州立大学，亚军为中国科学院，剑桥大学排名第三；国内方面则是华中农业大学公共管理学院、中国科学院地理科学与资源研究所、中南财经政法大学工商管理学院分列前三名。

在研究热点方面，外文文献较为关注农业生态系统服务付费的理论政策及应用研究、基于条件价值评估的农业生态补偿研究、农田景观与有机食品生产生态补偿研究、土地利用与保护生态补偿研究和支付意愿研究；中文文献则侧重于针对农业生态补偿政策、补偿标准、补偿机理、价值评估、补偿机制等方面的讨论。具体而言，中外研究的差异之处表现在以下几个方面：（1）研究内容上，国外较为注重农田景观的生态补偿问题，国内有关这方面的探讨寥若晨星；同样地，近年来国内兴起的农业废弃物资源化生态补偿研究，国外方面亦是九牛一毛。（2）评估方法上，国外自 1991 年应用条件价值评估以来，形成了大量的研究，之后在此基础上发展而来的选择实验法更于 2006 年成为热点，而国内方面有关选择实验法的农业生态补偿文献尚未成为主流。（3）计量方法上，经过近 30 年的发展，国外应用联合分析、混合 Logit 模型、Meta 分析的文献数量与日俱增，国内则依旧以 Logistic 模型、Tobit 模型为主，少部分较为前沿的文献则应用了 Heckman 两阶段估计模型。

表 1.47 农业生态补偿领域的中外文献比较

项目	外文	中文
起源时间	1990 年	1992 年
文献数量	580 篇	434 篇
作者发文数量	汉利 > 帕斯夸尔 = 约翰斯顿	蔡银莺 > 严立冬 > 邓远建 = 张安录
机构发文数量	密歇根州立大学 > 中国科学院 > 剑桥大学	华中农业大学公共管理学院 > 中国科学院地理科学与资源研究所 > 中南财经政法大学工商管理学院
研究热点	农业生态系统服务付费的理论、政策及应用；基于条件价值评估的农业生态补偿；农田景观与有机食品生产生态补偿；土地利用与保护生态补偿；支付意愿	农业生态补偿政策；农业生态补偿标准；农业生态补偿的机理与价值评估；农业生态补偿机制
研究前沿	农业生态系统服务付费研究	农业生态补偿标准研究

注：正如前文所述，由于中国知网下载的数据没有引文等信息，无法通过 CiteSpace 进行共引分析，因此，此处中文文献的研究前沿以“研究热点阶段性演进分析”中最新阶段的研究热点代替。

第三节 文献评述

一、农业废弃物资源数量的测算标准较为陈旧，农业废弃物资源化价值评估准确性有待加强

目前，基于宏观视角测度农作物秸秆资源数量的文献多以草谷比法、经济系数法为主，且多沿用牛若峰和刘天福（1984）、梁业森等（1996）、毕于运（2007）等学者编制的草谷比 / 经济系数体系。[①] 然而，随着育种

① 牛若峰、刘天福编著：《农业技术经济手册》（修订本），农业出版社 1984 年版。梁业森、刘以连、周旭英等编著：《非常规饲料资源的开发与利用》，中国农业出版社 1996 年版。毕于运：《秸秆资源评价与利用研究》，博士学位论文，中国农业科学院，2010 年。

技术的不断进步、农作物生产条件的不断改善，草谷比 / 经济系数亦是今非昔比，如果依照旧的草谷比 / 经济系数计算农作物秸秆资源量，势必会与实际天差地远，进而不利于农作物秸秆资源化价值的准确评估。从这意义上看，通过梳理近年来（尤其是近 3 年来）有关农作物大田试验的文献，重新考证农作物草谷比显得尤为必要。畜禽粪尿理论资源量的测算与价值评估方面，同样存在类似的问题。

二、农业废弃物资源化核心利益相关者界定主观性偏强，农业废弃物资源化各类利益相关者之间的关系模糊

目前，在生态环境治理领域，学者们对于核心利益相关者的研究以理论分析为主，且在分类上较为“粗放”。例如，多数文献直接将农户、企业、政府、非政府组织中的某一类或某几类作为研究中最重要的利益相关者，忽视了不同利益相关者在产业链不同环节中的功能差异。少部分文献尽管试图构建“核心利益相关者—次级利益相关者—边缘利益相关者—潜在利益相关者”体系，但在研究方法上直接套用了公司治理领域的分类学标准，忽视了生态环境治理目标与公司治理目标的差异。此外，需要指出的是，就“农业废弃物资源化”这一特殊生态环境治理领域而言，有关利益相关者的研究更是微乎其微。

三、关注农户农业废弃物资源化利用意愿 / 行为分析，缺乏将农业废弃物资源化利用与生态补偿内置于一个统一的分析框架的研究

现有研究多基于农户视角，分析其对农业废弃物的处置意愿 / 行为及其影响因素。研究者们多探讨农户的个人特征、家庭特征、外部环境特征对其意愿 / 行为的影响，且多以出售意愿 / 行为、物流参与意愿 / 行为、循环利用意愿 / 行为、弃置意愿 / 行为为主要研究内容，较少涉及生态补偿。少部分文献尽管将农业废弃物资源化利用与生态补偿结合在一起，

但通常倾向于讨论某几类变量对人们支付意愿/受偿意愿的影响，在自变量的选取上较为零散，未能形成一个统一的理论分析框架。

四、聚焦农业生态补偿标准测算，但在测算过程中缺乏对农户填写问卷时“不确定性”的考虑

现有关于农业生态补偿标准的研究多采用条件价值评估法、选择实验法，且涉及农田、资源利用、清洁生产等多个方面，研究成果较为丰富。但是，多数研究在测算过程中缺乏对农户填写问卷时“不确定性”的考虑，从而在一定程度上影响了研究结果的科学性、可靠性。尤其是在发展中国家或地区，农户的受教育程度普遍不高，对生态环境的认知程度通常偏低，被调查农户容易高估或低估自身的支付意愿/受偿意愿，以此为依据测算出的生态补偿标准必然与现实不啻天渊。

五、缺乏对“农业废弃物资源化”与“农业生态补偿”协同的响应策略研究

已有关于“农业废弃物资源化”的研究多从技术、制度、政策等方面提出提升区域农业废弃物资源化利用水平的政策建议；已有关于“农业生态补偿”的研究则往往如囫囵吞枣般将“农业废弃物资源化”与“农业清洁生产”“农村生活垃圾治理”“农产品质量安全”等内容视为“农业生态补偿”的组成部分，由此导致提出的政策建议存在针对性不足、适用性不高的缺陷。专门针对“农业废弃物资源化生态补偿”的政策研究屈指可数，结合中国社会、经济发展目标，从基本思路、基本原则、主要目标、基本框架、保障措施等方面，构建中国农业废弃物资源化生态补偿机制的研究则更如凤毛麟角。

第二章　理论分析框架

上一章为本书提供了研究主题的学术研究背景。本章将在此基础上，构建研究的理论分析框架。具体而言，首先，剖析农业废弃物资源化价值的内涵、构成与模式；其次，从外部性、公共物品属性的角度，探讨农业废弃物资源化市场“失灵”的原因；最后，从理论上剖解与辨识农业废弃物资源化外部性内部化的途径。

第一节　农业废弃物资源化的价值

一、农业废弃物污染的环境损害

农业系统（Agricultural System）本质上由生物系统与经济系统交织构成。前者是生物有机体同自然环境之间能量、物质交换的自然再生产过程，后者是人类在不确定的自然环境中有目的地控制、改造自然生物系统以满足社会需要的经济再生产过程。基于农业系统的特性，可以发现，人类社会的生存、发展与自然资源环境从来都是脉脉相通的。从系统论的观点来看，人类的经济再生产活动与自然资源环境在漫长的演变之中达成了动态平衡：若人类活动超过了自然资源环境承载力，农业系统局部平衡被打破，自然资源环境将制约人类经济发展乃至威胁人类生存，从而迫使人类采取环境友好型的生产管理方式，以使自然资源环境得以休养生息。这就是农业经济发展与生态环境保护之间相互联系、相互转化的因果关系。

农业废弃物是指在农业生产过程中被丢弃的有机类物质，主要包括植物类、动物类、加工类残余废弃物和生活垃圾等。人类的经济再生产活动连绵不断地从自然资源环境中获取生存必需品，由此而产生的农业副产品——农作物秸秆、畜禽粪尿等农业废弃物——进入环境后，一部分污染物质被生态环境系统吸收、转化、降解为无害形式，还有一部分则由于短期内无法变为无害物质而可能对环境容量、生态景观、生态平衡调节等环境资源造成损害。具体而言，农业废弃物污染对生态环境的损害主要包括以下几个方面：（1）大气污染。例如，农业废弃物的细小颗粒被风吹起后增加了大气环境中的粉尘含量；农作物秸秆焚烧后排放了大量二氧化碳、甲烷、一氧化二氮等温室气体，甚至引发雾霾；随意堆积的农业废弃物中的有害成分通过挥发、发酵等化学反应转化为有毒气体。（2）水污染。例如，农业废弃物中的有害物质与雨水、地表水、地下水接触后，导致水体富营养化、悬浮物增加、酸碱平衡遭到破坏。（3）土壤污染。农业废弃物中的有害成分进入土壤后，破坏了土壤的酸碱平衡，不利于微生物的生存以及动植物的生长发育，甚至进入食物链，进而对人体健康造成威胁。（4）生活环境卫生污染。农业废弃物的大量堆积或随意弃置，影响了村容村貌、生态景观，其滋生的细菌还有可能传播大量病原体。本书主要研究农作物秸秆、畜禽粪尿这两大农业废弃物。

二、农业废弃物资源化的价值构成

农业废弃物资源化是将农业废弃物直接作为原料进行利用或者对农业废弃物进行再生利用。与农业废弃物不合理处置引发的污染问题相反，对农业废弃物进行资源化利用则具有多重效益。与其他环境资源一样，农业废弃物资源化同样具有使用价值与非使用价值。换言之，农业废弃物资源化具有商品性：人们需要投入、消耗、物化劳动，才能生产出农业废弃物资源化产品。从这个意义上说，农业废弃物资源化具有经济价值。同时，作为一类环境商品，农业废弃物资源化具有环境商品的一般性特点，具有生态价值与社会价值。

农业废弃物资源化的经济价值是指人们在参与农业废弃物资源化的过程中所能获得的经济利益，即投入与产出、所费与所得的比较。因此，以尽可能少的劳动消耗（即劳动力投入）、物化劳动消耗（即原料、机械、设备等生产资料投入）获取尽可能多的劳动成果（即新创造的使用价值），才能实现农业废弃物资源化经济价值的最大化。通常这一劳动成果主要包括两个方面，即以劳动生产率、副产品回收为核心的社会产品，和因改善生态环境、缓解污染而引起的社会财富增加、人体健康损害减少。前者为直接经济价值，后者为间接经济价值。

农业废弃物资源化的生态价值是指人们参与农业废弃物资源化这一行为能够引起的生态环境变化。一般地，无论是哪一种资源化方式，均会对生态环境产生积极影响与负面作用，但总体上，其积极影响要远远强于负面作用。例如，对农业废弃物进行资源化利用能够避免因其不当处置所引起的空气污染、水污染、土地污染等环境污染问题。同时，一些资源化产品还能够替代化石能源、化肥、高碳基质，从而减轻对环境的损害。因此，农业废弃物资源化被认为蕴含较大的生态价值。

农业废弃物资源化的社会价值是指人们参与农业废弃物资源化所能产生的社会效果。农业废弃物污染对社会具有直接或潜在的危害，因而具有负效益，而农业废弃物资源化有助于社会发展，体现在社会价值上主要包括居民体质增强、寿命延长、带动就业、生存环境改善、美学财富维护、环境保护意识提高等方面，因而具有较为明显的正效益。

农业废弃物资源化的经济价值、生态价值、社会价值三者之间是辩证统一的。一般地，生态价值是经济价值与社会价值的基础，经济价值、社会价值是生态价值的影响结果，三者互为因果、相互联系。在一个帕累托最优的农业系统中，经济价值、生态价值、社会价值总是相容的，有良好的生态价值与社会价值，必然有助于经济价值的实现。但是，三者之间也有矛盾。如果人们为了节省成本而不对农业废弃物进行资源化利用，任由其损害环境，短期来看，因成本投入减少而使得经济收益增加；但长期来看，由于环境污染对经济发展的限制反而不利于农业系统经济价值的实现。

三、农业废弃物资源化的价值实现路径

近年来，农业废弃物资源化利用技术取得较大的进展，逐步形成了肥料化、饲料化、能源化、基质化、原料化等价值实现路径（廖青等，2013）[①]。

农业废弃物肥料化是指将农作物秸秆、畜禽粪尿等直接作为肥料或转化为肥料予以利用。从畜禽粪尿来看，其本身便是一种“有机肥”，较之于化肥，对土壤、水体的污染较小，且能够改善土壤结构，一定程度上增进土壤肥力。除了直接施用之外，其肥料化路径主要包括以下几类：（1）堆沤，即将畜禽粪尿放入装置中，覆盖农作物秸秆，经过厌氧发酵后，成为有机肥，具有成本低、节省时间的优点。（2）生物好氧高温发酵，该路径利用微生物分解畜禽粪尿中不稳定的有机物，较之于畜禽粪尿的自然干燥或人工干燥，二次污染较小，无害化程度较高。从作物秸秆来看，其肥料化途径类型较多，通常包括以下几类：（1）直接还田，包括翻压还田、混埋还田与覆盖还田，具有成本低、效率高的特点，有助于实现以地养地，以及推动高产稳产农田建设。（2）腐熟还田，主要用于水稻、小麦、油菜等作物的秸秆，适用于降雨量丰富、积温较高的区域，具有周期短、肥效高、方便运输等特点。（3）生物反应堆，包括内置式生物反应堆与外置式生物反应堆，前者将农作物秸秆埋于土壤之中，后者将生物反应堆置于地表。总体上看，这种现代农业生物工程技术能够显著提升农产品产量，并改善生态环境。（4）堆沤还田，即将农作物秸秆与畜禽粪尿等有机物质堆沤腐熟，从而生产出品质较高的生物有机肥。

---

① 廖青、韦广泼、江泽普等：《畜禽粪便资源化利用研究进展》，《南方农业学报》2013 年第 2 期。

饲料化方面，畜禽粪尿中含有未被消化的粗蛋白、粗纤维、矿物质等营养物质，经过发酵、干燥、热喷等手段，并进行除臭、杀菌处理后，可代替部分配合饲料。从农作物秸秆来看，其饲料化路径主要包括：（1）青（黄）贮，即自然发酵，将农作物秸秆装入密闭的青贮窖或其他设施中，通过微生物发酵后即可喂养牛羊等反刍动物，具有降低养殖成本、减少动物发病率等优势。（2）碱化 / 氨化，即借助于碱性物质，改善饲料的适口性，提高饲料消化率，具有成本低、简便实用的特点。（3）压块，即将农作物秸秆经高温高压制成"压缩饼干"，由于其不易变质、方便运输等特性，具有较大的商品化潜力。（4）揉搓丝化，这种方式主要适用于玉米、豆类、向日葵等农作物的秸秆，其加工效率约为秸秆粉碎的 1.2—1.5 倍，具有简单高效的特点。

能源化方面，从畜禽粪尿来看，其能源化路径主要包括：（1）纤维素乙醇，其转化程序为：畜禽粪尿中的木质纤维素→糖→酒精→乙醇。（2）沼气，其转化程序为：畜禽粪尿中的有机物→有机酸→甲烷与二氧化碳。显然，沼气可以替代石油、煤等不可再生资源。（3）发电，即将畜禽粪尿以低污染的方式燃烧，从而发电，与此同时，燃烧过程中的副产物——灰，又可作为一种肥料。（4）炭化，利马和马歇尔（Lima and Marshall，2005）的研究表明，在催化剂为水蒸气的 700℃条件下，从鸡粪中可提取 23%—37% 的活性炭。① 从农作物秸秆来看，其能源化路径主要包括：（1）固化成型，包括颗粒型、块状型、机制棒等多种燃料，其热值大致与中质烟煤相当，较为低碳，既可以用于炊事、取暖等生活用能，又能够作为产业供热燃料。（2）炭化，主要包括生物炭与有机制炭两种，前者的技术核心为亚高温缺氧热解，固化后可作为燃料；后者为隔氧高温干馏，可作为清洁燃料，也可进一步加工为活性炭。（3）沼气，农作物秸秆制成的沼气是一种清洁能源，将之进一步净化可制成生

① Lima., Marshall, "Utilization of Turkey Manure as Granular Activated Carbon: Physical, Chemical and Adsorptive Properties", *Waste Management*, Vol.25, No.7, 2005.

物天然气。(4)纤维素乙醇，这一高新技术能够替代工业乙醇，从而节省粮食，有助于维护国家粮食安全。(5)热解气化，即将农作物秸秆部分转化为可燃气，经过净化后同样可作为清洁能源。(6)直燃发电，其原理是将农作物秸秆放置于蒸汽锅中，通过产生的蒸汽驱动发电设备发电，是典型的环境友好型发电技术。

基质化方面，从农作物秸秆来看，其基质化路径主要是指利用农作物秸秆制成基质，代替木料基质，生产食用菌。畜禽粪尿同样可以作为食用菌生产的原料。刘本洪等(2006)制作的以鸡粪为原料的蘑菇专用基料，较之常规基料，能够提高商品菇产出比例20%。[①]

原料化方面，从农作物秸秆来看，其原料化路径主要包括：(1)人造板材，能够部分替代木质板材，从而保护林木资源，在家具制造、建筑装修等领域前景广阔。(2)复合材料，同样能够部分代替木质材料，具有节材代木的环保作用。(3)清洁制浆，通过清洁制浆得到的废液能够生产有机肥、生物能源。(4)木糖醇，该技术主要适用于玉米芯、棉籽壳等秸秆，现有技术条件下，1吨木糖醇需要10—12吨玉米芯。

第二节 农业废弃物资源化市场的“失灵”

在一定的制度安排下，市场能够实现对资源的有效配置。然而，一旦这些制度安排难以满足，就会出现市场“失灵”的状况。如同其他环境资源一样，农业废弃物资源化市场有效配置所需的制度安排难以在任何一种经济中存在。换言之，市场失灵在农业废弃物资源化市场中几乎是一个必然现象。导致农业废弃物资源化市场资源难以实现有效配置的主要原因在于农业废弃物资源化的外部性与公共物品性质。这意味着，通过政府干预的方式改变市场行为，很大程度上是实现农业废弃物资源

① 刘本洪、甘炳成、黄忠乾：《露地双孢蘑菇大棚高产栽培技术要点》，《食用菌》2006年第S1期。

化市场资源有效配置的唯一手段。

一、农业废弃物资源化的外部性问题

一般认为，外部性理论是庇古（Pigou）提出来的。此后，萨缪尔森（Samuelson）、科斯（Coase）等经济学家均在这一领域作出了重要贡献。艾尔斯（Ayres）和尼斯（Kneese）在其论文《生产、消费和外部性》（*Production, Consumption, and Externalities*）中认为，外部性是现代经济的固有现象，并非无足轻重，且其与环境资源的使用具有内在联系。他们进一步指出，无干预的市场行为无法将外部性内部化，从而导致无效率的资源配置是唯一结果。[①]

外部性会同时发生在农业废弃物资源化责任主体与其他居民身上，即同时存在于生产领域与消费领域。当某一农户 A 积极参与农业废弃物资源化时，农户 B 即使不付出任何努力，也能享受到农业废弃物资源化所带来的环境保护、人体健康等方面的福利。换言之，农户 B 的消费效用 U^B，是其自身的消费量 x_1，x_2，⋯，x_n 和农户 A 的消费行为 U^A 的函数。

$$U^B=g(x_1, x_2, \cdots, x_n; U^A) \tag{2.1}$$

外部性可划分为正外部性与负外部性。对农业废弃物污染而言，污染的发生是负外部性问题。例如，假设某一农户不合理处置废弃物，从而引起了空气、水、土壤污染，对于消费这些空气、水、土壤的其他农户而言，这就是负外部性。与之相反，农业废弃物资源化则具有典型的正外部性，表现为农户的边际私人收益与边际社会收益之差。然而，要使生产效率实现帕累托最优，边际私人收益需与边际社会收益相等。但在农业废弃物资源化存在正外部性的情况下，受益者不仅仅是农户自身，而且是农村全体居民、周边城镇居民，乃至整个农村生态系统都能够因此而得到优化。显然，农户却无法获得与正外部性等价的收益，因而要

① Ayres R. U., Kneese A. V., "Production, Consumption, and Externalities", *American Economic Review*, Vol.59, No.3, 2001.

其从事农业废弃物资源化未免强人所难。尤其是，农业废弃物资源化还需农户投入额外的人力、物力与财力，由此而引致农户保护环境的内在动力更为缺乏。由此可见，在没有补偿等激励制度存在的情况下，农户难以获得与农业废弃物资源化正外部性等价的收益，进而不利于农村生态环境治理与保护。

农业废弃物资源化的正外部性可用图 2.1 表示。由图可知，当存在正外部性时，边际私人收益 *MPB* 小于边际社会收益 *MSB*，且两者之间的差额为正外部性 *MEB*。假定农户是理性经济人，其对农业废弃物的资源化利用水平是由边际私人收益 *MPB* 与边际成本 *MC* 共同决定的。显而易见，此时的农业废弃物资源化的利用水平为 R_1，小于边际社会收益 *MSB* 与边际成本 *MC* 共同决定的社会最优水平 R^*。若要求农户对农业废弃物的资源化利用水平由 R_1 提升至 R^*，则需要降低农业废弃物资源化的成本投入。这意味着，如果农户得不到足额补偿，那么资源配置将不再最优。

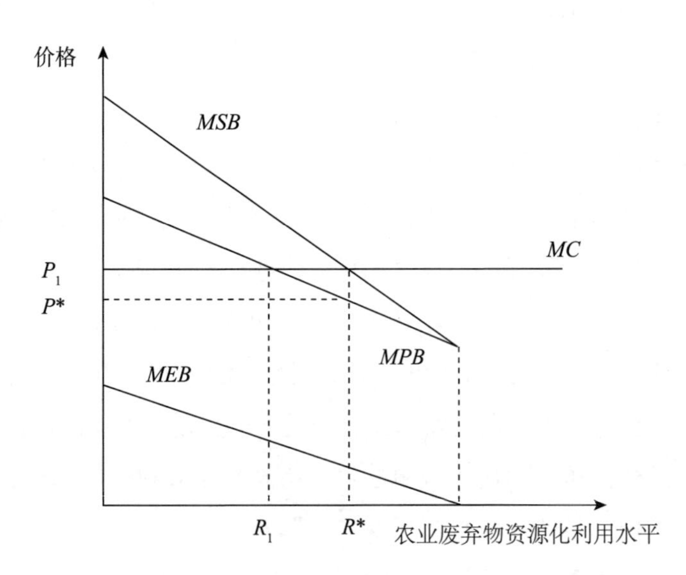

图 2.1 农业废弃物资源化的正外部性

二、农业废弃物资源化的公共物品属性

作为一种环境商品，农业废弃物资源化具有公共物品属性。首先，尽管农业废弃物具有产权，但农业废弃物资源化在产权上却不明晰。根据科斯定理，假设正外部性的供给者和受益者之间不存在交易费用，在此情况下，只要供给者和受益者其中的任意一方拥有永久性产权，都将会实现资源的最优配置。这表明，在特定情况下，重新明晰产权是解决外部性问题的可靠手段。然而，在农业废弃物资源化领域，农户从事农业废弃物资源化的目的之一是减少环境污染、保护生态环境，这种"较少污染的环境"同时也被其他居民所享用，而参与农业废弃物资源化的农户很难通过市场机制向农村其他居民收取费用，因为他不能将"较少污染的环境"强卖给"无意"消费的农村其他居民。所以，这种具有"单向"性质的正外部性活动难以用"侵权"来界定，或者说，如果要界定并分配其产权需要付出高昂的成本以至于在现实中不可能予以实施，由此导致科斯定理在该市场的失效。可见，农业废弃物资源化所引起的污染减少、环境保护等生态服务功能的产权不明晰，是导致农户不愿意参与农业废弃物资源化的重要原因。

其次，农业废弃物资源化具有非排他性，即不能阻止未参与农业废弃物资源化的居民免费享受因农业废弃物资源化所带来的各种生态福利增进，或者说倘若要阻止这些未参与农业废弃物资源化的居民不劳而获，需要付出近乎无穷大的代价。同样地，如果其他居民也积极参与农业废弃物资源化，也并不妨碍该农户免费享受这些居民的行为带来的生态福利增进。换言之，农户与农户之间的资源化利用行为并非互相排斥的，而是存在"非专有性"——这种性质能够形成对财产权的削弱，从而导致资源配置的低效率。在这种缺乏外在制度安排干预的条件下，价格既不能调节消费者之间对农业废弃物资源化所带来的生态福利的分配，又难以对农户环保行为起到推波助澜的作用。这种资源配置的结果是，"搭便车"行为难以避免，社会整体的农业废弃物资源化利用水平不足。

最后，农业废弃物资源化具有非竞争性。即一旦农业废弃物资源化引起的生态福利被提供，其他人享用或消费这一福利的额外成本为零。例如，农户基于减少污染、改善农村生态环境而对农业废弃物进行资源化利用，其他农户也可以采取类似的生态环境改善手段而不需要支付额外的费用。或者某一农户积极参与农业废弃物资源化利用，改善了农村的空气质量，并使村容村貌、农田生态景观变得秀色可餐，而其他农户并未采取任何生态环境改善措施，甚至还对农业废弃物予以不合理处置，却仍然可以不支付额外费用而享用因该农户的付出而改善的空气质量与乡村景观。

基于上述分析，不难发现，农业废弃物污染及资源化的公共物品属性，实质上是农业资源环境生态承载力的公共物品属性。在农业资源环境生态承载力一定的情况下，农业废弃物资源化的产权模糊、非排他性与非竞争性，使人们认为，如果他们不向农业资源环境中排放农业废弃物，那么该生态承载力将在其他人的利用下荡然无存。因此，从经济理性出发，尽管每个人都有合理处置农业废弃物的动机，但同样不热心于采取虽然有助于提升农业资源环境生态承载力却不为自己所独占（或无法获取成本补偿）的资源化利用行为。

第三节　农业废弃物资源化外部性内部化的途径

前文分析表明，农业废弃物污染的负外部性、农业废弃物资源化的正外部性与公共物品属性，使得市场处于“失灵”状态，进而导致农业废弃物资源化的经济价值、生态价值与社会价值难以依靠市场机制完全实现。在农业资源环境生态承载力一定的条件下，农户为了实现自身成本最小化与收益最大化，必然争先恐后般向农业生态系统中排放农业废弃物，依靠占用更多的环境纳污容量换取尽可能多的经济利润。同时，由于采纳资源化手段所引起的生态价值与社会价值，被社会中所有居民无偿享有，而非被参与农业废弃物资源化的农户独享，因而在没有约束或激励政策的情况下，农户几乎没有从事农业废弃物资源化的动力。依据自然资源与环境经济学理论，要弥补农业废弃物资源化市场失灵，顺利实现农业废弃物资源化的经济价值、生态价值与社会价值，提高农户参与农业废弃物资源化的积极性，一种行之有效的策略是，通过生态补偿的方式，将农业废弃物污染的负外部性内部化或将农业废弃物资源化的正外部性内部化（马中，2006）。[①]

一、农业废弃物污染负外部性内部化

本书借鉴庇古（Pigou，1920）的庇古税模型分析框架[②]，探讨农业废弃物污染负外部性内部化问题。如图 2.2 所示，假设农户对农业废弃物进行不合理处置或对其进入自然环境袖手旁观会造成环境污染。*MNPB* 是农户的边际私人纯收益，*MEC* 是其边际损害成本，根据 *MNPB*=*MEC* 的原则，农业废弃物排放量 W^* 是帕累托最优的污染水平。然而，作为理性经济人的农户，为了追求自身利益最大化，致力于将农业生产经营规模扩大，从而使得农业废弃物排放量提升至 *MNPB* 曲线与横轴的交点 W_1。在存在管制的情况下，政府对农户每一单位的农业废弃物排放量征收数额为 t 的排污费，那么，随着成本的提高，农户的边际私人纯收益将变为 $MNPB^*$，农业废弃物排放量重新回到了 W^*。换言之，农业废弃物污染的生态补偿标准为边际私人纯收益大于边际损害成本的部分，据此，政府应依据农业废弃物排放量对农户征收费用 t。

庇古税模型分析框架下农业废弃物污染生态补偿标准的数理推导如下：假设农户从事农业生产的农产品产量 Q 与农业废弃物排放量成正比，农产品价格为 p，私人成本为 $C(Q)$，外部成本为 $EC(Q)$。则农户的社会成本 $SC(Q)$ 可以表示为：

① 马中：《环境与自然资源经济学概论》，高等教育出版社 2006 年版。

② Pigou A. C., *The Economics of Welfare*, Palgrave MacMillan, 1920.

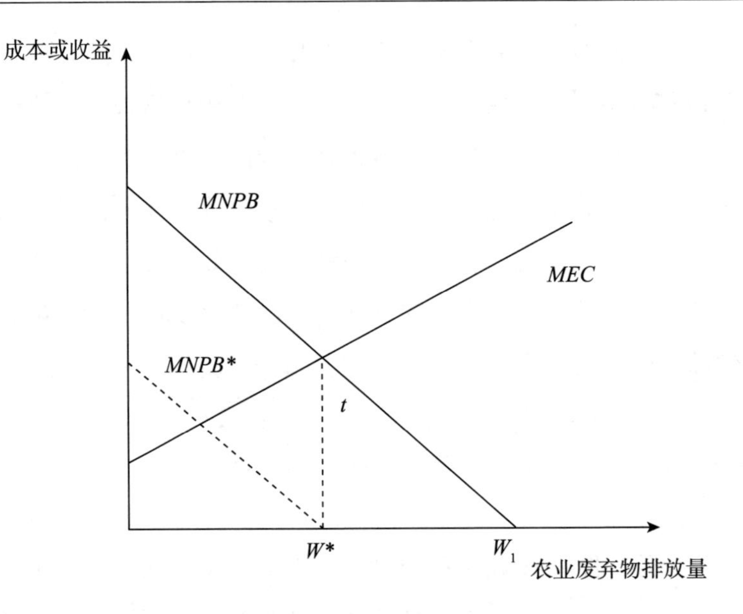

图 2.2　庇古税模型示意

$$SC(Q)=C(Q)+EC(Q) \tag{2.2}$$

农户的社会纯收益 NSB 可以表示为：

$$NSB=p\times Q-C(Q)-EC(Q) \tag{2.3}$$

若要使得社会纯收益最大化，则需满足一阶导数等于零，即：

$$\frac{dNSB}{dQ}=p-\frac{dC(Q)}{dQ}-\frac{dEC(Q)}{dQ}=0 \tag{2.4}$$

由此，可计算出农产品价格为：

$$p=\frac{dC(Q)}{dQ}+\frac{dEC(Q)}{dQ}=\frac{dSC(Q)}{dQ} \tag{2.5}$$

如果对农户排放的农业废弃物征收数额为 t 的排污费，能够使得社会纯收益最大化，则：

$$t=\frac{dEC(Q)}{dQ}=p-\frac{dC(Q)}{dQ} \tag{2.6}$$

由此可见，当政府向农户征收排污费时，农户面临着两种选择，要么缴纳排污费，要么减少农业生产规模以降低农业废弃物排放。实际上，农户还有第三种选择，即通过购买相应的农业废弃物处理设施，应用农业废弃物资源化技术，从而使得农业生产经营规模扩大的同时农业废弃物的排放量也保持在高效率水平。因此，接下来，本书将分析当政府征收排污费时农户的最优选择问题。

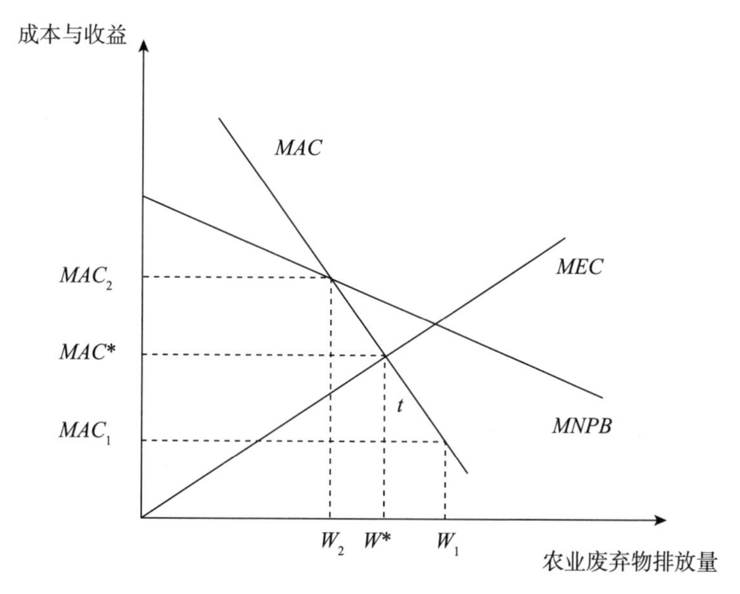

图 2.3　存在三种选择时的农户决策

假设农户能够通过购买相应的农业废弃物处理设施，应用农业废弃物资源化技术，对农业废弃物进行无害化处理，因此农业废弃物排放量不再与农业生产规模呈比例变动。如图 2.3 所示，坐标轴的纵轴代表农户从事农业生产的成本（C）与收益（B），横轴中的 W 表示农业废弃物排放量。农户的边际外部成本曲线是 MEC。如果农户不采用农业废弃物处理设备或技术，则其边际私人纯收益曲线为 $MNPB$。由于对于同一种农业废弃物资源化方式而言，在技术、交易费用等条件均一定的条件下，农业废弃物资源化产品收益与农业废弃物污染治理成本呈等比例变动，加之实践中农业废弃物资源化产品的预期净现值收益往往要低于成本。因此，本书假设如果农户采用农业废弃物处理设备或技术，则扣除农业废弃物资源化产品的预期收入总现值后，农户还需付出额外的成本 *MAC*。在不同的农业废弃物排放水平下，边际治理成本具有差异，污染水平越低，进一步减少污染的成本越高，如图中的（W_1，MAC_1）（W_2，MAC_2），治理成本随着农业废弃物排放量的增加呈边际递减趋势。

如果政府对农业废弃物排放量的排污费征收标准 t 既高于农户的 *MNPB* 又高于 *MAC*，那么，农户则会在减少农业生产规模与采用农业废弃物处理设备、技术两者之间进行选择。在 W_2 点的右边，农户的 *MNPB* 高于 *MAC*，因而，农户更倾向于采用农业废弃物处理设备、技术治理污染，以获取更高利润。而在原点至 W_2 之间，由于农户的 *MNPB* 小于 *MAC*，因而其最佳选择为降低农业生产规模。换言之，此时，农户宁愿农业产出下降也不愿意参与农业废弃物资源化。由此可见，最有效的排污费的征收标准，应以 *MAC* 与 *MEC* 共同决定，即均衡点为（W^*，MAC^*）。这是因为，当农业废弃物排放量高于 W^* 时，农户的 *MAC* 小于社会的 *MEC*，此时，对于社会而言，农户的农业废弃物排放量损害了全社会的利益；当农业废弃物排放量低于 W^* 时，农户的 *MAC* 大于社会的 *MEC*，由于农户购买农业废弃物处理设施、应用技术的额外成本也是社会成本的一部分，因而，对社会而言，农户不对农业废弃物进行资源化处理反而更有利。

社会总成本最小化原则下农业废弃物污染生态补偿标准的数理推导如下：假设农户不采用农业废弃物处理设备、技术时的收益为 I_A，如果农户选择对全部农业废弃物 W 进行资源化处理，需要付出总成本 $TAC(W)$（该成本已包括资源化处理成本），由此而得到的资源化产品预期收入总现值为 V_E，那么此时农户的收益 I_R 可以表示为：

$$I_R=I_A+V_E-TAC(W) \tag{2.7}$$

假设总外部成本为 $TEC(W)$，农业废弃物资源化的生态价值为 E，那么，在农户采用农业废弃物处理设备、技术的情况下的社会总收益 *TSB* 为：

$$TSB=I_A+V_E-TAC(W)+E-TEC(W)$$
$$=I_A+V_E+E-[TAC(W)+TEC(W)] \quad (2.8)$$

若要使得社会纯收益最大化，则需满足一阶导数等于零，即：

$$\frac{dTSB}{dW}=-\left(\frac{dTAC(W)}{dW}+\frac{dTEC(W)}{dW}\right)=0 \quad (2.9)$$

由此可得到等式：

$$-MAC=MEC \quad (2.10)$$

式中负号表示 MAC 从右向左测量如果对农户排放的农业废弃物征收数额为 t 的排污费，能够使得社会纯收益最大化，则：

$$t=MEC \quad (2.11)$$

二、农业废弃物资源化正外部性内部化

本书借鉴费希尔（Fischel，1987）针对正外部性内部化提出的保护者受偿理论模型[①]，分析农业废弃物资源化正外部性的内部化问题。

如图 2.4 所示，农户参与农业废弃物资源化的边际社会收益曲线为 MSB、边际私人收益为 MPB、边际社会成本为 MEC。依据供给需求理论，不难发现，农户的边际社会收益曲线 MSB 同时也是社会对于农业废弃物资源化利用水平的需求曲线，其与横轴（代表农业废弃物资源化利用水平）之间的面积即是社会对于农业废弃物资源化利用水平变化的意愿支付水平；农户的边际社会成本 MEC 同时也是其对农业废弃物资源化利用水平的供给曲线，MEC 与横轴之间的面积表示农户因参与农业废弃物资源化而遭受的净损失（也可称为机会成本）。在没有管制的情况下，农户为了追求自身利润最大化，基于 $MPB=MEC=MAC$ 原则，其最佳决策为提供 R_1 水平的农业废弃物资源化。MSB 与 MEC 的交点对应的 R^* 则是社会最优的农业废弃物资源化利用水平，亦是政府的社会目标。而 R_2 则

① Fischel W. A., "The Economics of Land Use Exactions: A Property Rights Analysis", *Law & Contemporary Problems*, Vol.50, No.1, 1987.

是更为严苛的农业废弃物资源化利用水平。

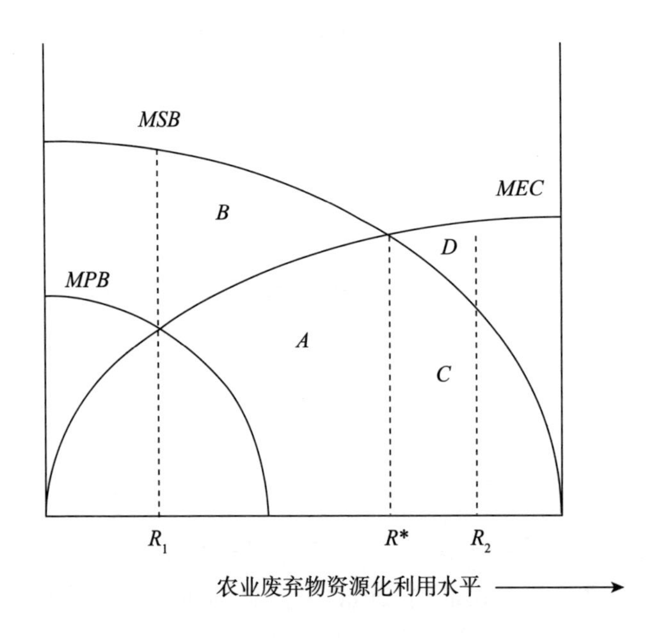

图 2.4 农业废弃物资源化补偿模型

为了使农业废弃物资源化利用水平由 R_1 提升至社会最优的 R^*，需要补偿农户为从事农业废弃物资源化而损失的利益，补偿额度为 A，或者补偿 A 加上农户因从事农业废弃物资源化而给社会提供的生态价值与社会价值 B，即补偿 $A+B$。依据资源产权的保障法则（卡拉布雷西和米拉迈德，1972）[①]，可以判定是补偿 A 还是补偿 $A+B$。若为了使农业废弃物资源化利用水平由 R_1 提升至 R_2，则意味着农户需要对社会承担较高程度的环境保护义务，同时无法获得应有补偿——农户 MEC 下 R_1 与 R_2 之间的面积（$A+C+D$），显而易见，这将导致农业废弃物资源化政策失灵。

正外部性下农业废弃物资源化生态补偿标准数理化推导如下：假设农户不采用农业废弃物处理设备、技术时的收益为 I_A，如果农户选择对

① Calabresi G., Melamed A. D., "Property Rules, Liability Rules, and Inalienability: One View of the Cathedral", *Harvard Law Review*, Vol.85, No.6, 1972.

农业废弃物进行资源化处理，需要付出资源化成本 C_R、机会成本 C_O，由此而得到的资源化产品预期收入总现值为 V_R，那么此时农户的收益 I_R 可以表示为：

$$I_R=I_A+V_R-C_R-C_O \tag{2.12}$$

假设农业废弃物资源化的生态价值为 E，那么政府的补偿范围应在区间（$C_O+C_R-V_R$，$E+C_O+C_R-V_R$）之内。其中，最低补偿 $C_O+C_R-V_R$ 能够使得农户从事农业废弃物资源化后的利润不至于下降，这一补偿金额即是图 2.4 中 A 的面积大小；最高补偿 $E+C_O+C_R-V_R$ 即是图 2.4 中 $A+B$ 的面积大小。

建立农业废弃物资源化产品 C–D 生产函数：

$$Q_R=e^{\alpha_0+\lambda_R}k_R^{\beta}l_R^{\omega} \tag{2.13}$$

其中，Q_R 为农业废弃物资源化产品产量，λ_R 为农业生产的技术效率，$e^{\alpha_0+\lambda_R}$ 表示农业废弃物资源化技术进步的指数形式，α_0 表示 C–D 生产函数的拟合常数，k_R 表示农业废弃物资源化利用过程中的要素投入，l_R 表示从事农业废弃物资源化所需的劳动力投入。

假设农业废弃物资源化产品的价格为 P_R，农业废弃物资源化投入要素的价格为 P_{R1}，农业废弃物资源化投入劳动力的价格为 P_{R2}，则农业废弃物资源化产品的收益可表示为：

$$V_R=P_R\cdot Q_R=P_Re^{\alpha_0+\lambda_R}k_R^{\beta}l_R^{\omega} \tag{2.14}$$

农业废弃物资源化产品的成本为：

$$C_R=P_{R1}k_R+P_{R2}l_R \tag{2.15}$$

由此，可以得到最低补偿为：

$$B_{\min}=C_O+C_R-V_R=C_O+P_{R1}k_R+P_{R2}l_R-P_Re^{\alpha_0+\lambda_R}k_R^{\beta}l_R^{\omega} \tag{2.16}$$

最高补偿为：

$$B_{\max}=E+C_O+C_R-V_R=E+C_O+P_{R1}k_R+P_{R2}l_R-P_Re^{\alpha_0+\lambda_R}k_R^{\beta}l_R^{\omega} \tag{2.17}$$

第三章　农业废弃物资源化的价值评估

第二章从理论层面解构了农业废弃物资源化的价值构成及其实现路径。第三章将在此基础上分别从宏观、微观的双重视角科学评估农业废弃物资源化的价值。就宏观视角下的研究而言，一方面，通过考证近年来自然科学试验文献中的基础性资料数据，构建一套更加系统、更加贴合实际的农作物草谷比体系，准确估算农作物秸秆理论资源量、可收集利用量，进而以肥料化与能源化为例，对农作物秸秆的潜在价值展开评估；另一方面，通过梳理畜禽排泄系数、饲养周期、饲养量等基础数据，在此基础上估算畜禽粪尿理论资源量、可收集利用量，进而评估畜禽粪尿肥料化与能源化的潜在价值。就微观视角下的研究而言，以感知价值理论为依据，以农户调查数据为基础，分析农户对农业废弃物资源化的感知经济价值、感知生态价值与感知社会价值，并应用计量经济学模型探求影响农户感知价值的驱动因素。

第一节　宏观视角下农业废弃物资源化的价值评估

一、农作物秸秆资源化的理论“潜在价值”测算

要测算农作物秸秆的理论“潜在价值”，首先需要估算农作物秸秆理论资源量。常用的测算方法包括草谷比法、副产品比重法与经济系数法。本书采取草谷比法进行计算。表 3.1 给出了农作物秸秆草谷比体系。[①]

---

① 具体计算方法见本书附录。

表 3.1　农作物秸秆草谷比体系

类别	草谷比	类别	草谷比
1　粮食作物		1.3.2　甘薯	0.328
1.1　谷物		2　油料作物	
1.1.1　稻类		2.1　花生	
1.1.1.1　水稻	0.927	2.1.1　花生	0.916
1.1.1.1.1　早稻	0.852	2.1.2　花生壳	0.280
1.1.1.1.2　中晚稻	0.942	2.2　油菜	2.279
1.1.1.2　稻壳	0.250	2.3　其他油料作物	2.331
1.1.2　小麦	1.381	2.3.1　芝麻	3.673
1.1.2.1　冬小麦	1.381	2.3.2　胡麻	2.157
1.1.2.2　春小麦	1.386	2.3.3　向日葵	1.985
1.1.3　玉米		3　棉花	5.085
1.1.3.1　玉米	1.174	4　麻类作物	4.283
1.1.3.2　玉米芯比例	0.223	4.1　红黄麻	1.900
1.1.4　谷子	1.398	4.2　苎麻	6.500
1.1.5　高粱	1.488	4.3　大麻	3.000
1.1.6　其他谷物	1.468	4.4　亚麻	1.090
1.1.6.1　大麦	0.988	4.5　其他麻类	1.900
1.1.6.2　燕麦	2.041	5　糖料作物	
1.1.6.3　荞麦	2.175	5.1　甜菜	
1.2　豆类	1.617	5.1.1　甜菜渣产量 / 甜菜产量	0.040
1.2.1　大豆	1.508	5.1.2　甜菜冠根比	0.078
1.2.2　绿豆	2.559	5.2　甘蔗	
1.2.3　红小豆	3.854	5.2.1　甘蔗渣产量 / 甘蔗产量	0.240
1.2.4　其他豆类	1.659	5.2.2　甘蔗叶梢产量 / 甘蔗产量	0.176
1.2.4.1　扁豆	2.407	6　烟类	
1.2.4.2　豌豆	1.114	6.1　烟秆产量 / 烟叶产量	0.631
1.2.4.3　蚕豆	1.455	6.2　下等烟比重	0.106
1.3　薯类	0.481	7　蔬菜	0.071
1.3.1　马铃薯	0.596	8　瓜果	0.112

（一）总量分析

以《中国农村统计年鉴 2015》、国家统计局官方网站等资料中的相关数据为基础，依据表 3.1 中的草谷比，计算出 2014 年中国农作物秸秆理论资源量，如表 3.2 所示。不难发现，2014 年中国农作物秸秆理论资源量共有 98892.04 万吨，即约为 9.89 亿吨。

进一步对表 3.2 进行分析，可获得如下结论：（1）中国粮食作物秸秆产量约占全部农作物秸秆产量的五分之四。中国 2014 年粮食作物秸秆约为 77416.47 万吨，占农作物秸秆资源量的比重为 78.28%，经济作物秸秆约为 21475.58 万吨，占比 21.72%，两者产量之比约为 3.6∶1。（2）三大粮食作物秸秆产量合计占全国秸秆总产量的三分之二。2014 年中国稻类秸秆、小麦秸秆、玉米秸秆的产量分别为 24305.87 万吨、17429.32 万吨、30125.75 万吨，分别占全国秸秆总量的 24.58%、17.62%、30.46%，合计则占全国秸秆总产量的 72.66%。（3）蔬菜、瓜果残体在中国农作物秸秆产量中的比重较高。2014 年蔬菜残体、瓜果残体的产量高达 6466.45 万吨，占全国秸秆总产量的 6.54%，超过了油料作物秸秆的 6.30%、糖类作物秸秆的 5.38%。

表 3.2 中国 2014 年农作物秸秆理论资源量

秸秆类别	产量（万吨）	占比（%）
1 粮食作物秸秆	77416.47	78.28
1.1 谷物秸秆	73181.86	74.00
1.1.1 稻草与稻壳	24305.87	24.58
1.1.1.1 水稻稻草	19143.20	19.36
1.1.1.2 稻壳	5162.68	5.22
1.1.2 小麦秸秆	17429.32	17.62
1.1.3 玉米秸秆	30125.75	30.46
1.1.3.1 玉米茎叶	25316.84	25.60
1.1.3.2 玉米芯	4808.91	4.86
1.1.4 谷子秸秆	252.90	0.26
1.1.5 高粱秸秆	429.29	0.43
1.1.6 其他谷物秸秆	638.73	0.65
1.2 豆类	2628.31	2.66
1.2.1 大豆秸秆	1832.82	1.85
1.2.2 绿豆秸秆	176.32	0.18
1.2.3 红小豆秸秆	93.27	0.09
1.2.4 其他豆类秸秆	525.90	0.53
1.3 薯类藤蔓	1606.30	1.62

续表

秸秆类别	产量（万吨）	占比（%）	秸秆类别	产量（万吨）	占比（%）
1.3.1　马铃薯茎叶	1138.54	1.15	4.5　其他麻类作物秸秆	0.76	0.00
1.3.2　甘薯秧	467.76	0.47	5　糖渣与糖类作物茎叶梢	5319.82	5.38
2　油料作物秸秆	6228.23	6.30	5.1　甘蔗渣与甘蔗叶梢	5225.42	5.28
2.1　花生秧与花生壳	1971.25	1.99	5.1.1　甘蔗渣	3014.66	3.05
2.1.1　花生秧	1509.75	1.53	5.1.2　甘蔗叶梢	2210.75	2.24
2.1.2　花生壳	461.50	0.47	5.2　甜菜渣与甜菜茎叶	94.40	0.10
2.2　油菜秆	3366.54	3.40	5.2.1　甜菜渣	32.00	0.03
2.3　其他油料作物秸秆	890.44	0.90	5.2.2　甜菜茎叶	62.40	0.06
3　棉花秆	3141.51	3.18	6　烟秆与下等烟叶	220.66	0.22
4　麻类作物秸秆	98.91	0.10	6.1　烟秆	188.92	0.19
4.1　红黄麻秆	10.64	0.01	6.2　下等烟叶	31.74	0.03
4.2　苎麻秆	75.40	0.08	7　蔬菜残体	5396.39	5.46
4.3　大麻秆	9.60	0.01	8　瓜果残体	1070.06	1.08
4.4　亚麻秆	2.51	0.00			

（二）区域差异分析

表3.3报告了2014年中国农作物秸秆产量区域差异概况。不难发现，从全部农作物秸秆产量来看，西部 > 中部 > 东部 > 东北部；从粮食作物秸秆产量来看，东部 > 中部 > 东北部 > 西部；从油料作物秸秆产量来看，中部 > 西部 > 东部 > 东北部；从棉花秆产量来看，西部 > 东部 > 中部 > 东北；从麻类作物产量来看，西部 > 中部 > 东北部 > 东部；从糖料作物来看，西部 > 东部 > 中部 > 东北部；从烟叶秸秆产量来看，西部 > 中部 > 东部 > 东北部；从蔬菜瓜果残体产量来看，东部 > 中部 > 西部 > 东北部。

表 3.3　中国 2014 年农作物秸秆理论资源量的区域分布

秸秆类别	统计指标	全国	东部	中部	西部	东北部
全部秸秆	产量（万吨）	98892.04	24258.07	28415.88	30201.85	16015.04
	占比（%）	100	24.53	28.73	30.54	16.19
粮食作物	产量（万吨）	18902.32	23189.86	20010.02	15314.62	18902.32
	占比（%）	100	24.42	29.95	25.85	19.78
油料作物	产量（万吨）	6228.23	1155.79	2714.68	2107.90	249.86
	占比（%）	100	18.56	43.59	33.84	4.01
棉花	产量（万吨）	3142.51	671.22	536.98	1933.32	0.51
	占比（%）	100	21.36	17.09	61.53	0.02
麻类作物	产量（万吨）	97.82	1.22	43.80	45.62	6.16
	占比（%）	100	1.36	45.13	47.19	6.32
糖料作物	产量（万吨）	5319.82	864.22	87.35	4361.42	6.80
	占比（%）	100	16.25	1.64	81.98	0.13
烟叶	产量（万吨）	220.74	21.59	54.10	132.37	12.68
	占比（%）	100	9.78	24.51	59.97	5.74
蔬菜、瓜果	产量（万吨）	6466.45	2641.71	1789.11	1611.20	424.41
	占比（%）	100	40.85	27.67	24.92	6.56

进一步对农作物秸秆的耕地单产（即单位耕地面积农作物秸秆产量）、播面单产（即单位播种面积农作物秸秆产量）、人均单产进行统计，得到表 3.4。从耕地单产来看，2014 年全国单位耕地面积农作物秸秆产量为 7316.50 千克每公顷，东部地区和中部地区的耕地单产分别比全国平均水平高 26.16%、26.90%，西部地区、东北部地区分别比全国平均水平低 18.13%、21.43%；东部、中部、西部、东北部的农作物秸秆耕地单产之比约为 1.61∶1.62∶1.04∶1。以低于 5000 千克每公顷作为低产区、处于 5000—8000 千克每公顷作为中产区、大于 8000 千克每公顷作为高产区为划分标准，则东部地区、中部地区为农作物秸秆耕地单产高产区，西部地区、东北部地区为中产区。

从播面单产来看，2014 年全国单位播种面积农作物秸秆产量为 5977.29 千克每公顷，东部地区、西部地区的播面单产分别比全国平均水平高 5.02%、30.75%，中部地区、东北部地区分别比全国平均水平低 4.07%、45.93%；东部、中部、西部、东北部的农作物秸秆耕地单产之比约为 1.94∶1.77∶2.42∶1。以低于 4000 千克每公顷作为低产区、处于 4000—6000 千克每公顷作为中产区、大于 6000 千克每公顷作为高产区为划分标准，则东部地区、西部地区为农作物秸秆耕地单产高产区，中部为中产区，东北部为低产区。

从人均单产来看，2014 年全国农作物秸秆产量为 722.99 千克每公顷，中部地区、西部地区、东北部地区的人均单产分别比全国平均水平高 8.24%、13.08%、100.98%，东部地区比全国平均水平低 35.69%；东部、中部、西部、东北部的农作物秸秆人均单产之比约为 0.32∶0.54∶0.56∶1。以低于 500 千克每公顷作为低产区、处于 500—800 千克每公顷作为中产区、大于 800 千克每公顷作为高产区为划分标准，则西部地区、东北部地区为农作物秸秆人均单产高产区，中部为中产区，东部为低产区。

表 3.4 中国 2014 年农作物秸秆的耕地单产、播面单产与人均单产概况

地带	耕地单产		播面单产		人均单产	
	产量（千克每公顷）	评级	产量（千克每公顷）	评级	产量（千克每公顷）	评级
全国	7316.50	—	5977.29	—	722.99	—
东部	9230.27	高	6277.06	高	464.99	低
中部	9284.72	高	5734.27	中	783.63	中
西部	5990.17	中	7815.08	高	819.83	高
东北部	5748.40	中	3231.80	低	1459.10	高

（三）农作物秸秆可收集利用量的估算

农产品在生产过程中，部分枝叶会自然脱落，且不少农作物需要留茬收割，加之农产品运输过程中可能存在的损失，农作物秸秆可收集利用量往往小于农作物秸秆理论资源量，其计算方式可采取如下公式：

$$W_{GS}=W_S \times G_I \tag{3.1}$$

其中，W_{GS} 是指农作物秸秆可收集利用量，W_S 是指农作物秸秆总产量，G_I 则是农作物秸秆资源可收集利用系数。

1. 主要农作物留茬高度

机械收割与人工收割的留茬高度具有较大的差异。因此，本书主要探讨收割方式对主要农作物留茬高度的影响。借鉴毕于运（2010）的研究，将水稻机收留茬高度占株高的比例设定为 16%，人工收割设定为 7%；小麦方面则分别为 18%、7%；玉米为 6%、2%。[①] 根据《中国农村统计年鉴 2015》中相关数据，2014 年中国水稻、小麦、玉米的播种面积分别为 30310 千公顷、24096 千公顷、37123 千公顷，机收面积分别为 25172.7 千公顷、22458.19 千公顷、21049.92 千公顷，由此，可粗略计算出机收率分别为 83.05%、93.20%、56.70%。

2. 主要农作物秸秆叶部生物量比重考证

许多农作物在生长、收获、运输等过程中会脱落一定的枝叶，因此有必要确定农作物秸秆叶部生物量比重，再依据枝叶脱落率计算农作物秸秆的损失。

（1）水稻秸秆叶部生物量比重

表 3.5 报告了文献资料中水稻叶部干物质占农作物秸秆的比重考证结果。综合 4 篇文献来看，水稻叶部生物量比重的平均值约为 0.268。该数据与毕于运（2010）的 0.220 较为接近。[②]

① 毕于运：《秸秆资源评价与利用研究》，博士学位论文，中国农业科学院，2010 年。

② 毕于运：《秸秆资源评价与利用研究》，博士学位论文，中国农业科学院，2010 年。

表 3.5 水稻秸秆叶部生物量比重考证

文献来源	试验时间 / 地点	叶部生物量比重	
		样本	平均值
骆宗强等（2016）[①]	2011 年 / 新疆维吾尔自治区塔里木大学试验站	0.250、0.239、0.233、0.229、0.224、0.250、0.221、0.285、0.258、0.265、0.256、0.283、0.269、0.241	0.250
李静（2016）[②]	2009 年 / 四川省雅安市四川农业大学濆江农场；2010 年 / 四川省凉山彝族自治州西昌市西乡乡凤凰村	0.289、0.318、0.310、0.305、0.298	0.304
张敬昇等（2016）[③]	2014—2015 年 / 四川农业大学崇州市桤泉镇试验基地	0.243、0.214、0.244、0.256、0.248、0.252、0.259	0.245
刘奇华等（2016）[④]	2014 年 / 山东省农业科学院水稻研究所实验基地	0.285、0.260、0.270、0.271	0.272

（2）小麦秸秆叶部生物量比重

表 3.6 报告了文献资料中小麦叶部干物质占小麦秸秆的比重考证结果。综合 2 篇文献 13 个样本来看，小麦秸秆叶部生物量比重的平均值约为 0.181。该数据与毕于运（2010）的 0.180 基本一致。[⑤]

---

① 骆宗强、石春林、江敏等：《孕穗期高温对水稻物质分配及产量结构的影响》，《中国农业气象》2016 年第 2 期。

② 李静：《2 种生态条件下栽培密度对水稻干物质积累与转运的影响》，《西安农业学报》2016 年第 7 期。

③ 张敬昇、李冰、王昌全等：《控释掺混氮肥对稻麦作物生长和产量的影响》，《浙江农业学报》2016 年第 8 期。

④ 刘奇华、孙召文、信彩云等：《孕穗期施硅对高温下扬花灌浆期水稻干物质转运及产量的影响》，《浙江农业学报》2016 年第 9 期。

⑤ 毕于运：《秸秆资源评价与利用研究》，博士学位论文，中国农业科学院，2010 年。

表 3.6 小麦秸秆叶部生物量比重考证

文献来源	试验时间 / 地点	叶部生物量比重	
		样本	平均值
朱从桦等（2016）[①]	2011 年 / 新疆维吾尔自治区塔里木大学试验站	0.165、0.188、0.212、0.104、0.137、0.161、0.149、0.171、0.191	0.164
顾大路等（2016）[②]	2013—2015 年 / 江苏省淮安市农业科学研究院现代农业高新科技园区	0.183、0.184、0.218、0.201	0.197

（3）玉米秸秆叶部生物量比重

表 3.7 报告了文献资料中玉米叶部干物质占玉米秸秆的比重考证结果。综合 2 篇文献 32 个样本来看，玉米秸秆叶部生物量比重的平均值约为 0.260。该数据与毕于运（2010）的 0.240 较为接近。[③]

表 3.7 玉米秸秆叶部生物量比重考证

文献来源	试验时间 / 地点	叶部生物量比重	
		样本	平均值
朱从桦等（2016）[④]	2014—2015 年 / 四川省简阳县芦葭镇英明村	0.277、0.263、0.268、0.252、0.246、0.252、0.241、0.231、0.231、0.234、0.244、0.239、0.244、0.266、0.214、0.234	0.246
杨欢等（2016）[⑤]	2013—2014 年 / 江苏省扬州大学实验农牧场	0.281、0.238、0.261、0.255、0.306、0.303、0.299、0.295、0.275、0.281、0.257、0.256、0.280、0.243、0.254、0.298	0.274

① 朱从桦、张嘉莉、王兴龙等:《硅磷配施对低磷土壤春玉米干物质积累、分配及产量的影响》,《中国生态农业学报》2016 年第 6 期。

② 顾大路、杨文飞、文廷刚等:《冻害胁迫下防冻剂处理对小麦生理特征和产量的影响》,《江苏农业学报》2016 年第 3 期。

③ 毕于运:《秸秆资源评价与利用研究》，博士学位论文，中国农业科学院，2010 年。

④ 朱从桦、张嘉莉、王兴龙等:《硅磷配施对低磷土壤春玉米干物质积累、分配及产量的影响》,《中国生态农业学报》2016 年第 6 期。

⑤ 杨欢、赵浚宇、施凯等:《磷素施用对鲜食糯玉米养分积累分配和产量的影响》,《玉米科学》2016 年第 1 期。

（4）谷子秸秆叶部生物量比重

表 3.8 报告了文献资料中谷子叶部干物质占谷子秸秆的比重考证结果。综合 2 篇文献 9 个样本来看，谷子秸秆叶部生物量比重的平均值约为 0.298。

表 3.8 谷子秸秆叶部生物量比重考证

文献来源	试验时间 / 地点	叶部生物量比重	
		样本	平均值
刘启（2015）①	2013—2014 年 / 宁夏回族自治区南部旱农试验区	0.297、0.277、0.248、0.276	0.275
宋淑贤等（2015）②	2011—2014 年 / 河北省沧州市农林科学院试验地	0.311、0.312、0.333、0.337、0.313	0.321

（5）大豆秸秆叶部生物量比重

大豆的叶部生物量在苗期、开花期、结荚期、鼓粒期、成熟期具有差异性。表 3.9 报告了文献资料中大豆成熟期叶部干物质占大豆秸秆的比重考证结果。综合 4 篇文献来看，大豆秸秆叶部生物量比重的平均值约为 0.448。

表 3.9 大豆秸秆叶部生物量比重考证

文献来源	试验时间 / 地点	叶部生物量比重	
		样本	平均值
贾珂珂（2015）③	2013 年 / 新疆维吾尔自治区伊宁县科技示范园区	0.463、0.465、0.459、0.461、0.461、0.468、0.456、0.457、0.460、0.413、0.428、0.458	0.454

① 刘启：《集雨种植模式下密度对谷子产量及水分利用效率的影响》，硕士学位论文，西北农林科技大学，2015 年。

② 宋淑贤、田伯红、王建广等：《不同施钾量对谷子干物质及产量的影响》，《现代农业科技》2015 年第 19 期。

③ 贾珂珂：《不同大豆品种株型结构、花荚形成及产量对密度的响应》，硕士学位论文，新疆农业大学作物栽培学与耕作学，2015 年。

续表

文献来源	试验时间 / 地点	叶部生物量比重	
		样本	平均值
李思忠等（2016）①	2014 年 / 新疆维吾尔自治区伊宁县农业科技示范园	0.438、0.412、0.357、0.473、0.456	0.427
王维俊和章建新（2015）②	2013 年 / 新疆维吾尔自治区伊宁县农业科技示范园区	0.525、0.533、0.533、0.533	0.531
卜伟召（2015）③	2013—2014 年 / 山东省菏泽市牡丹区原种场	0.542、0.347、0.477、0.423、0.459、0.310、0.104	0.380

（6）马铃薯叶部生物量比重

表 3.10 报告了文献资料中马铃薯叶部干物质占大豆秸秆的比重考证结果。综合 2 篇文献来看，马铃薯叶部生物量比重的平均值约为 0.274。

表 3.10 马铃薯叶部生物量比重考证

文献来源	试验时间 / 地点	叶部生物量比重	
		样本	平均值
何昌福（2016）④	2013 年 / 甘肃省定西市安定区香泉镇	0.223、0.330、0.337、0.319	0.302
何万春等（2016）⑤	2013 年 / 甘肃省定西市旱作农业科研推广中心试验地	0.226、0.273、0.250、0.241、0.245、0.239	0.245

① 李思忠、章建新、李春艳等:《滴灌大豆干物质积累、分配及产量分布特性研究》,《中国农业大学学报》2016 年第 7 期。

② 王维俊、章建新:《滴水量对中熟大豆超高产田干物质积累和产量的影响》,《大豆科学》2015 年第 1 期。

③ 卜伟召:《不同大豆品种对间作荫蔽的形态响应及干物质积累差异研究》，硕士学位论文，四川农业大学，2015 年。

④ 何昌福:《连续施氮对旱地覆膜马铃薯干物质积累与分配以及对根系生长的影响》，硕士学位论文，甘肃农业大学，2016 年。

⑤ 何万春、何昌福、邱慧珍等:《不同氮水平对旱地覆膜马铃薯干物质积累与分配的影响》,《干旱地区农业研究》2016 年第 4 期。

（7）花生叶部生物量比重

表 3.11 报告了文献资料中花生叶部干物质占花生秧的比重考证结果。不难发现，花生叶部生物量比重的平均值约为 0.377。该数据与毕于运（2010）的 0.350 较为接近。[①]

表 3.11　花生叶部生物量比重考证

文献来源	试验时间 / 地点	叶部生物量比重	
		样本	平均值
张俊等（2015）[②]	2013—2014 年 / 河南省农业科学院原阳试验基地	0.376、0.396、0.367、0.378、0.386、0.357	0.377

（8）向日葵叶部生物量比重

表 3.12 报告了文献资料中向日葵叶部干物质占向日葵秸秆的比重考证结果。不难发现，向日葵叶部生物量比重的平均值约为 0.213。该数据与毕于运（2010）的 0.200 基本一致。[③]

表 3.12　向日葵叶部生物量比重考证

文献来源	试验时间 / 地点	叶部生物量比重	
		样本	平均值
钱寅（2015）[③]	宁夏回族自治区石嘴山市惠农区	0.175、0.162、0.167、0.167	0.168
崔良基等（2011）[④]	2008—2009 年 / 辽宁省农业科学院试验基地	0.246、0.253、0.264、0.214、0.285、0.287	0.258

① 毕于运：《秸秆资源评价与利用研究》，博士学位论文，中国农业科学院，2010 年。

② 张俊、汤丰收、刘娟等：《不同种植方式生育后期湿涝胁迫对花生生物量、根系形态及产量的影响》，《花生学报》2015 年第 4 期。

③ 毕于运：《秸秆资源评价与利用研究》，博士学位论文，中国农业科学院，2010 年。

④ 钱寅：《施肥对宁夏盐化土壤油用向日葵产量与品质的影响》，硕士学位论文，宁夏大学，2015 年。

⑤ 崔良基、王德兴、宋殿秀等：《不同向日葵品种群体光合生理参数及产量比较》，《中国油料作物学报》2011 年第 2 期。

（9）胡麻叶部生物量比重

表 3.13 报告了文献资料中胡麻叶部干物质占胡麻秸秆的比重考证结果。不难发现，胡麻叶部生物量比重的平均值约为 0.317。

表 3.13 胡麻叶部生物量比重考证

文献来源	试验时间 / 地点	叶部生物量比重	
		样本	平均值
崔红艳和方子森（2016）[①]	2014 年 / 甘肃省兰州市榆中县三角城	0.247、0.268、0.339、0.293、0.279、0.286、0.315、0.291、0.303、0.308、0.347、0.305、0.287、0.296、0.299、0.278、0.289、0.333、0.295	0.298
崔良基等（2011）[②]	2011 年 / 甘肃省定西市西巩驿镇	0.242、0.344、0.438、0.454、0.340、0.404、0.241	0.352
燕鹏（2016）[③]	2015 年 / 甘肃省兰州市榆中县	0.288、0.307、0.313、0.297、0.288、0.302、0.315、0.300、0.287、0.305、0.311、0.300	0.301

（10）棉花叶部生物量比重

表 3.14 报告了文献资料中棉花叶部干物质产量占棉花总生物量的比重考证结果。不难发现，这一比重的平均值约为 0.155。由前文籽棉草谷比为 1.288，可计算出棉花叶部生物量占棉花秸秆的 0.200。

表 3.14 棉花叶部干物质产量占棉花总生物量的比重考证

文献来源	试验时间 / 地点	叶部生物量比重	
		样本	平均值
张学昕等（2012）	2011 年 / 甘肃省张掖市高台县	0.104、0.108、0.093、0.104、0.096、0.110、0.121、0.134、0.142、0.184	0.12

① 崔红艳、方子森：《水氮互作对胡麻干物质生产和产量的影响》，《西北植物学报》2016 年第 1 期。

② 崔良基、王德兴、宋殿秀等：《不同向日葵品种群体光合生理参数及产量比较》，《中国油料作物学报》2011 年第 2 期。

③ 燕鹏：《水氮耦合对胡麻干物质积累和水分有效利用的研究》，硕士学位论文，甘肃农业大学，2016 年。

④ 张学昕、刘淑英、王平等：《不同氮磷钾配施对棉花干物质积累、养分吸收及产量的影响》，《西北农业学报》2012 年第 8 期。

续表

文献来源	试验时间 / 地点	叶部生物量比重	
		样本	平均值
段锦波（2014）[①]	2012 年 / 新疆维吾尔自治区石河子市石河子大学农学院试验站	0.154、0.185、0.178、0.150、0.156、0.149、0.139、0.144	0.157
廖娜等（2015）[②]	2013 年 / 新疆维吾尔自治区石河子市新疆石河子大学农学院试验站	0.182、0.196、0.203、0.189、0.180、0.189、0.183、0.179、0.180	0.187

（11）苎麻副产品叶部生物量比重

表 3.15 报告了文献资料中苎麻副产品叶部生物量占苎麻秸秆的比重考证结果。不难发现，苎麻副产品叶部生物量比重的平均值约为 0.283。

表 3.15　苎麻副产品叶部生物量比重考证

文献来源	试验时间 / 地点	叶部生物量比重	
		样本	平均值
陈悟等（2009）[③]	湖北省咸宁市	0.29、0.28、0.28、0.28、0.29、0.29、0.29、0.28、0.28、0.28、0.28、0.28	0.283

3. 农作物秸秆资源可收集利用系数的制定

以上文中考证的主要农作物叶部生物量占农作物秸秆总量的比重为基础，借鉴毕于运（2010）通过问卷调查获得的农作物叶部脱落率、收集运输损失率、留茬高度等数据，制定出农作物秸秆资源可收集利用系数，如表 3.16 所示。[④]

① 段锦波：《不同肥料在滴灌棉花上的应用效果研究》，硕士学位论文，石河子大学，2014 年。

② 廖娜、侯振安、李琦等：《不同施氮水平下生物碳提高棉花产量及氮肥利用率的作用》，《植物营养与肥料学报》2015 年第 3 期。

③ 陈悟、曾庆福、潘飞等：《不同叶面肥对苎麻生理生化性质的影响研究》，《安徽农业科学》2009 年第 4 期。

④ 毕于运：《秸秆资源评价与利用研究》，博士学位论文，中国农业科学院，2010 年。

表 3.16 农作物秸秆资源可收集利用系数

秸秆类型	可收集系数	秸秆类型	可收集系数	秸秆类型	可收集系数
稻草	0.74	甘薯秧	0.76	大麻秆	0.86
稻壳	0.95	花生秧	0.82	亚麻	0.82
小麦秸秆	0.63	花生壳	0.70	其他麻类作物秸秆	0.85
玉米秸秆	0.87	油菜秆	0.64	甘蔗渣	0.97
玉米芯	0.98	芝麻秆	0.83	甘蔗叶梢	0.70
谷子秸秆	0.82	胡麻秆	0.72	甜菜渣	0.90
高粱秆	0.90	向日葵秆	0.86	甜菜茎叶	0.75
其他谷物秸秆	0.85	其他油料作物秸秆	0.85	烟秆	0.95
大豆秸秆	0.52	棉花秆	0.87	蔬菜残体	0.50
其他豆类秸秆	0.52	红黄麻秆	0.87	瓜果残体	0.50
马铃薯茎叶	0.76	苎麻秆	0.84		

4. 农作物秸秆资源可收集利用量测算

根据表 3.2、表 3.16 的结果，可计算出 2014 年中国农作物秸秆资源可收集利用量，如表 3.17 所示。结果表明，2014 年中国农作物秸秆资源可收集利用量约为 75760.94 万吨，即约为 7.58 亿吨。平均可收集利用系数约为 0.77，残留田间及收集过程中造成了浪费量约为 23%。各类秸秆可收集利用量的占比情况与2014年中国农作物秸秆理论资源量基本一致。

表 3.17 中国 2014 年农作物秸秆资源可收集利用量

秸秆类别	可收集利用量（万吨）	占比（%）	秸秆类别	可收集利用量（万吨）	占比（%）
1 粮食作物秸秆	60513.53	80.02	1.1.1.1 稻草	14165.97	18.73
1.1 谷物秸秆	57926.02	76.60	1.1.1.2 稻壳	4904.54	6.49
1.1.1 稻草与稻壳	19070.51	25.22	1.1.2 小麦秸秆	10980.47	14.52

续表

秸秆类别	可收集利用量（万吨）	占比（%）	秸秆类别	可收集利用量（万吨）	占比（%）
1.1.3　玉米秸秆	26738.38	35.36	2.6　其他油料作物秸秆	61.62	0.08
1.1.3.1　玉米茎叶	22025.65	29.13	3　棉花秆	2733.12	3.61
1.1.3.2　玉米芯	4712.73	6.23	4　麻类作物秸秆	83.55	0.11
1.1.4　谷子秸秆	207.38	0.27	4.1　红黄麻秆	9.26	0.01
1.1.5　高粱秸秆	386.36	0.51	4.2　苎麻秆	63.34	0.08
1.1.6　其他谷物秸秆	542.92	0.72	4.3　大麻秆	8.26	0.01
1.2　豆类	1366.72	1.81	4.4　亚麻秆	2.06	0.00
1.2.1　大豆秸秆	953.07	1.26	4.5　其他麻类作物秸秆	0.65	0.00
1.2.2　其他豆类秸秆	413.65	0.55	5　糖渣与糖类作物茎叶梢	4547.35	6.01
1.3　薯类藤蔓	1220.79	1.61	5.1　甘蔗渣与甘蔗叶梢	4471.75	5.91
1.3.1　马铃薯茎叶	865.29	1.14	5.1.1　甘蔗渣	2924.22	3.87
1.3.2　甘薯秧	355.50	0.47	5.1.2　甘蔗叶梢	1547.53	2.05
2　油料作物秸秆	4454.82	5.89	5.2　甜菜渣与甜菜茎叶	75.60	0.10
2.1　花生秧与花生壳	1561.04	2.06	5.2.1　甜菜渣	28.80	0.04
2.1.1　花生秧	1238.00	1.64	5.2.2　甜菜茎叶	46.80	0.06
2.1.2　花生壳	323.05	0.43	6　烟秆与下等烟叶	195.34	0.26
2.2　油菜秆	2154.58	2.85	6.1　烟秆	179.48	0.24
2.3　芝麻秆	192.06	0.25	6.2　下等烟叶	15.87	0.02
2.4　胡麻秆	60.10	0.08	7　蔬菜残体	2698.20	3.57
2.5　向日葵秆	425.41	0.56	8　瓜果残体	535.03	0.71

（四）农作物秸秆的潜在价值测算

本书第二章指出，随着国内外农业废弃物资源化利用技术的进步，逐步形成了肥料化、饲料化、能源化、基质化、原料化等价值实现路径。作为一类重要的农业废弃物，农作物秸秆概莫能外。本书将选择肥料化与能源化两条价值实现路径，估算农作物秸秆的潜在价值。

1. 农作物秸秆肥料化利用的潜在价值测算

表3.18报告了农作物秸秆中的N、P、K等微量元素含量。其中，稻壳、甘蔗渣、甜茶渣、下等烟叶数据整理自牛若峰和刘天福（1984）；玉米芯数据整理自张宏天等（2014）；花生壳数据整理自杨伟强等（2003）；其他秸秆数据整理自全国农业技术推广服务中心（1999）。[①]需要指出的是，本书中其他豆类秸秆的N、P、K含量取绿豆、蚕豆、豌豆秸秆的平均值；其他谷物秸秆的N、P、K含量取大麦、荞麦、燕麦秸秆的平均值；其他油料作物秸秆的N、P、K含量取油菜、花生、向日葵秸秆的平均值；甜菜茎叶、蔬菜残体、下等烟叶的N、P、K含量均取辣椒、番茄、洋葱、芋头茎叶的平均值；瓜果残体的N、P、K含量取冬瓜藤、南瓜藤、黄瓜藤的平均值。

表3.18 农作物秸秆中的N、P、K养分含量

秸秆类别	N（%）	P（%）	K（%）	秸秆类别	N（%）	P（%）	K（%）
稻草	0.910	0.130	1.890	油菜秆	0.870	0.144	1.940
稻壳	0.320	0.229	0.684	向日葵秆	0.820	0.112	1.770
小麦秸秆	0.650	0.080	1.050	其他油料作物秸秆	1.170	0.140	1.600
玉米秸秆	0.920	0.152	1.180	棉秆	1.240	0.150	1.020
玉米芯	0.110	0.060	1.283	麻秆	1.310	0.060	0.500
谷子秸秆	0.820	0.101	1.750	甘蔗渣	1.000	9.618	3.960
高粱秆	1.250	0.146	1.430	甘蔗叶梢	1.100	0.140	1.100
其他谷物秸秆	0.670	0.192	1.697	甜菜渣	0.400	3.435	0.180
大豆秸秆	1.810	0.196	1.170	甜菜茎叶	2.605	0.340	3.600
其他豆类秸秆	2.200	0.228	1.287	烟秆	1.440	0.169	1.850
马铃薯茎叶	2.650	0.272	3.960	下等烟叶	2.400	0.916	3.600
甘薯秧	2.370	0.283	3.050	蔬菜残体	2.605	0.340	3.600

① 牛若峰、刘天福编著:《农业技术经济手册》(修订本),农业出版社1984年版。张宏天、张吉立、王宁等:《不同施氮方式对玉米各器官养分含量的影响》,《黑龙江八一农垦大学学报》2014年第1期。杨伟强、秦晓春、张吉民等:《花生壳在食品工业中的综合开发与利用》,《花生学报》2003年第1期。全国农业技术推广服务中心编著:《中国有机肥料资源》,中国农业出版社1999年版。

续表

秸秆类别	N（%）	P（%）	K（%）	秸秆类别	N（%）	P（%）	K（%）
花生秧	1.820	0.163	1.090	瓜果残体	3.653	0.539	2.287
花生壳	1.090	0.060	0.570				

根据表 3.18 的数据，可进一步计算出 2014 年中国可收集利用农作物秸秆养分资源量，如表 3.19 所示。不难发现，2014 年中国可收集利用农作物秸秆中全氮、全磷、全钾的含量分别为 717.63 万吨、322.66 万吨、1160.46 万吨。由《中国农村统计年鉴 2015》可知，2014 年中国农用氮肥、磷肥、钾肥施用量（折纯量）分别为 2392.9 万吨、845.3 万吨、641.9 万吨。对比可知，可收集利用农作物秸秆的全氮、全磷、全钾的含量分别达到了 2014 年中国农用氮肥、磷肥、钾肥施用量（折纯量）的 30.09%、38.17%、180.79%。分区域来看，西部地区可收集利用农作物秸秆的全氮、全磷、全钾含量均最高，东北部地区最低。

表 3.19 中国 2014 年可收集利用农作物秸秆养分资源量

		全国	东部	中部	西部	东北
N	资源量（万吨）	717.63	174.06	188.27	240.32	114.97
	占比（%）	100	24.25	26.24	33.49	16.02
P	资源量（万吨）	322.66	71.76	34.55	264.16	19.54
	占比（%）	100	22.24	10.71	81.87	6.05
K	资源量（万吨）	1160.46	269.95	302.47	409.89	178.15
	占比（%）	100	23.26	26.06	35.32	15.35

如果提高农作物秸秆的可收集利用系数，那么可获得的全氮、全磷、全钾产量将更高。表 3.20 报告了 2014 年中国农作物秸秆理论养分资源量。不难发现，提高农作物秸秆的可收集利用系数至 1 后，中国农作物秸秆中全氮、全磷、全钾的含量可分别达到 991.77 万吨、322.66 万吨、1550.10 万吨，这一数据分别相当于 2014 年中国农用氮肥、磷肥、钾肥

施用量（折纯量）的 41.45%、38.17%、241.49%。

表 3.20　中国 2014 年农作物秸秆理论养分资源量

		全国	东部	中部	西部	东北
N	资源量（万吨）	991.77	254.04	270.20	320.16	147.35
	占比（%）	100.00	25.61	27.24	32.28	14.86
P	资源量（万吨）	322.66	83.87	45.92	282.11	24.13
	占比（%）	100.00	25.99	14.23	87.43	7.48
K	资源量（万吨）	1550.10	381.89	426.13	521.05	221.02
	占比（%）	100.00	24.64	27.49	33.61	14.26

2. 农作物秸秆能源化利用的潜在价值测算

目前，中国农村中农作物秸秆能源化利用最为常见的方式是制沼气。农作物秸秆产沼气潜力的估算公式为“农作物秸秆资源量 × 干物质含量（相当于 TS）× 产气率”。表 3.21 报告了本书中的农作物秸秆 TS、产气率数据。

需要说明的是，对于马铃薯茎叶、甘薯秧、花生秧、甘蔗渣与叶梢、甜茶渣与茎叶、烟秆及下等烟叶、药材残体、蔬菜残体、瓜果残体等易腐烂或以鲜用为佳的副产品，本书计算的秸秆资源量是其干物质重量。因此，上述秸秆的 TS 在本书中为 100%。而对于其他农作物秸秆，计算的是晾干后的重量，故而其 TS 并非 100%。稻草、稻壳、小麦秸秆、玉米秸秆、玉米芯、高粱秆、谷子秸秆、大豆秸秆的 TS 整理自牛若峰和刘天福（1984）；向日葵秆 TS 整理自宋明芝等（1986）；油菜秆、棉秆 TS 整理自白娜（2011）；胡麻秆 TS 整理自聂勋载（2012）；其他油料作物秸秆 TS 取油菜秆、向日葵秆、胡麻秆的平均值；其他类型秸秆 TS 整理自全国农业技术推广服务中心（1999）。[①]

① 牛若峰、刘天福编著：《农业技术经济手册》（修订本），农业出版社 1984 年版。宋明芝、缪则学、刘淑环：《吉林省农村常用沼气发酵原料产气潜力及特性研究》，《吉林农业科学》1986 年第 3 期。白娜：《种植业有机废弃物厌氧发酵产气特性及动态工艺学研究》，中国农业科学院，2011 年。聂勋载：《合理利用胡麻杆制浆造纸的突破口在备料》，《湖北造纸》2012 年第 3 期。全国农业技术推广服务中心编著：《中国有机肥料资源》，中国农业出版社 1999 年版。

产气率数据方面，棉花秆、甘蔗渣数据来源于晏水平等（2013）；烟叶数据来源于李亚纯等（2014）；甜菜茎叶、亚麻秆数据来源于牛若峰和刘天福（1984）；高粱秆数据来源于卞有生（2001）；花生壳数据来源于邵艳秋等（2011）；甘蔗叶梢数据来源于罗娟等（2016）；蔬菜残体数据来源于何品晶等（2014）。同时，将瓜果残体产气率等同于蔬菜残体产气率；玉米芯数据来源于叶节连等（2011）；稻壳数据来源于袁海荣等（2009）；谷子秸秆、甜菜渣数据来源于宋明芝等（1986）；其他谷物秸秆产气率取稻草、小麦秸秆、玉米秸秆、谷子秸秆、高粱秆的平均值；其余秸秆数据来源于张婷婷等（2014）。①

表 3.21　本书中农作物秸秆的 TS 及产气率数据设定

秸秆类型	TS（%）	产气率（立方米 / 千克）	秸秆类型	TS（%）	产气率（立方米 / 千克）
稻草	94.00	0.400	油菜秆	85.71	0.400
稻壳	91.00	0.410	胡麻秆	88.94	0.400
小麦秸秆	86.50	0.450	向日葵秆	87.06	0.400
玉米秸秆	85.00	0.500	其他油料作物秸秆	87.23	0.400
玉米芯	90.30	0.339	棉秆	93.22	0.304

① 晏水平、高鑫、艾平等：《发酵条件对典型木质纤维素原料产沼气影响实验》，《农业机械学报》2013 年第 2 期。李亚纯、朱红根、彭桃军等：《烤烟废弃鲜叶作为沼气发酵原料的适用性研究》，《湖南农业科学》2014 年第 17 期。牛若峰、刘天福编著：《农业技术经济手册》（修订本），农业出版社 1984 年版。卞有生：《生态农业中废弃物的处理与再生利用》，化学工业出版社 2001 年版。邵艳秋、邱凌、石勇等：《NaOH 预处理花生壳厌氧发酵制取沼气的试验研究》，《农业环境科学学报》2011 年第 3 期。罗娟、李秀金、袁海荣：《不同预处理对甘蔗叶厌氧消化性能的影响》，《中国沼气》2016 年第 1 期。何品晶、胡洁、吕凡等：《含固率和接种比对叶菜类蔬菜垃圾厌氧消化的影响》，《中国环境科学》2014 年第 1 期。叶节连、苏有勇、张京景等：《玉米芯发酵产沼气潜力的实验研究》，《化学与生物工程》2011 年第 4 期。袁海荣、王立平、曹景平等：《稻壳中温厌氧消化产沼气试验研究》，《太阳能》2009 年第 6 期。宋明芝、廖则学、刘淑环：《吉林省农村常用沼气发酵原料产气潜力及特性研究》，《吉林农业大学》1986 年第 3 期。张婷婷、冯永忠、李昌珍等：《2011 年我国秸秆沼气化的碳足迹分析》，《西北农林科技大学学报（自然科学版）》2014 年第 3 期。

续表

秸秆类型	TS（%）	产气率（立方米 / 千克）	秸秆类型	TS（%）	产气率（立方米 / 千克）
谷子秸秆	86.50	0.420	麻类作物秸秆	90.90	0.290
高粱秆	89.80	0.300	甘蔗渣	100.00	0.292
其他谷物秸秆	90.15	0.460	甘蔗叶梢	100.00	0.220
大豆秸秆	89.70	0.400	甜菜渣	100.00	0.310
其他豆类秸秆	89.70	0.400	甜菜茎叶	100.00	0.490
马铃薯茎叶	100.00	0.400	烟秆	100.00	0.320
甘薯秧	100.00	0.400	下等烟叶	100.00	0.320
花生秧	100.00	0.400	蔬菜残体	100.00	0.348
花生壳	91.94	0.173	瓜果残体	100.00	0.348

以表 3.2、表 3.17、表 3.21 中的数据为基础，可进一步计算出 2014 年中国农作物秸秆理论资源量的产沼气潜力、可收集利用量的产沼气潜力，如表 3.22 所示。不难发现，2014 年全国农作物秸秆资源可收集利用量的产沼气潜力约为 2832.18 亿立方米；分区域来看，西部 > 中部 > 东部 > 东北部；东部、中部、西部、东北部农作物秸秆资源可收集利用量的产沼气潜力之比为 1.29 ∶ 1.52 ∶ 1.56 ∶ 1。如果提高农作物秸秆的可收集利用系数至 1，则全国农作物秸秆资源的产沼气潜力能够提升至 3688.80 亿立方米。

表 3.22 中国 2014 年农作物秸秆产沼气潜力

区域	农作物秸秆理论资源量的产沼气潜力		农作物秸秆可收集利用量的产沼气潜力	
	产沼气潜力（亿立方米）	占比（%）	产沼气潜力（亿立方米）	占比（%）
全国	3688.80	100	2832.18	100
东部	910.44	24.68	669.96	23.66
中部	1069.62	29.00	786.80	27.78
西部	1084.43	29.40	856.26	30.23
东北部	624.27	16.92	519.13	18.33

二、畜禽粪尿资源化的理论“潜在价值”测算

（一）畜禽粪尿理论资源总量的估算及其构成分析

1. 研究方法与数据收集

畜禽粪尿理论资源量的计算公式如下：

$$M = \sum_{i}^{n} N_i T_i E_i \tag{3.2}$$

其中，M 表示畜禽粪尿理论资源量，n 表示畜禽种类的数量，N_i 表示第 i 类畜禽的饲养量，T_i 表示第 i 类畜禽的饲养周期，E_i 表示第 i 类畜禽的日排泄系数。

表 3.23　畜禽日排泄系数、干物质含量与饲养周期

类别	粪		尿		饲养周期（天）
	排泄系数（千克）	干物质含量（%）	排泄系数（千克）	干物质含量（%）	
猪	2.00	20	3.3	0.4	199
牛	20.00	19	10.0	0.6	365
羊	2.60	75	1.0	0.4	365
家禽	0.12	80	—	—	210
马	9.00	25	4.90	0.6	365
驴	4.80	25	2.88	0.6	365
骡	4.80	25	2.88	0.6	365
兔	0.12	75	—	—	90

在数据收集上，根据国家环境保护总局《关于减免家禽业排污费等有关问题的通知》（环发〔2004〕43号）推荐的畜禽粪尿排泄系数、国家环境保护总局生态保护司（2002）在《全国规模化畜禽养殖业污染情况调查及防治对策》一书中推荐的饲养周期，并参考中国农业科学院农业环境与可持续发展研究所和环境保护部南京环境科学研究所（2009）在《第一次全国污染源普查畜禽养殖业源产排污系数手册》中的相关数据、

全国农业技术推广服务中心（1999）在《中国有机肥料资源》一书中的研究结果，得到了适用于本书用于估算畜禽粪尿资源总量的基础性数据，如表 3.23 所示。

各类畜禽的饲养量来源于《中国畜牧兽医年鉴 2015》。由于猪、家禽、兔的饲养周期小于 1 年，因此饲养量为出栏量；牛、羊、马、驴、骡的饲养周期超过 1 年，因此存栏量为饲养量。表 3.24 报告了 2014 年中国主要畜禽饲养量。

表 3.24　中国 2014 年主要畜禽饲养量

畜禽种类	全国	东部	中部	西部	东北
猪（万头）	73510.7	20696.8	24257.6	22074.8	6481.5
牛（万头）	10578.36	1388.7	2286	5608.76	1294.9
羊（万只）	30314.9	4598.7	4507.6	19147.5	2061.1
家禽（万只）	1154166.9	488234.9	306792.1	224673.5	134466.4
马（万头）	604.6	20.2	16.3	493.9	74.2
驴（万头）	582.7	65.1	27.3	355.3	135.0
骡（万头）	224.7	21.3	11.9	166.0	25.5
兔（万只）	51678.9	16619.4	5842.2	27869.7	1347.6
总体	1321661.76	531645.1	343741	300389.46	145886.2

2. 总量分析

根据表 3.23、表 3.24，可估算出 2014 年中国畜禽粪尿理论资源量，如表 3.25 所示。不难发现，2014 年中国畜禽粪尿理论资源量（鲜重）约为 2681.66 百万吨，即约为 26.81 亿吨。分畜禽种类来看，牛粪尿总量最多，约为 1158.29 百万吨，占全部畜禽粪尿的比例为 43.19%，排名第二的为猪粪尿，位居第三的为羊粪尿，三牲粪尿理论资源量约占全部畜禽粪尿理论资源量的七分之六。

表 3.25　中国 2014 年畜禽粪尿理论资源量

畜禽种类	饲养量（万头 / 万只）	粪尿理论资源量鲜重（百万吨）			占粪尿总量的比例（%）
		粪	尿	合计	
猪	73510.4	292.57	482.74	775.31	28.91
牛	10578.0	772.19	386.10	1158.29	43.19
羊	30314.9	287.69	110.65	398.34	14.85
家禽	1154167.1	290.85	—	290.85	10.85
马	604.3	19.85	10.81	30.66	1.14
驴	582.6	10.21	6.12	16.33	0.61
骡	224.6	3.93	2.36	6.30	0.23
兔	51679.1	5.58	—	5.58	0.22
总体	1321661.0	1682.88	998.78	2681.66	100

3. 区域差异分析

表 3.26 报告了 2014 年中国畜禽粪尿理论资源量的区域差异概况。不难发现，从全部粪尿来看，西部 > 中部 > 东部 > 东北部；从猪、牛、羊三牲粪尿加总来看，依然是西部 > 中部 > 东部 > 东北部；家禽粪方面，东部 > 中部 > 西部 > 东北部；马、驴、骡方面，则是西部 > 东北部 > 东部 > 中部；兔粪方面，西部 > 东部 > 中部 > 东北部。

表 3.26　中国 2014 年畜禽粪尿理论资源量的区域分布概况

粪尿种类	统计指标	全国	东部	中部	西部	东北部
全部粪尿	产量（百万吨）	2681.71	559.05	645.26	1197.88	279.53
	占比（%）	100	20.85	24.06	44.67	10.42
猪粪尿	产量（百万吨）	775.31	218.29	255.84	232.82	68.36
	占比（%）	100	28.16	33.00	30.03	8.82
牛粪尿	产量（百万吨）	1158.29	152.06	250.32	614.16	141.75
	占比（%）	100	13.13	21.61	53.02	12.24
羊粪尿	产量（百万吨）	398.34	60.43	59.23	251.60	27.08
	占比（%）	100	15.17	14.87	63.16	6.80

续表

粪尿种类	统计指标	全国	东部	中部	西部	东北部
家禽粪	产量（百万吨）	290.85	123.04	77.31	56.62	33.89
	占比（%）	100	42.30	26.58	19.47	11.65
马粪尿	产量（百万吨）	30.67	1.02	0.83	25.06	3.76
	占比（%）	100	3.34	2.70	81.69	12.27
驴粪尿	产量（百万吨）	16.33	1.82	0.77	9.96	3.78
	占比（%）	100	11.15	4.72	60.99	23.15
骡粪尿	产量（百万吨）	6.30	0.60	0.33	4.65	0.71
	占比（%）	100	9.48	5.30	73.88	11.35
兔粪	产量（百万吨）	5.58	1.79	0.63	3.01	0.15
	占比（%）	100	32.08	11.29	53.94	2.69

4. 畜禽粪尿的耕地负荷分析

区域畜禽粪尿的排放量与区域畜禽粪尿环境污染程度并非一定呈正比关系。能否拥有与畜禽粪尿排放量相匹配的耕地面积数量对区域畜粪尿环境污染程度具有不可忽视的重要影响。只有当畜禽粪尿的排放量小于耕地消纳水平时，方才不会对生态环境造成不利影响。因此，单位耕地面积畜禽粪尿负荷能够有效反映地区畜禽粪尿承载量，从而判定出区域畜禽粪尿排放对生态环境的影响。借鉴 1994 年上海市农业科学院（1993）提出的畜禽粪尿耕地负荷警报值分级标准，制定出了适用于本书的畜禽粪尿耕地负荷评级标准，如表 3.27 所示。

表 3.27 畜禽粪尿耕地负荷警报值及评级

畜禽粪尿耕地负荷警报值（*R*）	畜禽粪尿排放量对生态环境的影响程度	评级
小于等于 0.4	无	Ⅰ
0.4—0.7	稍有	Ⅱ
0.7—1.0	有	Ⅲ
1.0—1.5	较严重	Ⅳ

续表

畜禽粪尿耕地负荷警报值（R）	畜禽粪尿排放量对生态环境的影响程度	评级
1.5—2.5	严重	Ⅴ
大于等于 2.5	很严重	Ⅵ

表 3.27 中畜禽粪尿耕地负荷警报值（R）的计算公式如下：

$$R=Q/p \quad (3.3)$$

$$Q=M_p/S \quad (3.4)$$

其中，Q 表示以猪粪当量表示的畜禽粪尿耕地负荷量，p 为有机肥最大理论施用适宜量，M_p 表示畜禽粪尿猪粪当量总量，S 为耕地面积。国外许多发达国家畜禽粪尿的负载场所主要是农场，由于国内将畜禽粪尿作为有机肥还田占据主流，耕地则是畜禽粪尿的主要负载场所。需要指出的是，由于内蒙古、宁夏、甘肃、新疆、青海、西藏六大省份的耕地面积较小，加之区域内饲养的反刍动物多于草地放养。因此，上述六大省份统计的耕地面积包含草地面积。在畜禽粪尿猪粪当量总量（M_p）的计算上，本书采取如下公式：

$$M_p=\sum_{i}^{n}M_i\delta_i \quad (3.5)$$

其中，M_i 表示第 i 种畜禽粪尿的产量，δ_i 表示第 i 种畜禽粪尿的猪粪当量折算系数。不同畜禽粪尿的养分含量具有较大差异，借鉴胡浩、郭利京（2011）的研究，[①] 以畜禽粪尿的全氮含量为依据（设定猪粪的折算系数为 1），本书计算出了畜禽粪尿的猪粪当量折算系数，如表 3.28 所示。其中，各类畜禽粪尿的全氮含量数据来源于全国农业技术推广服务中心（1999）。[②]

① 胡浩、郭利京：《农业畜牧业发展的环境制约及评价——基于江苏省的实证分析》，《农业技术经济》2011 年第 6 期。

② 全国农业技术推广服务中心编著：《中国有机肥料资源》，中国农业出版社 1999 年版。

表 3.28 畜禽粪尿猪粪当量折算系数

畜禽种类	项目	N（%）	折算系数
猪	粪	0.547	1
	尿	0.166	0.303
牛	粪	0.383	0.700
	尿	0.501	0.916
羊	粪	1.014	1.854
	尿	0.592	1.082
马	粪	0.437	0.799
	尿	0.689	1.260
驴	粪	0.491	0.898
	尿	0.710	1.298
骡	粪	0.312	0.570
	尿	0.060	0.110
家禽	粪	0.761	1.391
兔	粪	0.874	1.598

在有机肥最大理论施用适宜量（p）的计算上，本书根据养分平衡理论，采取如下公式：

$$p=\frac{\alpha\cdot\sigma+\beta\cdot\omega+\theta-\chi}{\ell} \tag{3.6}$$

其中，α 表示水稻的单位面积产量（千克每公顷），β 表示小麦的单位面积产量（千克每公顷）；根据《中国农村统计年鉴 2015》，2014 年全国水稻单位面积产量为 6813.2 千克每公顷，东部地区为 6997.1 千克每公顷，中部地区为 6664.8 千克每公顷，西部地区为 6599.4 千克每公顷，东北部地区为 7287.8 千克每公顷；全国小麦单位面积产量为 5243.5 千克每公顷，东部地区为 5849.2 千克每公顷，中部地区为 5623.1 千克每公顷，西部地区为 3771.5 千克每公顷，东北部地区为 3262.8 千克每公顷。σ 表示农作物的含氮量；综合鲁如坤等（1996）、叶厚专和范业成（1999）、赵九红（2006）、胡浩和郭利京（2011）的研究，σ 取值 0.022，ω 取值

0.026。[①]θ表示氮损失量，由于本书计算的是环境约束下的有机肥最大理论施用适宜量，因此，θ的取值为0。χ表示单位耕地面积氮肥施用量，国家环境保护总局（2008）推荐的年施氮量安全上限为225千克每公顷，欧盟标准为170千克每公顷。ℓ表示猪粪全氮含量。

考虑到不同区域的种植结构差异，本书分区域对有机肥最大理论施用适宜量（p）进行了计算，结果如下：中国标准下，全国有机肥最大理论施用适宜量为11.192吨/公顷·年，东部地区为14.811吨/公顷·年，中部地区为12.340吨/公顷·年，西部地区为3.336吨/公顷·年，东北部地区为3.686吨/公顷·年；欧盟标准下，全国有机肥最大理论施用适宜量为21.247吨/公顷·年，东部地区为24.866吨/公顷·年，中部地区为22.455吨/公顷·年，西部地区为13.390吨/公顷·年，东北部地区为13.741吨/公顷·年。进一步可计算出2014年中国畜禽粪尿耕地负荷评级，如表3.29所示。

表3.29　中国2014年畜禽粪尿耕地负荷评级

区域	畜禽粪尿猪粪当量（吨）	畜禽粪尿耕地负荷（吨/公顷·年）	畜禽粪尿耕地负荷评级					
			中国标准			欧盟标准		
			警报值	环境影响	评级	警报值	环境影响	评级
全国	2449124365	7.22	0.65	稍有	Ⅱ	0.34	无	Ⅰ
东部	517265134	19.68	1.33	较严重	Ⅳ	0.79	有	Ⅲ
中部	545555449	17.83	1.44	较严重	Ⅳ	0.79	有	Ⅲ
西部	1138470478	4.47	1.34	较严重	Ⅳ	0.33	无	Ⅰ
东北部	247833304	8.90	2.41	严重	Ⅴ	0.65	稍有	Ⅱ

① 鲁如坤、刘鸿翔、闻大中等：《我国典型地区农业生态系统养分循环和平衡研究Ⅰ．农田养分支出参数》，《土壤通报》1996年第4期。叶厚专、范业成：《我省农田养分平衡和循环基本参数》，《城乡致富》1999年第2期。赵九红：《句容市五种农田生态系统的养分平衡研究》，硕士学位论文，南京农业大学，2006年。胡浩、郭利京：《农区畜牧业发展的环境制约及评价——基于江苏省的实证分析》，《农业技术经济》2011年第6期。

由表 3.29 可知，中国畜禽粪尿耕地负荷为 7.22 吨 / 公顷 · 年，其中东部地区为 19.68 吨 / 公顷 · 年，中部地区为 17.83 吨 / 公顷 · 年，西部地区为 4.47 吨 / 公顷 · 年，东北部地区为 8.90 吨 / 公顷 · 年。若执行国家氮肥施用标准（225 千克每公顷），那么，全国畜禽粪尿耕地负荷对环境的影响将处于Ⅱ级，其中，东部、中部、西部的影响为Ⅳ级，东北部将达到Ⅴ级；若执行欧盟氮肥施用标准（170 千克每公顷），那么，全国畜禽粪尿耕地负荷对环境的影响将降至最安全的Ⅰ级，其中，东部、中部将降至Ⅲ级，东北部将降至Ⅱ级，西部将降至Ⅰ级。

（二）畜禽粪尿资源可收集利用量的估算

与农作物秸秆相类似，畜禽粪尿同样难以全部回收利用。因而，以畜禽粪尿可收集利用量为基础，测算畜禽粪尿资源化的潜在价值，更加符合实际。畜禽粪尿可收集利用量的计算方法为“畜禽粪尿理论资源量 × 可收集利用系数”，即：

$$M_{GS}=M\times GI_M \tag{3.7}$$

其中，M_{GS} 是指畜禽粪尿资源可收集利用量，M 是指畜禽粪尿理论资源量，GI_M 则是畜禽粪尿资源可收集利用系数。

1. 畜禽粪尿资源可收集利用系数的制定

表 3.30 报告了畜禽粪尿资源可收集利用系数。其中，猪、牛、家禽数据参考自国家环境保护总局自然生态保护司（2002）；羊、兔数据参考自曾锐（2013）、黎运红（2015）；马、驴、骡数据由于文献资料缺乏，本书取牛、羊的平均值作为替代。[①]

① 曾锐：《成都市种养废弃物资源量调查及利用途径研究》，硕士学位论文，四川农业大学，2013 年。黎运红：《畜禽粪便资源化利用潜力研究》，硕士学位论文，华中农业大学，2015 年。

表 3.30　畜禽粪尿资源可收集利用系数

粪尿种类	可收集利用系数
猪粪尿	0.60
牛粪尿	0.50
羊粪尿	0.60
家禽粪	0.80
马粪尿	0.55
驴粪尿	0.55
骡粪尿	0.55
兔粪	1.00

2. 畜禽粪尿资源可收集利用量测算

根据表 3.25、表 3.30 的结果，可计算出 2014 年中国畜禽粪尿资源可收集利用量，如表 3.31 所示。结果表明，2014 年中国畜禽粪尿资源可收集利用量约为 1550.93 百万吨，即约为 15.51 亿吨。平均可收集系数约为 0.58，残留土地及收集过程中造成了浪费量约为 42%。各类畜禽粪尿可收集利用量的占比情况与 2014 年中国畜禽粪尿理论资源量基本一致。

表 3.31　中国 2014 年畜禽粪尿资源可收集利用量

粪尿类别	统计指标	全国	东部	中部	西部	东北部
全部粪尿	产量（百万吨）	1550.93	345.38	377.74	667.86	189.96
	占比（%）	100	22.27	24.36	43.06	10.31
猪粪尿	产量（百万吨）	465.19	130.97	153.50	139.69	41.02
	占比（%）	100	28.16	33.00	30.03	8.82
牛粪尿	产量（百万吨）	579.17	76.03	125.16	307.08	70.90
	占比（%）	100	13.13	21.61	53.02	12.24
羊粪尿	产量（百万吨）	239.00	36.26	35.54	150.96	16.25
	占比（%）	100	15.17	14.87	63.16	6.80
家禽粪	产量（百万吨）	232.69	98.43	61.85	45.30	27.11
	占比（%）	100	42.30	26.58	19.47	11.65

续表

粪尿类别	统计指标	全国	东部	中部	西部	东北部
马粪尿	产量（百万吨）	16.87	0.56	0.46	13.78	2.07
	占比（%）	100	3.33	2.71	81.71	12.26
驴粪尿	产量（百万吨）	8.98	1.00	0.42	5.48	2.08
	占比（%）	100	11.15	4.72	60.99	23.15
骡粪尿	产量（百万吨）	3.46	0.33	0.18	2.56	0.39
	占比（%）	100	9.54	5.25	73.93	11.29
兔粪	产量（百万吨）	5.58	1.79	0.63	3.01	0.15
	占比（%）	100	32.08	11.29	53.94	2.69

（三）畜禽粪尿资源化的潜在价值测算

与农作物秸秆资源化潜在价值测算研究相似，本部分将选择肥料化与能源化两条价值实现路径，估算畜禽粪尿资源化的潜在价值。

1. 畜禽粪尿肥料化利用的潜在价值测算

表 3.32 报告了畜禽粪尿中的 N、P、K 等微量元素含量。该数据整理自全国农业技术推广服务中心（1999）。

表 3.32 畜禽粪尿中的 N、P、K 养分含量

畜禽种类	项目	N（%）	P（%）	K（%）
猪	粪	0.547	0.245	0.294
	尿	0.166	0.022	0.157
牛	粪	0.383	0.095	0.231
	尿	0.501	0.017	0.906
羊	粪	1.014	0.216	0.532
	尿	0.592	0.021	0.695
马	粪	0.437	0.134	0.381
	尿	0.689	0.062	0.684
驴	粪	0.491	0.188	0.535
	尿	0.710	0.013	0.280

续表

畜禽种类	项目	N（%）	P（%）	K（%）
骡	粪	0.312	0.156	0.232
	尿	0.060	0.013	0.280
家禽	粪	0.761	0.331	0.594
兔	粪	0.874	0.297	0.653

根据表 3.31、表 3.32 中的数据，进一步计算出 2014 年中国可收集利用畜禽粪尿养分资源量，如表 3.33 所示。不难发现，2014 年中国可收集利用畜禽粪尿中全氮、全磷、全钾的含量分别为 799.76 万吨、209.98 万吨、654.05 万吨。由《中国农村统计年鉴 2015》可知，2014 年中国农用氮肥、磷肥、钾肥施用量（折纯量）分别为 2392.9 万吨、845.3 万吨、641.9 万吨。对比可知，可收集利用畜禽粪尿的全氮、全磷、全钾的含量分别达到了 2014 年中国农用氮肥、磷肥、钾肥施用量（折纯量）的 33.42%、24.84%、101.89%。分区域来看，西部地区可收集利用畜禽粪尿的全氮、全磷、全钾含量均最高，东北部地区最低。

表 3.33　中国 2014 年可收集利用畜禽粪尿资源中的养分含量

养分	统计指标	全国	东部	中部	西部	东北
N	资源量（万吨）	799.76	182.61	180.42	356.38	80.34
	占比（%）	100	22.83	22.56	44.56	10.05
P	资源量（万吨）	209.98	58.35	51.46	78.76	21.41
	占比（%）	100	27.79	24.51	37.51	10.20
K	资源量（万吨）	654.05	143.37	147.23	294.97	68.49
	占比（%）	100	21.92	22.51	45.10	10.47

如果提高畜禽粪尿的可收集利用系数，那么可获得的全氮、全磷、全钾含量将更高。表 3.34 报告了 2014 年中国畜禽粪尿理论养分资源量。不难发现，提高畜禽粪尿的可收集利用系数至 1 后，中国畜禽粪尿中全氮、全磷、全钾的含量最高可分别达到 1339.67 万吨、330.59 万吨、

1120.08 万吨，这一数据分别相当于 2014 年中国农用氮肥、磷肥、钾肥施用量（折纯量）的 55.99%、39.11%、174.49%。

表 3.34 中国 2014 年畜禽粪尿理论养分资源量

养分	统计指标	全国	东部	中部	西部	东北
N	资源量（万吨）	1339.67	282.94	298.42	622.74	135.56
	占比（%）	100	21.12	22.28	46.48	10.12
P	资源量（万吨）	330.59	85.10	80.01	131.86	33.63
	占比（%）	100	25.74	24.20	39.89	10.17
K	资源量（万吨）	1120.08	225.49	248.89	527.25	118.46
	占比（%）	100	20.13	22.22	47.07	10.58

2. 畜禽粪尿能源化利用的潜在价值测算

目前，中国农村中畜禽粪尿能源化利用最为常见的方式是制沼气。畜禽粪尿产沼气潜力的估算公式是"畜禽粪尿资源量 × 干物质含量 × 产气率"。本书借鉴牛若峰和刘天福（1984）、张全国（2005）、林聪等（2010）、张田等（2012）诸学者的研究，制定出了适用于本书的畜禽粪尿（干物质）产气率，如表 3.35 所示。[①]

表 3.35 畜禽粪尿（干物质）产气率

畜禽种类	粪（立方米 / 千克）	尿（立方米 / 千克）
猪	0.2	0.2
牛	0.3	0.2
羊	0.3	0.1
家禽	0.3	—
马	0.3	0.1

① 牛若峰、刘天福编著：《农业技术经济手册（修订本）》，农业出版社 1984 年版。张全国：《沼气技术及其应用》，化学工业出版社 2005 年版。林聪：《养殖场沼气工程实用技术》，化学工业出版社 2010 年版。张田、卜美东、耿维：《中国畜禽粪便污染现状及产沼气潜力》，《生态学杂志》2012 年第 5 期。

续表

畜禽种类	粪（立方米 / 千克）	尿（立方米 / 千克）
驴	0.3	0.1
骡	0.3	0.1
兔	0.2	—

以表 3.23、表 3.26、表 3.31、表 3.35 中的数据为基础，可进一步计算出 2014 年中国畜禽粪尿理论资源量的产沼气潜力、可收集利用量的产沼气潜力，如表 3.36 所示。不难发现，2014 年中国畜禽粪尿资源可收集利用量的产沼气潜力约为 126.35 亿立方米；分区域来看，西部 > 东部 > 中部 > 东北部；东部、中部、西部、东北部畜禽粪尿资源可收集利用量的产沼气潜力之比为 2.73 ∶ 2.19 ∶ 3.99 ∶ 1。如果提高畜禽粪尿的可收集利用系数至 1，则全国畜禽粪尿的产沼气潜力能够提升至 194.56 亿立方米。

表 3.36　中国 2014 年畜禽粪尿资源产沼气潜力

区域	畜禽粪尿理论资源量的产沼气潜力		畜禽粪尿可收集利用量的产沼气潜力	
	产沼气潜力（亿立方米）	占比（%）	产沼气潜力（亿立方米）	占比（%）
全国	194.56	100	126.35	100
东部	49.03	25.20	34.83	27.56
中部	41.97	21.57	27.95	22.12
西部	84.09	43.22	50.84	40.24
东北部	19.47	10.01	12.74	10.08

第二节　微观视角下农业废弃物资源化的价值评估

一、感知价值理论

“感知价值”的概念最先出现于市场营销领域。多德和门罗（Dodds and Monroe，1985）将感知价值界定为人们对某一产品“给”与“得”之间的权衡。[①]泽瑟摩尔（1988）则对"顾客感知价值（Customer Perceived Value）"进行了界定，他认为，顾客感知价值是指"消费者基于自身所感知的得与失（what is received and what is given）而对产品效用所作出的总体评价"。"得"主要是指消费者使用该产品时的收益，"失"则是消费者要获得这种产品所需付出的代价。他以四种不同的方式描述了感知价值的含义：作为低价的价值、消费者对产品的期望、用价格来表征的产品质量、通过支付而获得的回报。[②]布兹和古德斯坦（Butz and Goodstein，1996）认为，客户感知价值是指，客户在使用由供应商生产的产品或服务之后，所发现的该产品或服务的附加价值，从而与生产者之间建立了情感偏好。[③]伍德拉夫（Woodruff，1997）认为，客户价值是客户对于那些产品属性、属性性能和产品使用过程中所产生的有助于（或阻止）实现客户目标和目的的感知偏好评估。[④]除了上述学者之外，盖尔（Gale，1994）、艾格特和乌拉加（Eggert and Ulaga，2002）、伍道尔（Woodall，2003）、皮嫩等（Pynnönen et al.，2011）等学者关于感知价值的概念阐述也得到了较为广泛的认可。[⑤]

近年来，有关感知价值的研究横跨了多个领域，包括电子商务

---

① Dodds W., Monroe K., "The Effect of Brand and Price Information on Subjective Product Evaluations", *Advances in Consumer Research*, Vol.12, No.3, 1985.

② Zeithaml V. A., "Consumer Perceptions of Price, Quality, and Value: A Means-end Model and Synthesis of Evidence", *Journal of Marketing*, Vol.52, No.3, 1988.

③ Butz H. E., Goodstein L. D., "Measuring Customer Value: Gaining the Strategic Advantage", *Organizational Dynamics*, Vol.24, No.3, 1996.

④ Woodruff R. B., "Customer Value: The Next Source of Competitive Advantage", *Journal of the Academy of Marketing Science*, Vol.25, No.2, 1997.

⑤ Gale B. T., *Managing Customer Value: Creating Quality and Service that Customers can See*, New York Free Press, 1994. Eggert A., Ulaga W., "Customer Perceived Value: A Substitute for Satisfaction in Business Markets", *Journal of Business & Industrial Marketing*, Vol.17, No.2/3, 2002. Woodall T., "Conceptualising Value for the Customer: An Attributional, Structural and Dispositional Analysis", *Academy of Marketing Science Review*, Vol.12, 2003. Pynnönen M., Ritala P., Hallikas J., "The New Meaning of Customer Value: A Systemic Perspective", *Journal of Business Strategy*, Vol.32 No.1, 2011.

（柳和朴，2016）、电子产品（杨等，2016）、医疗服务（纳加纳坦等，2016）、信息技术（许和林，2016）、生态旅游（卡斯特拉诺斯－维尔杜等，2016）、交通运输（程和曾，2016）、体育（米乌森和迪克，2015）、绿色产品消费（梅德罗斯等，2016）等。[①] 综观既有文献，有关农业废弃物资源化领域的感知价值研究较为罕见。事实上，正如本书第二章所述，农业废弃物资源化具有较高的经济价值、生态价值和社会价值。这意味着，基于可持续发展理念的农业废弃物资源化，理应是破解"资源贫乏"与"环境贫困"的有效选择。然而，农业废弃物资源化的经济价值、生态价值和社会价值能否由理论"潜在价值"顺利转化为市场"现实价值"（即农户感知价值）？对这一问题的回答，不仅是正确认识农业废弃物资源化市场"失灵"内因的必要前提，而且对于进一步完善农业废弃物资源化利用等关系人民福祉、关乎民族未来的公共政策也具有重要启示性意义。

鉴于此，本书以农业废弃物资源化的重要主体——农户为研究对象，探讨其对农业废弃物资源化的感知价值及其驱动因素。在本书中，农户的感知价值指的是农户对农业废弃物资源化利用的综合感受，即农户认

---

① Yoo J., Park M., "The Effects of E-mass Customization on Consumer Perceived Value, Satisfaction, and Loyalty toward Luxury Brands", *Journal of Business Research*, Vol.69, No.12, 2016. Yang H., Yu J., Zo H., Choi M., "User Acceptance of Wearable Devices", *Telematics & Informatics*, Vol.33, No.2, 2016. Naganathan G., Kuluski K., Gill A., et al., "Perceived Value of Support for Older Adults Coping with Multi-morbidity: Patient, Informal Care-giver and Family Physician Perspectives", *Ageing & Society*, Vol.36, No.9, 2016. Hsu C. L., Lin C. C., "Effect of Perceived Value and Social Influences on Mobile App Stickiness and In-app Purchase Intention", *Technological Forecasting & Social Change*, Vol.108, No.7, 2016. Castellanos-Verdugo M., Vega-Vázquez M., Oviedo-García M. Á., et al., "The Relevance of Psychological Factors in the Ecotourist Experience Satisfaction Through Ecotourist Site Perceived Value", *Journal of Cleaner Production*, Vol.124, No.6, 2016. Cheng Y. H., Tseng W. C., "Exploring the Effects of Perceived Values, Free Bus Transfer, and Penalties on Intermodal Metro-bus Transfer Users' Intention", *Transport Policy*, Vol.47, No.4, 2016. Meeussen L., Dijk H. V., "The Perceived Value of Team Players: A Longitudinal Study of How Group Identification Affects Status in Work Groups", *European Journal of Work & Organizational Psychology*, Vol.25, No.2, 2015. Medeiros J. F. D., Ribeiro J. L. D., Cortimiglia M. N., "Influence of Perceived Value on Purchasing Decisions of Green Products in Brazil", *Journal of Cleaner Production*, Vol.110, No.1, 2016.

为参与农业废弃物资源化利用到底“划算不划算”、农业废弃物资源化政策的实施到底“合理不合理”的主观感受。它主要包括两个方面：（1）知识层面上，农户对农业废弃物资源化所带来的益处、良好作用的认知；（2）意识层面上，农户对农业废弃物资源化价值性的心理满足程度，即农户认为自身能够从农业废弃物资源化利用中获得净效益的大小。同时，本书沿着第二章的思路，将农户感知价值分为三类：（1）感知经济价值（Perceived Economic Value）。感知经济价值是指农户所感知的农作物秸秆资源化对增加收入的作用。（2）感知生态价值（Perceived Ecological Value）。感知生态价值是指农户所感知的农作物秸秆资源化对节约资源和保护环境的作用。（3）感知社会价值（Perceived Social Value）。感知社会价值是指农户所感知的农作物秸秆资源化在促进农村可持续发展和推动就业方面的作用。

二、农户感知价值的描述性统计分析

（一）数据来源

本章所使用的数据来源于张俊飚教授团队2013年7—8月对湖北省武汉、随州、黄冈三市进行的调查。其中，武汉城市圈为“全国资源节约型和环境友好型社会建设综合配套改革试验区”；随州农业废弃物基质化产业较为发达，有“中国花菇之乡”“中国香菇之乡”等美誉；黄冈在生态建设上实施了长江生态文明示范带和农村环境连片整治示范工程。调查采取随机抽样的方式，共发放问卷409份，剔除回答前后矛盾、关键信息漏答的问卷后，共获得适用于本章研究目的的有效问卷393份。

（二）农户感知价值的总体分析

1. 感知经济价值

农业废弃物资源化利用推动了资源利用方式的根本转变，既能减少对化肥、农药等农业资源的消耗，又能增加资源可利用量，从而有利于节省生产成本，提高农户收入。农户对农业废弃物资源化的感知经济价值调查结果如表 3.37 所示。

表 3.37　农户感知经济价值

选项	统计指标	化肥节约	农药节约	生产能源节约	生活用能节约	收入增加
没有帮助	频率（户）	15	69	60	46	46
	百分比（%）	3.82	17.56	15.27	11.70	11.70
帮助不大	频率（户）	52	111	78	74	112
	百分比（%）	13.23	28.24	19.85	18.83	28.50
一般	频率（户）	104	105	107	110	105
	百分比（%）	26.46	26.72	27.23	27.99	26.72
帮助较大	频率（户）	161	84	116	134	106
	百分比（%）	40.97	21.37	29.52	34.10	26.97
帮助很大	频率（户）	61	24	32	29	24
	百分比（%）	15.52	6.11	8.13	7.38	6.11

由表 3.37 可知，农户对农业废弃物资源化的各类经济价值的认可程度（包含“一般”“帮助较大”与“帮助很大”）排序是：化肥节约（82.95%）> 生活用能节约（69.47%）> 生产能源节约（64.88%）> 收入增加（59.80%）> 农药节约（54.20%）。可见，农户对农业废弃物资源化的感知经济价值整体上处于较低水平，尤其是在对“增加收入”的认知上，高达 40.20% 的农户认为农业废弃物资源化对农户增收“帮助不大”或“没有帮助”，这势必在很大程度上会阻碍农业废弃物资源化的实施进程。同时，农户对农业废弃物资源化的能源节约价值的认可程度同样不高，可能的原因在于，以沼气建设为核心的农业废弃物能源化服务体系不完善。在实地调研中，本书发现，受限于技术、知识，加之设备维护成本较高，样本地不少农户已于若干年前废弃了沼气池。部分农户甚至表示，自身曾由于操作不当而引起沼气池爆炸。由此可见，与沼气相匹配的技术服务支撑体系亟待完善。

2. 感知生态价值

作为农村清洁工程的重要内容，农业废弃物资源化确保了农户在从事正常农业生产活动的同时，还能够实现人与自然和谐共处，在避免农业废弃物不当处置而引发的环境污染问题之外，还能获得农业生态系统提供的保育能力，最终实现互利共生。农户对农业废弃物资源化的感知生态价值调查结果如表 3.38 所示。

表 3.38 农户感知生态价值

选项	统计指标	土壤肥力改善	水土保持	气候改善	空气质量改善	地表水质量改善	地下水质量改善
没有帮助	频率（户）	23	26	53	41	39	43
	百分比（%）	5.85	6.62	13.49	10.43	9.92	10.94
帮助不大	频率（户）	50	67	43	40	69	66
	百分比（%）	12.72	17.05	10.94	10.18	17.56	16.79
一般	频率（户）	96	123	98	81	120	132
	百分比（%）	24.43	31.30	24.94	20.61	30.53	33.59
帮助较大	频率（户）	173	138	140	145	117	110
	百分比（%）	44.02	35.11	35.62	36.90	29.77	27.99
帮助很大	频率（户）	51	39	59	86	48	42
	百分比（%）	12.98	9.92	15.01	21.88	12.12	10.69

由表 3.38 可知，农户对农业废弃物资源化的各类生态价值的认可程度（包含“一般”“帮助较大”与“帮助很大”）排序是：土壤肥力改善（81.43%）> 空气质量改善（79.39%）> 水土保持（76.33%）> 气候改善（75.57%）> 地表水质量改善（72.42%）> 地下水质量改善（72.27%）。可见，农户对农业废弃物资源化的感知生态价值整体上处于较高水平，但仍有一定的提升空间。农户对农业废弃物资源化在“土壤肥力改善”与“空气质量改善”两方面的作用持较高认可程度，原因可能在于，肥料化是农业废弃物在农村地区的主要利用方式之一，无论是利用畜禽粪尿生产的有机肥，还是秸秆还田，都是农户较为熟悉的农业废弃物处理方式，因而表现出较高的认可程度。而在空气质量改善方面，近年来，由于农

作物秸秆焚烧等原因造成的空气污染问题引起了全社会的广泛讨论，加之秸秆禁烧政策的强力推进，在这样的背景下，农户对农业废弃物资源化利用在提高空气质量方面的效益认知较高也在意料之中。

3. 感知社会价值

突破资源与能源约束，解决农业发展困境的根本出路在于改变目前“资源—产品—废弃物”的高碳农业发展模式，发展以循环经济、低碳经济为理念的“资源—产品—废弃物—再生资源”模式。畜禽粪尿、农作物秸秆等农业废弃物被称为“放错位置的资源”，对其进行资源化利用，有助于推动农村发展模式改革，并推动就业。与此同时，随着农业废弃物资源化在农村地区的大力推进，农村景观、农户群体环保意识都将得到改善；良好的生态环境也将有助于农村居民健康水平的提升。农户对农业废弃物资源化的感知社会价值调查结果如表 3.39 所示。

表 3.39　农户感知社会价值

选项	统计指标	农村生产结构调整	农村景观改善	社会环保意识提高	降低呼吸道 / 肠胃疾病发生率	降低疑难杂症发生率	人体健康维护
没有帮助	频率（户）	30	24	21	43	44	34
	百分比（%）	7.63	6.11	5.34	10.94	11.20	8.65
帮助不大	频率（户）	38	36	38	57	58	30
	百分比（%）	9.67	9.16	9.67	14.50	14.76	7.63
一般	频率（户）	92	64	70	92	94	86
	百分比（%）	23.41	16.28	17.81	23.41	23.92	21.88
帮助较大	频率（户）	168	153	167	122	122	160
	百分比（%）	42.75	38.93	42.49	31.04	31.04	40.71
帮助很大	频率（户）	65	116	97	79	75	83
	百分比（%）	16.54	29.52	24.69	20.11	19.08	21.13

由表 3.39 可知，农户对农业废弃物资源化的各类社会价值的认

可程度（包含“一般”“帮助较大”与“帮助很大”）排序是：社会环保意识提高（84.99%）> 农村景观改善（84.73%）> 人体健康维护（83.72%）> 农村生产结构调整（82.70%）> 降低呼吸道 / 肠胃疾病发生率（74.56%）> 降低疑难杂症发生率（74.04%）。可见，农户对农业废弃物资源化的感知社会价值整体上处于较高水平，仅仅在“降低呼吸道 / 肠胃疾病发生率”“降低疑难杂症发生率”涉及专业知识的两项认知上低于 80%。

4. 农户感知价值的进一步讨论

感知价值理论认为，个体感知价值对其行为决策具有重要的积极影响。这意味着，农户对农业废弃物资源化的感知价值越高，其参与农业废弃物资源化的可能性越大。从这一意义上说，只有较高程度的感知价值，才能对农户的环境治理与保护行为形成有效驱动。因而，本书认为，从更加严格的角度（例如仅仅统计“帮助较大”与“帮助很大”两项）考察农户的感知价值，对于理解农户环境治理与保护行为具有一定的借鉴意义。基于上述分析，本书进一步分析对农业废弃物资源化感知价值持较高认可程度（仅仅统计“帮助较大”与“帮助很大”两项）的农户占比概况。

从经济价值来看，农户的认可程度排序为：化肥节约（56.49%）> 生活用能节约（41.48%）> 生产能源节约（37.65%）> 收入增加（33.08%）> 农药节约（27.48%）；从生态价值来看，农户的认可程度排序为：空气质量改善（58.78%）> 土壤肥力改善（57.00%）> 气候改善（50.63%）> 水土保持（45.03%）> 地表水质量改善（41.89%）> 地下水质量改善（38.68%）；从社会价值来看，农户的认可程度排序为：农村景观改善（68.45%）> 社会环保意识提高（67.18%）> 人体健康维护（61.84%）> 农村生产结构调整（59.29%）> 降低呼吸道 / 肠胃疾病发生率（51.15%）> 降低疑难杂症发生率（50.12%）。不难发现，从更为严格的角度来看，农户对农业废弃物资源化的感知价值具有较大的提升空间。

（三）农户感知价值的分群讨论

1. 分群讨论策略

分群讨论的策略如下：首先，对农户感知的各类价值评分进行加权求和。以经济价值为例，对于“化肥节约”“生活用能节约”“生产能源节约”“收入增加”“农药节约”中的任一问项，如果农户选择“没有帮助”则计 1 分，“帮助较少”计 2 分，“一般”计 3 分，“帮助较大”计 4 分，“帮助很大”计 5 分。某一农户对农业废弃物资源化的感知经济价值是其在上述 5 个问项的评分之和。生态价值、社会价值的加权求和方法类似，在此不再赘述。其次，依据农户对某一类价值的评分，将该类价值划分为“较低”“一般”“较高”3 个类别。其中，经济价值评分由于只有“化肥节约”“生活用能节约”“生产能源节约”“收入增加”“农药节约”5 个因子，其评分区间为［5，25］。因此，当农户评分之和处于区间［5，11］时，表示农户认为农业废弃物资源化的经济价值“较低”，处于区间［12，18］则表示“一般”，处于［19，25］则归为“较高”。生态价值评分与社会价值评分均有 6 个因子，则其评分区间为［6，30］。因此，对于这两类感知价值，本书将评分处于区间［6，13］归为“较低”，［14，22］归为“一般”，［23，30］归为“较高”。最后，将样本数据分别按照性别、代际、文化程度的不同划分为不同的子样本，探讨农户对农业废弃物资源化感知价值的性别差异、代际差异和正规教育差异。

2. 农户对农业废弃物资源化感知价值的性别差异

性别差异通常意味着劳动分工、生理及心理方面的差别。同时，近年来，中国农村生产模式逐渐由“男耕女织”转变为“男工女耕”，大量的农村女性劳动力从事农业生产经营的现象屡见不鲜（何可等，2014）。[①] 可见，在现有中国语境下，从性别差异视角探讨农户对农业废弃物资源化感知价值异同具有一定的现实意义。本书根据被调查农户的性别，将

① 何可、张俊飚、丰军辉：《自我雇佣型农村妇女的农业技术需求意愿及其影响因素分析——以农业废弃物基质产业技术为例》，《中国农村观察》2014 年第 4 期。

样本划分为男性农户组和女性农户组两个子样本。表 3.40 报告了性别差异视角下农户对农业废弃物资源化感知价值的描述性统计结果。

不难发现，无论是男性农户，还是女性农户，其对农业废弃物资源化的感知价值排序均为：感知社会价值 > 感知生态价值 > 感知经济价值。比较来看，认为农业废弃物资源化的经济价值“较高”的女性农户比例要略高于男性农户比例，差距不足 2 个百分点；而在生态价值与社会价值方面，持“较高”认可态度的男性农户比例要略高于女性农户比例。然而，从整体上看，大多数男性农户、女性农户对农业废弃物资源化的感知经济价值、感知生态价值、感知社会价值均停留于“一般”的阶段，提升空间巨大。

表 3.40 性别差异视角下的描述性统计结果

类别	选项	男性农户		女性农户	
		频数（户）	百分比（%）	频数（户）	百分比（%）
经济价值	较低	43	17.70	25	16.67
	一般	164	67.49	100	66.66
	较高	36	14.81	25	16.67
生态价值	较低	30	12.35	21	14.00
	一般	127	52.26	81	54.00
	较高	86	35.39	48	32.00
社会价值	较低	28	11.52	18	12.00
	一般	95	39.09	65	43.33
	较高	120	49.39	67	44.67

3. 农户对农业废弃物资源化感知价值的代际差异

新生代农户与上一代农户在成长经历、个人诉求、价值取向、行为逻辑等方面存在较大差异，他们对农业废弃物资源化的感知价值势必不尽相同（何可和张俊飚，2014）。[①] 鉴于此，本书将 1980 年以后出生的农户定义为新生代农户，余下农户定义为上一代农户。表 3.41 报告了代际

① 何可、张俊飚：《农业废弃物资源化的生态价值——基于新生代农民与上一代农民支付意愿的比较分析》，《中国农村经济》2014 年第 5 期。

差异视角下农户对农业废弃物资源化感知价值的描述性统计结果。

不难发现，无论是上一代农户，还是新生代农户，其对农业废弃物资源化的感知价值排序均为：感知社会价值 > 感知生态价值 > 感知经济价值。比较来看，认为农业废弃物资源化的经济价值、生态价值、社会价值"较高"的新生代农户比例均要高于上一代农户比例。可能的解释是，较之于上一代农户，新生代农户具有较新的知识结构，不易发生人力资本折旧；同时，更健康的身体、更充沛的体力也有益于新生代农户增强自身对农业废弃物资源化的信心。

表 3.41　代际差异视角下的描述性统计结果

类别	选项	上一代农户		新生代农户	
		频数（户）	百分比（%）	频数（户）	百分比（%）
经济价值	较低	59	17.99	9	13.85
	一般	219	66.77	45	69.23
	较高	50	15.24	11	16.92
生态价值	较低	41	12.50	10	15.38
	一般	179	54.57	29	44.62
	较高	108	32.93	26	40.00
社会价值	较低	38	11.59	8	12.31
	一般	136	41.46	24	36.92
	较高	154	46.95	33	50.77

4. 农户对农业废弃物资源化感知价值的正规教育差异

正规教育是人力资本存量的反映（赫克曼，2003；李谷成等，2006；丰军辉等，2014）。[①] 通常，正规教育能够影响农户的知识水平。例如，

① Heckman J. J., "China's Investment in Human Capital", *Economic Development & Cultural Change*, Vol.51, No.4, 2003. 李谷成、冯中朝、范丽霞：《教育、健康与农民收入增长——来自转型期湖北省农村的证据》，《中国农村经济》2006 年第 1 期。丰军辉、何可、张俊飚：《家庭禀赋约束下农户作物秸秆能源化需求实证分析——湖北省的经验数据》，《资源科学》2014 年第 3 期。

对农业废弃物不合理处置所引致危害的了解、对农业废弃物资源化作用的认识等（何可等，2013），[①]进而影响他们对农业废弃物资源化各类价值的认可程度。本书根据被调查农户的所接受正规教育水平，将样本划分为高学历农户组（文化程度在高中及以上）、低学历农户组（文化程度在初中及以下）两个子样本。表 3.42 报告了正规教育差异视角下农户对农业废弃物资源化感知价值的描述性统计结果。

不难发现，无论是低学历农户，还是高学历农户，其对农业废弃物资源化的感知价值排序均为：感知社会价值 > 感知生态价值 > 感知经济价值。比较来看，认为农业废弃物资源化的经济价值、生态价值和社会价值“较高”的高学历农户比例均要明显高于低学历农户比例。可能的解释是，一方面，正规教育能够提升农户的认知水平，如对农业废弃物资源化在保障人体健康、农户增收、环境保护中重要作用的认知（何可、张俊飚，2014）；[②]另一方面，农业废弃物资源化要实现其经济价值、生态价值、社会价值均要求农户具备一定的知识储备和技术基础，否则其实施过程将较为困难，而正规教育的提高增强了农户通过“干中学”掌握资源化利用技术的能力。此外，作为一种准公共物品，正规教育还能够通过正的外溢作用促进周围整体环境保护意识的改善，进而有助于农户感知价值的提高。

表 3.42　正规教育差异视角下的描述性统计结果

类别	选项	低学历农户		高学历农户	
		频数（户）	百分比（%）	频数（户）	百分比（%）
经济价值	较低	64	18.66	4	8.00
	一般	229	66.76	35	70.00

① 何可、张俊飚、田云：《农业废弃物资源化生态补偿支付意愿的影响因素及其差异性分析——基于湖北省农户调查的实证研究》，《资源科学》2013 年第 3 期。

② 何可、张俊飚：《农民对资源性农业废弃物循环利用的价值感知及其影响因素》，《中国人口·资源与环境》2014 年第 10 期。

续表

类别	选项	低学历农户		高学历农户	
		频数（户）	百分比（%）	频数（户）	百分比（%）
经济价值	较高	50	14.58	11	22.00
生态价值	较低	48	13.99	3	6.00
	一般	186	54.23	22	44.00
	较高	109	31.78	25	50.00
社会价值	较低	43	12.54	3	6.00
	一般	141	41.11	19	38.00
	较高	159	46.35	28	56.00

三、农户感知价值影响因素的计量分析

农户是参与农业废弃物资源化的主力军，他们对农业废弃物资源化利用的价值评判，很大程度上决定其参与意愿（何可和张俊飚，2013）。[①] 同时，作为一种福利性特点较为明显的公共政策，农业废弃物资源化的价值能否得到广大农户认同，不仅反映了农户对农业废弃物资源化的主观认识和接受程度，而且影响“两型农业”的建设进程。鉴于此，本书以农作物秸秆制沼气为例，应用计量经济学的方法探究农户对农作物秸秆能源化的感知价值及其影响因素。[②]

（一）农户感知价值驱动因素的识别

识别农户感知价值驱动因素的目的在于将“感知价值”这一缘起于心理学层面的抽象概念向具有操作性的经济学、管理学层面推进，使之成为政府或企业了解农业废弃物资源化理论价值与农户感知价值差异原因的实用性工具，从而为推动农业废弃物资源化的理论“潜在价值”向

① 何可、张俊飚：《基于农户 WTA 的农业废弃物资源化补偿标准研究——以湖北省为例》，《中国农村观察》2013 年第 5 期。

② 农作物秸秆资源化利用的方式多种多样，农户对不同农作物秸秆资源化利用方式的感知价值及其影响因素必然存在一定的差异。为明确研究边界，故本书以样本地农户较为熟悉的农作物秸秆制沼气为例，探究农户对农作物秸秆能源化感知价值及其影响因素。

市场“现实价值”顺利转化提供参考借鉴。

在市场营销领域，有关感知价值驱动因素识别的研究由来已久。尽管这一问题尚未达成共识，但大多数学者认为，感知价值是消费者在对“感知利得”与“感知利失”进行权衡后的结果（泽瑟摩尔，1988；泽瑟摩尔等，1990；门罗，1991；安德森等，1993；弗林特，1997；乌兰加和查库尔，2001）。[①] 早期研究多认为，质量与价格构成了感知价值。例如，在个人信息管理体系（Personal Information Management System，PIMS）原则研究中，消费者相对认知质量、相对价格共同决定了相对价值；当相对认知质量与相对价格不匹配时，就有竞争者采取“优质低价”的价值定位或“劣质高价”的价值定位；同时，相对价值会因为自身行为、消费者偏好、竞争对手行为的改变而发生变化（巴泽尔，2000）。[②] 这一理论具有一定的合理性，但仍然存在较大改进空间（白琳，2007）。[③] 泽瑟摩尔（1988）则以多德和门罗（Dodds and Monroe，1985）[④] 的研究为基础，结合其探索性研究成果，提出了感知价值理论模型。[⑤] 泽瑟摩尔

① Zeithaml V. A., “Consumer Perceptions of Price, Quality, and Value: A Means-end Model and Synthesis of Evidence”, *Journal of Marketing*, Vol.52, No.3, 1988. Zeithaml V. A., Parasuraman A., Berry L. L., “Delivery Quality Service: Balancing Customer Perceptions and Expectations”, *Journal of Marketing*, Vol.62, No.2, 1990. Monroe K. B., *Pricing*: *Making Profitable Decisions*, New York McGraw-Hill, 1990. Andeson J. C., Jam D. C., Chintagunta P. K., “Customer Value Assessment in Business Markets: A State-of-practice Study”, *Journal of Business-to-Business Marketing*, Vol.1, No.1, 1993. Flint D. J., Woodruff R. B., Gardial S. F., “Customer Value Change in Industrial Marketing Relationships: A Call for New Strategies and Research”, *Industrial Marketing Management*, Vol.26, No.2, 1997. Ulaga W., Chacour S., “Measuring Customer-perceived Value in Business Markets: A Prerequisite for Marketing Strategy Development and Implementation”, *Industrial Marketing Management*, Vol.30, No.6, 2001.

② 巴泽尔：《战略与绩效》，华夏出版社 2000 年版。

③ 白琳：《顾客感知价值驱动因素识别与评价方法研究——以手机为例》，博士学位论文，南京航空航天大学，2007 年。

④ Dodds W., Monroe K., “The Effect of Brand and Price Information on Subjective Product Evaluations”, *Advances in Consumer Research*, Vol.12, No.3, 1985.

⑤ Zeithaml V. A., “Consumer Perceptions of Price, Quality, and Value: A Means-end Model and Synthesis of Evidence”, *Journal of Marketing*, Vol.52, No.3, 1988.

（1988）在其著名论文《消费者对价格、质量和价值的感知》（*Consumer Perceptions of Price, Quality, and Value*）中指出，感知价值受到了感知质量（Perceived Quality）与感知牺牲（Perceived Sacrifice）的影响。[①] 泽瑟摩尔的研究影响深远。一些学者利用调查数据，对她所提出的概念模型进行了检验，证明了其合理性与有效性（布雷迪和罗伯逊，1999）。[②] 值得一提的是，近年来，也有一些实证研究发现，信任对感知价值具有重要影响（西蒙娃和辛卡诺娃，2016；李等，2016；林等，2016）。[③] 然而，这些研究并未对信任的维度加以区分。事实上，人际信任与制度信任的对象和产生机制存在差异，它们对人们行为决策的影响机制可能不同（何可等，2015）。[④] 在相关研究中，应对信任的不同维度加以区分（汪汇等，2009）。[⑤] 为此，本书将在泽瑟摩尔（1988）[⑥] 感知价值理论模型的基础上，引入人际信任、制度信任变量，探究农户感知价值的驱动因素。具体分析如下：

1. 感知服务质量

泽瑟摩尔（1988）认为，感知质量不同于客观或实际的质量，而是

---

① Zeithaml V. A., "Consumer Perceptions of Price, Quality, and Value: A Means-end Model and Synthesis of Evidence", *Journal of Marketing*, Vol.52, No.3, 1988.

② Brady M. K., Robertson C. J., "An Exploratory Study of Service Value in the USA and Ecuador", *International Journal of Service Industry Management*, Vol.10, No.5, 1999.

③ Simova J., Cinkanova L., "Attributes Contributing to Perceived Customer Value in the Czech Clothing On-line Shopping", *E & M Ekonomie a Management*, Vol.19, No.3, 2016. Lee Y. K., Kim S. Y., Chung, N., et al., "When Social Media Met Commerce: A Model of Perceived Customer Value in Group-buying", *Journal of Services Marketing*, Vol.30, No.4, 2016. Lin T. T. C., Paragas F., Bautista J. R., "Determinants of Mobile Consumers' Perceived Value of Location-based Advertising and User Responses", *International Journal of Mobile Communications*, Vol.14, No.2, 2016.

④ 何可、张俊飚、张露等：《人际信任、制度信任与农民环境治理参与意愿——以农业废弃物资源化为例》，《管理世界》2015 年第 5 期。

⑤ 汪汇、陈钊、陆铭：《户籍、社会分割与信任：来自上海的经验研究》，《世界经济》2009 年第 10 期。

⑥ Zeithaml V. A., "Consumer Perceptions of Price, Quality, and Value: A Means-end Model and Synthesis of Evidence", *Journal of Marketing*, Vol.52, No.3, 1988.

消费者对某一产品优越性、卓越性的主观判断，属于该产品的“高阶抽象属性（Higher-Level Attributes）”。[①] 在最初使用某项技术时，往往期望组织能够提供必要的支持（包括行政支持和技术支持），以方便使用该技术（贝维尔等，2017）。[②] 行政支持主要体现在为该技术制定的各项政策（萨沃拉，2006），[③] 技术支持则包括政府、企业或其他组织提供的各类技术服务。具体到本书，农户的感知服务质量是指其对农作物秸秆能源化工作的优越性、卓越性的主观判断。《关于推进农业废弃物资源化利用试点的方案》（农计发〔2016〕90号）显示，中国政府推动农作物秸秆综合利用的核心工作在于探索“企业运营”机制，并积极完善各类配套政策。据此，本书选择“感知服务便利度[④]”“政策了解程度”两个变量作为农户感知服务质量的代理变量。

2. 感知牺牲

泽瑟摩尔（1988）认为，感知牺牲由消费者的感知货币价格（Perceived Monetary Price）、感知非货币价格（Perceived Nonmonetary Price）构成，即消费者获取某一商品需要牺牲的东西。[⑤] 价格理论指出，货币并非消费者购买商品时的唯一牺牲，时间成本也不能忽视（贝克尔，1965）。[⑥] 布雷迪和罗伯逊（Brady and Robertson，1999）的研究同样证明了时间牺牲

---

① Zeithaml V. A., “Consumer Perceptions of Price, Quality, and Value: A Means-end Model and Synthesis of Evidence”, *Journal of Marketing*, Vol.52, No.3, 1988.

② Bervell B., Umar I., “Validation of the UTAUT Model: Re-Considering Non-Linear Relationships of Exogeneous Variables in Higher Education Technology Acceptance Research”, *EURASIA Journal of Mathematics Science and Technology Education*, Vol.13, No.10, 2017.

③ Savola H., “Biogas Systems in Finland and Sweden: Impact of Government Policies on the Diffusion of Anaerobic Digestion Technology”, *Earth & Environmental Sciences*, Vol.6, 2006.

④ 由于“感知服务便利度”难以直接测量，本书通过询问被调查农户主观上是否了解当地有关农作物秸秆的收购企业或组织来间接衡量该变量。

⑤ Zeithaml V. A., “Consumer Perceptions of Price, Quality, and Value: A Means-end Model and Synthesis of Evidence”, *Journal of Marketing*, Vol.52, No.3, 1988.

⑥ Becker G. S., “A Theory of the Allocation of Time”, *Economic Journal*, Vol.75, No.299, 1965.

的合理性。[①]具体到本书，毫无疑问的是，农作物秸秆能源化需要大量的人力、物力与财力投入，方能创造良好的效益（何可等，2015），[②]因而可认为，农户是否投入足够的经济成本与时间成本是农作物秸秆能源化工程能否得以顺利运转的关键因素之一。因此，本书选择农户的“感知经济成本”和“感知时间成本”作为农作物秸秆能源化感知牺牲的代理变量。

3. 信任

在社会学方面，信任与网络、规范一样被认为是重要的社会资本（科尔曼，1988；尔科克，1998）。[③]普特南（Putnam，1993）认为社会资本之间的良性循环能够产生“社会均衡”，不断形成更高水准的信任、规范与组织。[④]他在其著作《使民主运转起来》中指出，信任是社会资本必不可少的部分，在一个共同体中，信任水平越高，合作的可能性越大。同时，信任能够由互惠规范和公民参与网络产生。在信任的测量上，卢曼（Luhmann，1979）将信任划分为人际信任与制度信任。[⑤]其中，人际信任以人与人之间的情感作为纽带，常发生于首要群体（例如家庭）、次要群体（例如邻居之间）之中，具有亲疏远近的特征，由此也造成了信任的强弱差异。波特与森伯伦纳认为个人对亲人、邻居的信任具有差异（Portes and Sensenbrenner，1993），这种差异的体现通常是，对亲人的信

---

① Brady M. K., Robertson C. J., “An Exploratory Study of Service Value in the USA and Ecuador”, *International Journal of Service Industry Management*, Vol.10, No.5, 1999.

② 何可、张俊飚、张露等：《人际信任、制度信任与农民环境治理参与意愿——以农业废弃物资源化为例》，《管理世界》2015 年第 5 期。

③ Coleman J. S., “Social Capital in the Creation of Human Capital”, *American Journal of Sociology*, Vol.94, No.S1, 1988. Woolcock M., “Social Capital and Economic Development: Toward a Theoretical Synthesis and Policy Framework”, *Theory and Society*, Vol.27, No.2, 1998.

④ Putnam R. D., *Making Democracy Work: Civic Traditions in Modern Italy*, Princeton University Press, 1993.

⑤ Luhmann N., *Trust and Power*, John Wiley and Sons, 1979.

任要强于对邻居的信任。[①]制度信任则往往依赖于法律、政治等制度环境，是由一种建立在“非人际”关系上的社会现象引发的信任，且随着社会的进步，这种信任将成为一种重要的机制（张苙芸和谭康荣，2005）。[②]通常，对村干部的信任也可被视为是制度信任（张苙芸和谭康荣，2005；邹宇春和敖丹，2011）。[③]据此，本书选择农户“对亲人的信任”“对邻居的信任”表征人际信任，选择农户“对村干部的信任”“对环保法规的信任”表征制度信任。

（二）数据、模型与变量

1. 数据来源

为了检验感知服务质量、感知牺牲、人际信任、制度信任对农户感知价值的影响，本章使用了张俊飚教授团队2014—2015年于湖北、安徽、山东、贵州、黑龙江、四川、辽宁、吉林8个省份开展的农户入户调研数据。考虑调查员的人数和闲暇时间，正式调查分为两个阶段：第一次调查于2014年12月进行，调查范围限定在湖北省钟祥市；第二次调查于2015年7月进行，调查范围限定在安徽省合肥市、六安市，山东省潍坊市，四川省德阳市、内江市，贵州省遵义市、毕节市、黔东南苗族侗族自治州，辽宁省锦州市、大连市，黑龙江省佳木斯市。所有这些城市的农村地区分布于中国东部、中部、西部和东北部四个地区，且农作物秸秆资源十分丰富。更为重要的是，上述地区大多数农户都对农作物秸秆制沼气较为熟悉，从而有助于减少信息偏差（Information Bias）。调查小组的所有成员都出生于农村，他们对农村生活习惯、农业生产和

① Portes A., Sensenbrenner J., “Embeddedness and Immigration: Notes on the Social Determinants of Economic Action”, *American Journal of Sociology*, Vol.98, No.6, 1993.

② 张苙云、谭康荣：《制度信任的趋势与结构：“多重等级评量”的分析策略》，《台湾社会学刊》2005年第35期。

③ 张苙云、谭康荣：《制度信任的趋势与结构：“多重等级评量”的分析策略》，《台湾社会学刊》2005年第35期。邹宇春、敖丹：《自雇者与受雇者的社会资本差异研究》，《社会学研究》2011年第5期。

农户行为特征有较好的了解，且大多具有丰富的农村调查经验。为了进一步确保调查结果的准确性，调查小组的所有成员在正式调查开始之前都接受了培训。同时，调查小组成员为每一位被调查农户准备了 20 元误工补贴或价值 20 元的小礼物，并向被调查农户强调本次调查的目的仅仅在于开展学术研究，调查结果不会对相关政策产生直接影响。此外，需要指出的是，为了降低自然偏差（Natural Bias），调查小组成员向被调查农户强调，“对亲人的信任”“对邻居的信任”“对村干部的信任”中的“亲人”“邻居”“村干部”是一个抽象的、整体的概念，并非指具体某个人。两次调查最终发放问卷 908 份，剔除回答前后矛盾、关键信息漏答的问卷后，共获得适用于本章研究目的的样本 808 个。

2. 计量模型

对农作物秸秆能源化感知价值的调查难以获得连续性数据，本书反映农户感知经济价值、感知生态价值、感知社会价值的数据是定序数据形式的离散数据。对于这类数据，如果采用多分类因变量模型，会忽略数据的固有顺序，从而丢失顺序信息，导致统计结果统计效率的损失。如果使用一般线性回归，则顺序变量将作为连续变量回归，这将导致人为信息扩展（王存同，2017）。[①] 同时，在线性模型中，个人特征会“线性地”影响被解释变量（陆铭等，2013），由此造成识别中的影像问题（Reflection Problem）。[②] 而在 Probit、Logit 等非线性模型中，影像问题可以被避免（布洛克和杜劳夫，2001）。[③] 据此，本书进一步依据回归模型的拟合优度，最终选择 Ordinal Probit 模型回归结果进行分析。

根据前文分析，农户对农作物秸秆能源化的感知价值主要体现在感知经济价值、感知生态价值、感知环境价值 3 个方面。据此，本书设定

---

① 王存同：《进阶回归分析》，高等教育出版社 2017 年版。

② 陆铭、蒋仕卿、陈钊等：《摆脱城市化的低水平均衡——制度推动、社会互动与劳动力流动》，《复旦学报（社会科学版）》2013 年第 3 期。

③ Brock B. W. A., Durlauf S. N., “Discrete Choice with Social Interactions”, *Review of Economic Studies*, Vol.68, No.2, 2001.

了 3 个 Ordinal Probit 模型。模型Ⅰ为农户对农作物秸秆能源化的感知经济价值模型；模型Ⅱ为农户对农作物秸秆能源化的感知生态价值模型；模型Ⅲ为农户对农作物秸秆能源化的感知社会价值模型。

Ordinal Probit 模型的基本形式是：

$$y_i^*=X\beta+\varepsilon_i \tag{3.8}$$

式（3.8）中，y_i^* 为潜在变量；X 为解释变量；i 的取值范围是 1 到 n 的自然数；β 表示待估计参数；ε_i~N（0，σ^2I）。

3. 变量定义

（1）因变量。模型Ⅰ、模型Ⅱ、模型Ⅲ的因变量分别为农户感知经济价值、农户感知生态价值、农户感知社会价值，分别来自受访农户对调查问题农作物秸秆能源化利用是否"有助于农民增收""有助于环境保护""有助于农村发展"的回答。

（2）自变量。本书的核心自变量为以"感知服务便利性""政策了解程度"为表征的感知服务质量，以"感知经济成本""感知时间成本"为表征的感知牺牲，以"对亲人的信任""对邻居的信任"为表征的人际信任，以"对村干部的信任""对环保法规的信任"为表征的制度信任。同时，已有研究证实，个人特征、家庭特征对消费者感知价值具有重要影响（坂下等，2014；房等，2016；梅德罗斯等，2016）。[①] 因此，本书选择性别、年龄、文化程度、家庭总收入、劳动力数量、承包地面积作为控制变量。此外，考虑本书的调研范围涉及多个市县，因此，本书将调研区域划分为东、中、西、东北四个区域，并将之作为哑变量，东北部为基准组。

---

① Sakashita C., Jan S., Senserrick T., et al., 2014. "Perceived Value of A Motorcycle Training Program: The Influence of Crash History and Experience of The Training", *Traffic Injury Prevention*, Vol.15, No.4, 2014. Fang J., George B., Wen C., et al., "Consumer Heterogeneity, Perceived Value, and Repurchase Decision-making in Online Shopping: The Role of Gender, Age, and Shopping Motives", *Journal of Electronic Commerce Research*, Vol.17, No.2, 2016. Medeiros J. F. D., Ribeiro J. L. D., Cortimiglia M. N., "Influence of Perceived Value on Purchasing Decisions of Green Products in Brazil", *Journal of Cleaner Production*, Vol.110, No.1, 2016.

全部自变量的含义、赋值及描述性统计如表 3.43 所示。

表 3.43　自变量的含义、赋值及描述性统计

类别	变量	含义及赋值	均值	标准差
感知服务质量	感知服务便利性	无 =0；有 =1	0.252	0.435
	政策了解程度	较低 =0；较高 =1	0.322	0.467
感知牺牲	感知经济成本	较低 =0；较高 =1	0.382	0.486
	感知时间成本	较低 =0；较高 =1	0.426	0.495
人际信任	对亲人的信任	较低 =0；较高 =1	0.730	0.444
	对邻居的信任	较低 =0；较高 =1	0.631	0.483
制度信任	对村干部的信任	较低 =0；较高 =1	0.754	0.431
	对环保法规的信任	较低 =0；较高 =1	0.840	0.367
控制变量	性别	女 =0；男 =1	0.925	0.264
	年龄	被调查者年龄（周岁）	53.818	11.509
	文化程度	被调查者受教育年限（年）	8.191	3.260
	家庭总收入	上年家庭实际总收入（万元）	5.912	10.701
	劳动力数量	家庭实际人口数量（人）	2.688	1.1835
	承包地面积	家庭实际承包地面积（亩）	10.086	21.771

（三）结果与讨论

1. 多重共线性检验

在进行回归分析之前，考虑到农户对亲人的信任、对邻居的信任、对村干部的信任、对环保法规的信任等变量之间可能存在内部相关，本书对各自变量进行多重共线性诊断。一般地，当方差膨胀因子 VIF>3 时，各自变量之间存在一定程度的多重共线性；当 VIF>10 时，各自变量之间存在高度共线性。限于篇幅，本书仅报告以“感知服务便利性”作为被解释变量，余下变量为解释变量的估计结果，如表 3.44 所示。综合全部估计结果看，各自变量之间的共线相关程度在合理范围之内。

表 3.44 多重共线性诊断结果

因变量	自变量	共线性统计量	
		容差	VIF
感知服务便利性	政策了解程度	0.917	1.091
	感知经济成本	0.470	2.130
	感知时间成本	0.492	2.034
	对亲人的信任	0.424	2.361
	对邻居的信任	0.501	1.997
	对村干部的信任	0.488	2.049
	对环保法规的信任	0.579	1.726
	性别	0.926	1.080
	年龄	0.845	1.183
	文化程度	0.904	1.106
	家庭总收入	0.953	1.049
	劳动力数量	0.964	1.037
	承包地面积	0.973	1.027

2. 农户感知价值的 Ordinal Probit 模型回归结果

表 3.45 分别报告了模型Ⅰ、模型Ⅱ、模型Ⅲ的 Ordinal Probit 回归结果。模型 I—（1）、模型 II—（1）和模型 III—（1）中的自变量仅包括感知服务质量、感知牺牲和控制变量。模型 I—（2）、模型 II—（2）和模型 III—（2）中则增加了人际信任、制度信任变量。根据拟合信息，模型的显著性均为 0.000，小于 0.050，说明模型拟合效果均在合理范围内。此外，还可以发现，添加了人际信任、制度信任后的模型的假 R^2 值均大于未添加这两类变量的模型，说明改进后的感知价值模型能够更好地预测人类的心理感知。因此，以下分析主要基于模型 I—（2）、模型 II—（2）和模型 III—（2）的回归结果。回归结果表明，模型 I—（2）中的“感知服务便利性”“感知经济成本”“感知时间成本”“对邻居的信任”“对村干部的信任”“对环保法规的信任”等变量和一些控制变量显著，表明

上述变量是影响农户感知经济价值的关键因素；模型II—（2）中的“感知经济成本”“感知时间成本”“对村干部的信任”和“对环保法规的信任”等变量显著，说明上述变量是影响农户感知生态价值的关键因素；模型III—（2）中的“感知经济成本”“感知时间成本”“对邻居的信任”“对村干部的信任”和“对环保法规的信任”等变量和一些控制变量显著，说明上述变量是影响农户感知社会价值的关键因素。具体分析如下：

表 3.45 Ordinal Probit 模型回归结果

类别	变量	模型Ⅰ		模型Ⅱ		模型Ⅲ	
		（1）	（2）	（1）	（2）	（1）	（2）
感知服务质量	感知服务便利性	0.082 (0.096)	0.210** (0.099)	−0.051 (0.102)	0.145 (0.108)	0.000 (0.096)	0.131 (0.099)
	政策了解程度	0.068 (0.093)	0.009 (0.094)	0.100 (0.102)	0.035 (0.105)	0.131 (0.095)	0.077 (0.096)
感知牺牲	感知经济成本	0.648*** (0.120)	0.471*** (0.123)	0.618*** (0.131)	0.405*** (0.136)	0.773*** (0.122)	0.600*** (0.125)
	感知时间成本	0.334*** (0.113)	0.347*** (0.115)	0.294** (0.122)	0.335*** (0.126)	0.232** (0.114)	0.254** (0.116)
人际信任	对亲人的信任		−0.052 (0.133)		0.046 (0.143)		−0.197 (0.135)
	对邻居的信任		0.264** (0.113)		−0.018 (0.123)		0.193** (0.114)
制度信任	对村干部的信任		0.434*** (0.128)		0.499*** (0.136)		0.378*** (0.130)
	对环保法规的信任		0.639*** (0.136)		1.215*** (0.144)		0.967*** (0.139)
控制变量	性别	0.128 (0.155)	0.280* (0.156)	−0.049 (0.162)	0.153 (0.166)	0.287* (0.153)	0.446*** (0.155)
	年龄	−0.004 (0.004)	−0.007* (0.004)	0.007* (0.004)	0.001 (0.004)	0.001 (0.004)	−0.003 (0.004)

续表

类别	变量	模型Ⅰ		模型Ⅱ		模型Ⅲ	
		(1)	(2)	(1)	(2)	(1)	(2)
控制变里	文化程度	0.017 (0.013)	0.022* (0.013)	−0.001 (0.004)	0.009 (0.014)	0.005 (0.013)	0.011 (0.013)
	家庭总收入	0.005 (0.004)	0.003 (0.004)	0.015** (0.007)	0.01 (0.006)	0.004 (0.004)	0.001 (0.004)
	劳动力数量	−0.082 (0.034)	−0.047* (0.035)	−0.058 (0.037)	−0.003 (0.038)	−0.081 (0.035)	−0.044 (0.035)
	承包地面积	−0.003 (0.002)	−0.002 (0.002)	−0.001 (0.002)	0.001 (0.003)	−0.003 (0.002)	−0.003 (0.002)
	地区	已控制		已控制		已控制	
假 R^2	Cox and Snell	0.157	0.262	0.148	0.322	0.177	0.294
	Nagelkerke	0.168	0.280	0.166	0.362	0.191	0.318
	McFadden	0.063	0.112	0.073	0.176	0.075	0.135
模型适配度	Log likelihood	2050.937	1946.278	1654.484	1470.818	1927.026	1806.205
	λ^2	137.887	245.318	129.517	314.570	157.254	280.847
	significance	0.000	0.000	0.000	0.000	0.000	0.000

注：***、**、* 分别表示在 1%、5%、10% 的置信水平上显著；括号中为标准误。

感知服务质量中的“感知服务便利性”变量在模型Ⅰ—（2）中 5% 置信水平上显著，且系数为正，表明在其他条件不变的情况下，在能够为农作物秸秆的收集和利用提供便利服务的地区，农户具有更高的感知经济价值。可能的解释是，农作物秸秆能源化的经济价值与农户的成本收益密切相关。在能够为农作物秸秆的收集和利用提供便利服务的地区，农作物秸秆能源化的交易成本相对较低（高尚宾等，2011），[①]因而农户感知的经济价值相对较高。同时，这一结论符合中国农村技术支持服务不

① 高尚宾、张克强、方放等：《农业可持续发展与生态补偿》，中国农业出版社 2011 年版。

足的现状（夏蓓和蒋乃华，2016）。[①] 笔者认为，中国政府应充分考虑农户的需求和沼气发展潜力，有计划、有组织地开展农村沼气服务体系建设。具体措施包括建立农村沼气服务网点，为每个网点配备运输、检测和维护设备，确保沼气池建设、配件更换和技术指导及时有效。

感知牺牲中的"感知经济成本"变量、"感知时间成本"变量在模型 I—（2）、模型 II—（2）和模型 III—（2）中均显著，且系数均为正。这表明，在其他条件不变的情况下，农户的感知牺牲越高，其对农作物秸秆能源化的感知价值更高。这一回归结果似乎看似难以理解，但它符合一些发展中国家的实际情况：一方面，许多中国人具有"便宜没好货，好货不便宜"心态；另一方面，农作物秸秆能源化可被认为是一种环境商品（何可和张俊飚，2014）。[②] 商品的经济成本越高，价格也越高。而环境商品在发展中国家是一种奢侈品（麦克法登和伦纳德，1993）。[③]

人际信任中的"对邻居的信任"变量在模型Ⅰ—（2）、模型Ⅲ—（2）中均显著，且系数均为正，表明在其他条件不变的情况下，农户对邻居的信任程度越高，其对农作物秸秆能源化的感知经济价值、感知社会价值均越高。人际信任一直被认为是构成合作行为基础的重要因素（琼斯和乔治，1998）。[④] 它有助于解决社会中的集体行动问题和公私物品冲突问题（奥尔森，1965；奥斯特罗姆，1990；普特南，1993；卡林和洛夫，

---

① 夏蓓、蒋乃华：《种粮大户需要农业社会化服务吗——基于江苏省扬州地区 264 个样本农户的调查》，《农业技术经济》2016 年第 8 期。

② 何可、张俊飚：《农民对资源性农业废弃物循环利用的价值感知及其影响因素》，《中国人口·资源与环境》2014 年第 10 期。

③ Mcfadden D., Leonard G. K., "Chapter IV-issues in the Contingent Valuation of Environmental Goods: Methodologies for Data Collection and Analysis", *Contributions to Economic Analysis*, Vol.220, 1993.

④ Jones G. R., George J. M., "The Experience and Evolution of Trust: Implications for Cooperation and Teamwork", *Academy of Management Review*, Vol.23, No.3, 1998.

2016)。[①] 而农作物秸秆能源化因其正外部性而被认为是一种具有公共物品性质的技术（何可和张俊飚，2014)。[②] 同时，只要对邻居的信任达到一定程度，农户就能有效地传递和获取与农作物秸秆有关的“非重复性”信息，从而增加信息资源的多样性和丰富性(郑等，2017)，[③] 进而对农作物秸秆能源化价值的了解程度更高。

制度信任中的“对村干部的信任”变量在模型 I—(2)、模型 II—(2)和模型 III—（2）中均显著，且系数均为正。可能的解释是，农户对村干部信任程度的提高，能在农村社区内逐渐形成一种降低各方面风险与不确定性的非正式制度，并增强其获取政策支持、技术指导的信心（何可等，2015)，[④] 进而提高其农作物秸秆能源化感知价值。制度信任中的“对环保法规的信任”变量在模型 I—(2)、模型 II—(2)和模型 III—(2)中同样显著，且系数均为正。正如罗斯斯坦（Rothstein，2005）所指出的那样，“被认为公平、公正和（合理）有效的政治和法律机构可以增加公民克服社会困境的可能性……如果你认为特定的机构以公平有效的方式做他们应该做的事情，那么你也有理由相信……人民不会以奸诈的方式行事”。[⑤] 农户对环境法律法规的信任反映了他们遵守和认可环境法律法规的动机，从而有助于提高他们对农作物秸秆能源化的感知价值。

---

① Olson M., *The Logic of Collective Action*, Harvard University Press, 1965. Ostrom E., *Governing the Commons: The Evolution of Institutions for Collective Action*, Cambridge University Press, 1990. Putnam R. D., *Making Democracy Work: Civic Traditions in Modern Italy*, Princeton University Press, 1993. Carlin R. E., Love G. J., “Political Competition, Partisanship and Interpersonal Trust in Electoral Democracies”, *British Journal of Political Science*, No.48, 2016.

② 何可、张俊飚:《农民对资源性农业废弃物循环利用的价值感知及其影响因素》,《中国人口·资源与环境》2014 年第 10 期。

③ Zheng C., Yu X., Ji, Q., “How User Relationships Affect User Perceived Value Propositions of Enterprises on Social Commerce Platforms”, *Information Systems Frontiers*, Vol.19, No.6, 2017.

④ 何可、张俊飚、张露等:《人际信任、制度信任与农民环境治理参与意愿——以农业废弃物资源化为例》,《管理世界》2015 年第 5 期。

⑤ Rothstein B., *Social Traps and the Problem of Trust*, Cambridge University Press, 2005.

笔者认为，本书有关人际信任、制度信任对农户农作物秸秆能源化感知价值影响的发现具有重要的现实意义。特别是在许多发展中国家，生态环境领域的法律法规尚不完善，立法等正式制度不能完全满足环境执法的实际需要。而信任作为非正式制度的重要组成部分，无疑能够在农村环境治理中发挥重要的作用。同时，信任的建立和维护能够有助于降低社会系统的运营成本，简化复杂社会的运营（尤斯兰纳，2002）。[①] 因此，笔者认为可以鼓励有条件的农户在农村地区成立“自组织”，为广大农村居民提供更多互相沟通的机会；同时加强以“互助互信”和“诚实守信”为核心的价值观宣传，提高农村社会的人际信任水平。此外，政府部门还可以通过采取建立失信惩戒制度、加强政府工作人员的自律、提高司法公正等措施，提高农村社会的制度信任水平。

---

① Uslaner E., *The Moral Foundations of Trust*, Cambridge University Press, 2002.

第四章　农业废弃物资源化核心利益相关者识别及博弈分析

第三章通过实证分析，分别从宏观视角、微观视角评估了农业废弃物资源化的价值，并初步探究了影响农业废弃物资源化的理论“潜在价值”向市场“现实价值”转化的障碍因素。作为本书三大板块之一的“利益博弈”部分，本章在对农业废弃物资源化核心利益相关者的识别与分析的基础上，应用完全信息动态博弈、演化博弈，分析农业废弃物资源化利用过程中核心利益相关者之间的个人理性与集体理性矛盾，解构农业废弃物资源化市场“失灵”的内因与外缘，并探寻化解利益相关者冲突对抗、弥补市场失灵的路径。

第一节　农业废弃物资源化核心利益相关者识别及其行为

一、农业废弃物资源化利益相关者识别

（一）利益相关者及利益相关者理论

“利益相关者”一词最早出现于斯坦福大学研究所的一篇内部备忘录，其含义为“缺乏其支持与拥护，该组织就不可能存在的群体”。随后，瑞安曼（Rhenman）认为这一概念只考虑了利益相关者对组织的影响，忽略了组织对利益相关者的作用。他指出，组织需要依靠利益相关者生存，而利益相关者也需要组织来实现个人目标（范德克尔克霍夫，

2009）。[①] 直至20世纪80年代，弗里曼（1984）在其著作《战略管理：利益相关者管理的分析方法》中正式提出了利益相关者理论（Stakeholder Theory），并在广义上将利益相关者定义为"一切能够对组织目标产生作用，或受到被该组织目标影响的个人或群体"。[②] 此后，克拉克森（1994，1998）则将"专用性投资"引入了利益相关者理论之中，从狭义上将利益相关者定义为那些在公司或组织中进行了专用性投资（例如人力资本投资）并因此而承担了一定风险的个人或群体。[③]

利益相关者理论的基本思想是，公司或组织的发展离不开各类利益相关者的努力。因此，公司或组织治理的宗旨是，在保障各类利益相关者不同利益需求的基础上，实现公司或组织整体利益的最大化。任何利益相关者，尤其是那些为公司或组织的发展作出专用性人力资本投资的利益相关者，都能分享企业剩余权利（Residual Rights）。这既与中国古代以获取共同利益为目标的"结社"行为异途同归，也在某种程度上与儒家所主张的"大道之行，天下为公"[④] 的"重公利"思想不谋而合。由此可认为，利益相关者理论为"共同治理"提供了一个较为完备的分析框架。研究者能够依据利益相关者理论，将从事某一特定活动的利益相关者筛选出来，进而通过理性处理各类利益相关者之间的关系，减少机会主义行为，降低监督成本，从而实现多方合作的"互利共赢"。从这一意义上，利益相关者理论的应用范围不再局限于工商管理领域，而是能够在经济社会的众多领域中发挥作用。

---

① Vandekerckhove W., "What Managers Do: Comparing Rhenman and Freeman", *Philosophy of Management*, Vol.8, No.3, 2009.

② Freeman R. E., *Strategic Management: A Stakeholder Approach*, Cambridge University Press, 1984.

③ Clarkson M. B. E., *A Risk Based Model of Stakeholder Theory*, Proceedings of Second Toronto Conference on Stakeholder Theory, 1994. Clarkson M. B. E., *The Corporation and its Stakeholders: Classic and Contemporary Readings*, University of Toronto Press, 1998.

④ 出自西汉戴圣《礼记·礼运篇》。

（二）农业废弃物资源化利益相关者识别

“天下熙熙，皆为利来；天下攘攘，皆为利往”[1]，在农业废弃物资源化利用过程中，同样存在着许多具有利益联结关系的利益相关者。尤其是，较之于一般意义上的农业生产经营活动，农业废弃物资源化不仅具有实现自身经济价值的需求，而且承担着自身和当地其他居民生态价值和社会价值的福利增进功能，触及的利益关系更为繁复。从这一意义上说，克拉克森（1994，1998）对公司利益相关者的界定与阐释难以做到放诸四海而皆准。[2]因此，本书认为，除了商酌农业废弃物在收集、储存、运输过程中的成本收益之外，研究者还需充分酌量农业废弃物资源化的公共物品特性，明晰公司治理与生态环境治理在利益诉求、价值取向等方面的异同，如此方能避免越凫楚乙。基于以上认识，本书更加倾向于借鉴弗里曼（1984）的观点，[3]并引入外部性理论，将农业废弃物资源化利益相关者界定为，与农业废弃物资源化利害攸关，且能够在农业废弃物资源化工程的良好运行过程中获得经济、生态和社会利益的社会实体。

沿着弗里曼（1984）[4]、克拉克森（1994，1998）[5]、米切尔和伍德（1997）[6]等学者的先驱性研究，结合笔者大量的实地调研经验，本书从外部性视角，在综合考量农业废弃物资源化各类价值的供给需求的基础上，

---

① 出自西汉司马迁《史记》。

② Clarkson M. B. E., *A Risk Based Model of Stakeholder Theory*, Proceedings of Second Toronto Conference on Stakeholder Theory, 1994. Clarkson M. B. E., *The Corporation and its Stakeholders: Classic and Contemporary Readings*, University of Toronto Press, 1998.

③ Freeman R. E., *Strategic Management: A Stakeholder Approach*, Cambridge University Press, 1984.

④ Freeman R. E., *Strategic Management: A Stakeholder Approach*, Cambridge University Press, 1984.

⑤ Clarkson M. B. E., *A Risk Based Model of Stakeholder Theory*, Proceedings of Second Toronto Conference on Stakeholder Theory, 1994. Clarkson M. B. E., *The Corporation and its Stakeholders: Classic and Contemporary Reading*, University of Toronto Press, 1998.

⑥ Mitchell R. K., Agle B. R., Wood D J., “Toward a Theory of Stakeholder Identification and Salience: Defining the Principle of who and what really Counts”, *Academy of Management Review*, Vol.22, No.4, 1997.

采取罗列法，列出农业废弃物资源化利益相关者的备选名单，主要包括三大类：一是农业废弃物资源化工程得以良好运转所需的人力、物力、财力、信息等资源的供给方，如中央政府、地方政府、参与农业废弃物资源化的农户、设备供应商、加工服务供应商、运输服务供应商、仓储服务供应商、银行 / 信用社、农村中介组织（如农民专业合作社、协会）等；二是行为能够对农业废弃物资源化利用水平与效率造成影响的群体，如新闻媒体、社会公众、专家（如咨询专家、学术人员）、非政府组织（如环保组织）等；三是农业废弃物资源化利用行为所能影响到的个人或群体，如农村其他居民、后几代人、农村非人物种、农村旅游产业等（见表 4.1）。

表 4.1　农业废弃物资源化利益相关者备选名单

供给方		影响方		受益方	
备选名单	主要供给内容	备选名单	主要影响方式	备选名单	主要受益内容
中央政府	规划、财政	新闻媒体	舆论	农村其他居民	更好的生态环境
地方政府	配套规划、财政	社会公众	舆论	后几代人	更好的生态环境
农户	人力、物力	专家	技术指导	农村非人物种	更好的生态环境
设备供应商	机械设备、工具	NGO	舆论	农村旅游产业	带动乡村旅游业发展
加工服务供应商	加工服务				
运输服务供应商	运输服务				
仓储服务供应商	仓储服务				
银行 / 信用社	资金				
农村中介组织	中介服务				

上述利益相关者管理或影响着农业废弃物处置活动，其行为对农业废弃物资源化能否实现经济价值、生态价值与社会价值的统一具有重要影响。与此同时，各类利益相关者的经济行为受到了自然环境、经济资源、政策制度、知识、信息资源等因素的制约，他们往往在个人利益与集体利益、局部利益与整体利益、眼前利益与长远利益、经济利益与生态社会利益之间犹豫不决、进退维谷。因此，只有通过多方合理博弈与制度安排，协调各利益相关者之间的矛盾，引导各利益相关者在追逐利益过程中趋利避害，才能有助于农业废弃物资源化实现稳定、长效与可持续发展。

二、农业废弃物资源化利益相关者的属性与分类

（一）利益相关者的属性与分类

利益相关者可以从多个维度予以分类，不同的利益相关者对公司或组织的作用不尽相同，公司或组织对不同利益相关者的影响程度亦大相径庭。正因如此，“多维细分法”于20世纪90年代逐渐成为利益相关者界定中司空见惯的分析工具。

查克汉姆（1992）以公司或组织与其相关群体之间是否存在交易型契约关系为依据，将利益相关者划分为契约类利益相关者（Contractual Stakeholder）与社区类利益相关者（Community Stakeholder）。前者包括股东、员工、客户、分销商、供应商等群体，后者则涵盖了全部的消费者、监管者、政府、压力组织、媒体机构等。[①] 克拉克森（1995）基于风险承担的主动与否，将利益相关者划分为自愿类利益相关者（Voluntary Stakeholder）和非自愿类的利益相关者（Involuntary Stakeholder）。前者因在公司或组织中进行了专用性投资而主动承担了一定的风险，后者则

① Charkham J., “Corporate Governance: Lessons from Abroad”, *European Business Journal*, Vol.2, No.4, 1992.

被动承受风险。[①]惠勒和西兰帕（1998）则将社会性引入到了利益相关者的分类之中。他通过构建“社会性—紧密性”矩阵，将利益相关者划分为主要社会利益相关者（Primary Social Stakeholder）、次要社会利益相关者（Secondary Social Stakeholder）、主要非社会利益相关者（Primary Non-social Stakeholder）、次要非社会利益相关者（Secondary Non-social Stakeholder），分别对应“社会性高—紧密性高”“社会性高—紧密性低”“社会性低—紧密性高”“社会性高—紧密性低”4种属性。[②]

与传统分类方法迥然不同的是，米切尔等（1997）别出心裁地提出了“合法性—权力性—紧急性”评分法，为利益相关者分类学创造了量化工具。他们通过对利益相关者在合法性、权力性、紧急性三大属性进行评分，将利益相关者分为三大类别七种类型：一是潜在类利益相关者（Latent Stakeholders），这一类具有上述三大属性中的一种，且又可进一步细分为休眠型（Dormant）、裁量型（Discretionary）、要求型（Demanding）三种；二是预期类利益相关者（Expectant Stakeholders），这一类具有上述三大属性中的两种，且又可进一步细分为支配型（Dominant）、危险型（Dangerous）、依存型（Dependent）三种；三是确定类利益相关者（Definitive Stakeholder），这一类具有上述全部三大属性。[③]

（二）农业废弃物资源化利益相关者的属性与分类

1. 研究思路

要对农业废弃物资源化的各类利益相关者予以科学分类，首先需要

---

① Clarkson M. B. E., “A Stakeholder Framework for Analysing and Evaluating Corporate Social Performance”, *Academy of Management Review*, Vol.20, No.1, 1995.

② Wheeler D., Sillanpa A. M., “Including the Stakeholders: The Business Case”, *Long Range Planning*, Vol.31, No.2, 1998.

③ Mitchell R. K., Agle B. R., Wood D. J., “Toward a Theory of Stakeholder Identification and Salience: Defining the Principle of who and what really Counts”, *Academy of Management Review*, Vol.22, No.4, 1997.

科学判断利益相关者的属性（Stakeholder Salieneies）。通常，公司治理的目标是“将利益相关者的福利内部化”，生态环境治理的目标可以理解为将环境外部性内在化。这种治理目标上的差异，使得同一个利益相关者在公司治理领域与生态环境治理领域的重要性、紧密性、相关性可能有所不同。这意味着，如果研究者将公司治理领域的利益相关者分类如“照猫画虎”“鹦鹉学舌”般迁移至生态环境治理领域，那么，有可能会弄巧成拙，甚至造成分类结果与现实状况南辕北辙的后果。例如，在惠勒和西兰帕（1998）的研究中，居民团体属于“社会性高—紧密性低”的次要社会利益相关者。而在生态环境治理领域，较之于积极参与环境保护的群体，普通居民团体无须付出努力，即可享受因生态环境治理工程而带来的同等福利，属于“与生态环境的相关程度低—与生态环境治理工程的紧密性高”这一类型。[①]米切尔等（1997）对利益相关者的属性界定同样不适合于生态环境保护与治理。以“权力性”为例，米切尔等（1997）将之定义为该群体是否具备影响该公司经营决策的地位、能力及手段。[②]然而，在生态环境治理领域，尽管能够影响生态环境治理工程的主体至关重要，但受到生态环境治理工程影响的个人或群体亦不可偏废。“保护者得到补偿”原则与“谁受益、谁补偿”原则表明，“影响者”与“被影响者”不分伯仲、唇齿相依。再如，米切尔等（1997）认为“合法性”是指该群体是否被赋予法律上、道义上或特定的对公司拥有的索取权；[③]而在生态环境治理领域，沁人心脾的空气、甘泉如醴的流水、蜂飞蝶舞

① Wheeler D., Sillanpa A. M., “Including the Stakeholders: The Business Case”, *Long Range Planning*, Vol.31, No.2, 1998.

② Mitchell R. K., Agle B. R., Wood D. J., “Toward a Theory of Stakeholder Identification and Salience: Defining the Principle of who and what really Counts”, *Academy of Management Review*, Vol.22, No.4, 1997.

③ Mitchell R. K., Agle B. R., Wood D. J., “Toward a Theory of Stakeholder Identification and Salience: Defining the Principle of who and what really Counts”, *Academy of Management Review*, Vol.22, No.4, 1997.

的田园景观等环境资源的产权是不明晰的，其归属难以言语道断。

基于以上分析，本书尝试性地提出适用于生态环境治理领域的利益相关者“紧密性—影响性—积极性”三维属性评价体系：（1）紧密性：该利益相关者与农业废弃物资源化工程实施的紧密程度。两者之间是直接相关（非常相关、比较相关、一般相关），还是间接相关，抑或潜在相关？（2）影响性：该利益相关者是否具有影响农业废弃物资源化工程运行的地位、能力及手段，或该利益相关者是否能够被农业废弃物资源化工程影响及其影响程度。两者之间是直接影响（影响非常大、影响比较大、影响一般），还是潜在影响，抑或没有影响？（3）积极性：该利益相关者支持农业废弃物资源化工作的积极程度、主动程度。是非常积极、比较积极、一般积极，还是比较不积极、非常不积极？

根据利益相关者在上述“紧密性—影响性—积极性”三维属性评价体系中的得分，可以将利益相关者划分为三大类别：（1）核心利益相关者：此类利益相关者与农业废弃物资源化工程实施的紧密程度较高，对农业废弃物资源化工程的影响或被影响程度高，且具有较高的积极主动性。农业废弃物资源化工程若离开了核心利益相关者，将无法实施。（2）次级利益相关者：此类利益相关者的紧密性、影响性、积极性的平均得分中等。（3）边缘利益相关者：此类利益相关者的紧密性、影响性、积极性的平均得分较低。（4）潜在利益相关者：此类利益相关者的紧密性、影响性、积极性的平均得分非常低。

2. 调查分析

本书设计了 5 分量表式的专家咨询问卷，采取专家打分法（Experts Grading Method）对农业废弃物资源化利益相关者进行筛选，要求专家从农业可持续发展的角度出发，结合当前中国农村农业废弃物处置基本现状，依据自身经验与学识，协助找出农业废弃物资源化利益相关者。在专家的选取上，通过中国知网检索、网络查询、专家推荐等方式，在全国范围内搜寻了 24 位在农业经济学、农业资源与环境经济学、行为经济学等领域内取得了较多研究成果的专家学者。这些专家学者主要来自中国农业大学、华中农业大学、西北农林科技大学、南京农业大学、华南农业大学、中国科学院、中南财经政法大学、哈尔滨工业大学、南京财经大学、广西大学、四川南充嘉陵区政协等机构。表 4.2 报告了各备选利益相关者的紧密性平均得分、影响性平均得分与积极性平均得分。

表 4.2 专家打分结果

备选利益相关者	紧密性	影响性	积极性	备选利益相关者	紧密性	影响性	积极性
中央政府	4.10	4.33	4.14	银行 / 信用社	2.86	3.10	2.43
地方政府	4.29	4.48	3.38	新闻媒体	3.24	3.33	3.19
农户	4.15	4.01	3.86	社会公众	3.33	3.14	2.81
处理设备供应商	3.62	3.24	3.24	后几代人	3.19	2.95	2.95
加工服务供应商	3.43	3.29	3.14	专家	3.52	3.33	3.67
运输服务供应商	3.27	2.95	2.81	非政府组织	3.95	3.33	3.95
仓储服务供应商	3.24	2.81	2.71	农村旅游产业	3.62	3.00	3.05
农村中介组织	3.24	3.19	2.81	农村非人物种	3.26	2.76	2.38

本书依据备选利益相关者的紧密性、影响性、积极性的平均得分，将 4 分以上的界定为核心利益相关者，3—4 分的界定为次级利益相关者，2—3 分的界定为边缘利益相关者，2 分以下的界定为潜在利益相关者。由表 4.2 可知，中央政府、地方政府、农户的平均得分分别为 4.19、4.05、4.01，故这三类利益相关者属于核心利益相关者；处理设备供应商、加工服务供应商、运输服务供应商、农村中介组织、新闻媒体、社会公众、后几代人、专家、非政府组织、农村旅游产业的平均得分均介于 3—4 分，是以属于次级利益相关者；仓储服务供应商、银行 / 信用社、农村非人物种的平均得分介于 2—3 分，为边缘利益相关者。此外，从调查结果来看，本书的备选利益相关者中没有潜在利益相关者。

本书认为，上述分类结果具有较强的合理性。从整体上看，除部分试点区域外，目前中国尚未建立起以涉农企业为龙头、农村中介组织为骨干、农户参与、政府引导的集“收集—储存—运输”于一体的多主体互动式农业废弃物资源化利用体系。在大多数农村地区，政府，尤其是地方政府与农户的直接互动，依旧是农业废弃物资源化利用系统得以运转的原动力。

第二节　农业废弃物资源化核心利益相关者的博弈分析

一、应用博弈论进行分析的可行性

作为现代数学与运筹学的重要组成部分，博弈论在经济学、社会学、管理学、生物学、政治学、计算机科学等领域具有非常广泛的应用。[①]在经济学领域，博弈论通常作为一种重要的标准分析工具，且较之于传统经济学理论，基于博弈论主体的效用函数不仅取决于自身选择，而且有赖于他人的抉择（张维迎，1996）。[②]因此，博弈论能够有助于解决冲突对抗条件下的最优决策问题。

博弈论的核心要素主要涵盖了局中人、行动、信息、策略、效用、结果与均衡。其中，局中人又称参与人，是指在一局博弈中具有决策权的博弈参与主体，其追逐的目标是选择最大预期净收益的策略。“理性的（Rational）”“智慧的（Intelligent）”是博弈论中对局中人的基本形容与假

① 博弈思想源远流长。中国最早关于“博弈”的文字记载于《论语·阳货》中的“饱食终日，无所用心，难矣哉。不有博弈乎？为之犹贤乎已！”。其中，“博”又作“湖”，是指一种名为“六博”的游戏；“弈”即围棋。《孙子兵法》则是中国乃至世界第一部博弈相关的著作。综观中国历史，无论是猜灯谜、棋牌、赛马等喜闻乐见的民间活动，还是持续了几千年的君权、相权之争，抑或两国交战中彰显出的“兵者，诡道也”，都蕴藏着博弈的火花。西方博弈论研究的先驱是德国数学家策梅洛（Zermelo）、法国数学家波莱尔（Borel）、“博弈论之父”约翰·冯·诺依曼（John von Neumann）。一般认为，现代系统博弈理论诞生的标志是，1944 年约翰·冯·诺依曼与摩根斯特恩（Morgenstern）著作《博弈论与经济行为》（*Theory of Games and Economic Behavior*）一书的出版。此后，美国经济学家纳什（Nash）先后于 1950 年、1951 年发表了划时代的论文《N 人博弈中的均衡点》（*Equilibrium Points in N-person Games*）、《非合作博弈》（*Non-cooperative Games*），开创性地证明了非合作博弈及其均衡解（即纳什均衡），为现代非合作博弈论奠定了基石。

② 张维迎：《博弈论与信息经济学》，上海人民出版社 1996 年版。

定。依据局中人数量的多寡，可将博弈划分为“双人博弈”与“多人博弈”。策略是指在一局博弈中，局中人在给定信息条件下的行动方案。这一行动方案必须是切实可行、全局筹划的。依据策略的多寡，可将博弈划分为“有限博弈”与“无限博弈”。效用是指当某一局博弈结束时，局中人得到的期望效用水平。均衡是指一局博弈中全体局中人的最优策略组合。

应用博弈论分析农业废弃物资源化核心利益相关者行为具有深重的理论基础。首先，农业废弃物资源化是一个复杂的系统工程，其经济价值、生态价值、社会价值的顺利实现，离不开多个利益相关者的深度协作。在这一过程中，各核心利益相关者既有冲突的概率，又有合作的可能。从这一意义上，可以推断，一向将多人互动决策作为研究对象，重点探讨多个利益相关者之间的冲突、对抗及解决方案的博弈论，在农业废弃物资源化核心利益相关者行为分析方面具有较强的适用性。其次，在农业废弃物资源化利用过程中，个人理性与集体理性的矛盾层见迭出，由此而造成的“囚徒困境”屡见不鲜。而博弈论思想认为，个人理性的零和博弈与集体理性的非零和博弈存在调和的可能性。在某些情况下，囚徒市场参与者之间的共生体系能够实现共赢均衡——即使你输了，你也有可能获得利益。因此，从这一视角出发，应用博弈论分析农业废弃物资源化利用过程中核心利益相关者之间的个人理性与集体理性，并探寻化解冲突对抗的路径，具有较强的科学性。最后，农业废弃物资源化蕴含着巨大的环境价值，在缓解污染对生态环境压力的同时，还能减少农业生产对有限资源的需求（布莱斯乌利斯等，2012），[①] 其具有较为明显的正外部性。与此相反，农业废弃物的不当处置往往容易引发次生环境问题（例如，未经处理的畜禽粪尿参与到生态系统和自然物质流的循环过程之中，易造成面源污染；露天燃烧秸秆则可能造成严重的烟、尘、

① Briassoulis D., Hiskakis M., Babou E, et al., “Experimental Investigation of the Quality Characteristics of Agricultural Plastic Wastes regarding Their Recycling and Energy Recovery Potential”, *Waste Management*, Vol.32, No.6, 2012.

气、水污染；填埋未经无害化处理的废弃物则有可能污染地下水，给人类的健康造成威胁），影响了居民的福利水平，具有负外部性。而博弈论在外部性问题的分析上具有得天独厚的优势。因此，从这一层面上来说，将博弈论作为一种经济分析工具，探讨外部性条件下农业废弃物资源化核心利益相关者的行为与选择，具有较强的可行性。

正如前文所述，中央政府、地方政府、农户是农业废弃物资源化的核心利益相关者。其中，中央政府处于农业废弃物资源化工作管理的最高层次，是农业废弃物资源化工作的提出者与总体规划者，对农业废弃物资源化工作的实施进行指导、监督、检查与评价。通常情况下，中央政府推动全国性农业废弃物资源化工作的愿景不仅取决于资源环境压力、国家经济综合实力、公众舆论压力等因素，而且与中央政府的其他行为目标一脉相连。自新中国成立以来半个多世纪中，中国农业经济发展取得了举世瞩目的成就，粮食产量于2015年实现“十二连增”。但是，伴随着这种发展，在传统体制下所积攒起来的资源、环境压力，慢慢地演变并且成为了阻碍中国现代农业可持续发展的两道“紧箍咒”。加之，在享受型需求下，社会公众对绿色、环保、低碳型资源处理方式的呼吁方兴未艾。大力发展以农业废弃物资源化为核心的生态循环农业，亦随之成为中央政府建设美丽中国“生态屏障”的当务之急。中央政府在未来一段时间内具有推动全国性农业废弃物资源化工作的愿景与决心。因此，为了简便分析，加之有关环境规制下中央政府与地方政府博弈分析的研究较多，[①] 本书将中央政府的行为目标外生化，并主要针对农户与地方政

① 如感兴趣可参考：姜珂、游达明：《基于央地分权视角的环境规制策略演化博弈分析》，《中国人口·资源与环境》2016年第9期。潘峰、西宝、王琳：《环境规制中地方政府与中央政府的演化博弈分析》，《运筹与管理》2015年第3期。张文彬、李国平：《环境保护与经济发展的利益冲突分析——基于各级政府博弈视角》，《中国经济问题》2014年第6期。李国平、张文彬：《地方政府环境保护激励模型设计——基于博弈和合谋的视角》，《中国地质大学学报（社会科学版）》2013年第6期。余敏江、刘超：《生态治理中地方与中央政府的“智猪博弈”》，《江苏社会科学》2011年第2期。

府之间的博弈、农户与农户之间的博弈进行分析。[①]

二、农户与地方政府之间的博弈分析

（一）农户与地方政府的行为逻辑分析

农户与地方政府是农业废弃物资源化中重要的主体，在大多数农村地区，地方政府与农户之间的直接互动是农业废弃物资源化工作得以顺利开展的原动力。因此，有必要对农户与地方政府在农业废弃物资源化中的行为逻辑进行分析，为后文博弈分析中研究假设的提出奠定理论基础。

1. 农户的行为逻辑

农户行为是指其出于实现自身利益的考虑或由于恪守社会规则，在特定社会发展阶段对外部环境所作出的反应。从前者来看，农户通常被认为是“理性人”。这种理性通常表现为两个方面（阿马蒂亚·森，2014）：一是个人行为目标与如何达成这一目标之间选择的内部一致性（Internal Consistency of Choice），二是自利最大化（Maximization of Self-interest）。[②]舒尔茨将这种传统农业中的农户视为“理性小农”。正如他在诺贝尔经济学奖获奖演说里所指出的那样：“全世界的农户在权衡成本、收益和风险时，心中都会有一本账。在闭塞的、孤立的、分散的范围以内，他们都是精打细算的‘经济人’……尽管农户因接受的教育、健康和经验不同，观察、理解以及对新信息的反应能力也有所不同，但他们具有关键的一种天赋，即企业家精神。”换言之，农户总是能够作出使自己利益最大化的选择，从而使经济资源的效率由低转高。然而，人们面临的是一个复杂的、充满不确定性的世界，加之个体对环境的计算能力

---

① 农业废弃物的种类多种多样，农业废弃物资源化利用方式亦有很多种，不同农业废弃物、不同资源化利用方式下的生产决策所面临的成本收益必然不同。为此，为了简便分析，本书的博弈研究中假设农户开展的农业废弃物资源化利用活动具有同质性，且面临着同样的技术约束。

② 阿马蒂亚·森：《伦理学与经济学》，商务印书馆 2014 年版。

和认识能力有限，农户并非每一次都能够寻找到子博弈精炼均衡。尤其是在多个均衡的情况下，仅仅理性不足以告诉人们如何行动（张维迎，2013）。[①] 这意味着，农户的行为只能是"意欲合理，但只能有限达到"，往往满足于用简单的方法，凭经验、习惯和惯例去办事（赫伯特·西蒙，2013）。[②]

正如埃尔斯特（Elster，1989）在其著名论文《社会规范和经济理论》（*Social Norms and Economic Theory*）指出的那样，经济人（Homo Economicus）的行为由工具理性所引导，受到未来回报的"拉动"，而社会人（Homo Sociologicus）的行为则受到社会规范的指引，受到各种类似惯性力量的"推动"。[③] 作为社会人的农户同样难以避免受到社会规范的影响。尤其是在深受中国传统儒释道文化影响的农村地区，存在一整套以"差序格局"与"伦理本位"为特征、以"人情"与"关系"为中心且缺乏退出机制的"地方性共识"[④]，既包括"克己复礼""不失其伦""讲究面子"的价值，也包括家训族规、村规民约、人情关系等规范。前者是农户行为的释义系统，后者则是规范系统（贺雪峰，2013）。[⑤] 这种乡土逻辑的特点是彼此"系维着私人的道德"，使得社会对个人行为具有制裁力，使"他们合于规定下的形式行事"。[⑥]

---

① 张维迎：《博弈与社会》，北京大学出版社 2013 年版。

② 赫伯特·西蒙：《管理行为》，机械工业出版社 2013 年版。

③ Elster J., "Social Norms and Economic Theory", *Journal of Economic Perspectives*, Vol.3, No.4, 1989.

④ 费孝通（2011）认为中国农村社会结构的基本特性是"以'己'为中心，像石子一般投入水中，和别人所联系成的社会关系，不像团体中的分子一般大家立在一个平面上的，而是像水的波纹一般，一圈圈推出去，愈推愈远，也愈推愈薄"。

⑤ 贺雪峰：《新乡土中国（修订版）》，北京大学出版社 2013 年版。

⑥ 费孝通（2011）认为，中国乡土社会的"差序格局"引起了不同的道德观念。他指出："在以自己作中心的社会关系网络中，最主要的自然是'克己复礼'，'壹是皆以修身为本'——这是差序格局中道德体系的出发点"。杨国枢（2013）也指出："中国人常把社会习俗权威化……权威性强的人会将习俗予以绝对化与权威化，使习俗本身变成一种绝对的权威，一旦有人违反了习俗，就主张予以严厉的惩罚。"

从价值层面来看，“地方性共识”是衍生自传统中国文化的一套非正式制度。农户通常具有非常强的社会取向（Social Orientation）。换言之，农户为了应对文化要求，相当重视外在的社会情景和社会现实。因此，农户往往习惯于压抑个我（Deindividualistic），重视他人的意见与评价，强调人际关系的和谐，甚至在很多时候为了“屈就”于情景（Situation）而倾向于反求诸己而不外责（林语堂，2018；理斯曼，1951；杨国枢，1981；孙隆基，1983）。[①] 正因如此，集体利益高于个体利益、完成外界的社会义务高于满足个体的需要、在现有的社会秩序中安身立命高于表达自我成为了指导农户社会行动的三大原则（何，1991）。[②] 表现在农业废弃物资源化上则是人们更容易达成一种“地方性共识”：如果不对农业废弃物开展资源化，那么乡村环境将受到污染。更重要的是，由于“互动中的每个个体无法跳出错综复杂的义务和亏欠体系外”（何，1991）[③]，当农户决定不参与农业废弃物资源化时，他将面临极大的来自于群体的压力。

“地方性共识”形成的必要条件是道德分层（陈柏峰，2016）。[④] 传统社会将“立德”“立功”“立言”视为“三不朽”，其中树立道德排在第一位，即强调“做一个道德高尚的人”（文崇一，2013）。[⑤] 然而，尽管“人皆可

① 林语堂：《吾国与吾民》，湖南文艺出版社 2018 年版。Riesman D., “The Lonely Crowd: A Study of the Changing American Character”, *The American Economic Review*, Vol. 41, No. 5, 1951. 杨国枢：《中国人的性格与行为：形成及蜕变》，《中华心理学刊》1981 年第 1 期。孙隆基：《中国文化的深层结构》，台山书局 1983 年版。

② Ho D. Y. F., “Toward an Asian Social Psychology: Relational Orientation”, in Kim U., J. Berry J. W. (Eds.), *Indigenous Psychologies: Experience and Research in Cultural Context*, Sage Publications, 1991.

③ Ho D. Y. F., “Toward an Asian Social Psychology: Relational Orientation”, in Kim U., J. Berry J. W. (Eds.), *Indigenous Psychologies: Experience and Research in Cultural Context*, Sage Publications, 1991.

④ 陈柏峰：《富人治村的类型与机制研究》，《北京社会科学》2016 年第 9 期。

⑤ 文崇一（2013）认为，财富、权力属于工具价值，道德则是目标价值。例如，孔子的“未若贫而乐，富而好礼者也”、管子的“仓廪实而知礼节，衣食足而知荣辱”均是将道德作为目标价值。

以为尧舜"[①]，但农户在现实生活中面对和拥有的经济社会条件、资源禀赋存在差异，加之不同人主观上的愿望和预期同样大相径庭，由此造成了人们道德上的分化。就农业废弃物而言，有的农户具有较高的环境保护意识，集体主义思想较强，愿意恪守"地方性共识"、响应政府政策号召，参与农业废弃物资源化的积极性较强。这类群体就有可能成为道德上的"贵族"，并获得其他人的尊重与赞扬（徐，1981）。[②]个人也很有可能因此而会有"高峰成就"（Peak Performance）的感觉（黄国光，2013）。[③]有的农户的环境保护意识淡薄，或者过于自私自利，无视"地方性共识"，不愿意对农业废弃物开展资源化。这类群体就有可能成为道德上的"贫民"，乃至受到其他人"言过其实"的轻视、批评（杨中芳，2013）。[④]换言之，如果农户积极参与农业废弃物资源化，他将获得农村内部非正式制度所带来的"声誉""地位"等隐性激励；如果农户不参与农业废弃物资源化，他将遭受农村内部非正式制度所带来的"失信""坏名声"等隐性惩罚。

2. 地方政府的行为逻辑

环境污染不仅仅是环境问题或经济问题，也是行政管理体制问题。尤其是中国1994年实施的分税制改革之后，上下级政府的关系得以转变，中央政府的生态环境保护政策基本都需要地方政府来负责实施，地方政府扮演着中央政府和企业"中间人"的角色。20世纪90年代中期以来，得益于这种财政分权改革，区域公共品供给水平在短时间内获得了较大提升（宋马林和金培振，2016）。[⑤]然而，随着时间的推移，改革的

---

① 出自《孟子》的《告子章句下》。

② Hsu F. L. K., *American and Chinese: Passage to Differences*, University of Hawaii Press, 1981.

③ 黄光国（2013）认为，个人在政府机关中谋取一官半职，符合儒家"以道济世"的理想，不仅因此社会地位大为提升，同时也能荣宗耀祖、光耀门楣。

④ "以牙还牙"可能是人类社会本能的根基所在（马特·里德利，2015）。尤其是在交往空间相对狭小的农村地区，彼此相互认识、非常熟悉，互惠原则相当明显（阎云翔，2017）。这意味着，愿意从集体角度出发，致力于村庄生态环境维护的农户往往能够受到其他村民的尊重。反之则反。

⑤ 宋马林、金培振：《地方保护、资源错配与环境福利绩效》，《经济研究》2016年第12期。

弊端逐渐显现。例如，上级政府在将考核指标分解到地方政府的过程中，存在着层层加码、逐级放大的现象（应星，2014）。[①] 即乡镇政府制定的经济目标普遍高于县级政府，而县级政府制定的经济目标又普遍高于地区或主管市，地区或主管市制定的经济目标又高于省级政府（周黎安，2008）。[②] 在这样的形势下，无论是“中国特色财政联邦主义”理论（钱和魏加斯特，1997；钱和罗兰，1998；金等，2005），还是“晋升锦标赛”理论（周黎安，2008；姚洋和张牧扬，2013），抑或是“责任状”理论（荣敬本等，1998）都表明，在经济利益与生态利益面临冲突时，地方政府通常更倾向于经济利益。[③] 农业废弃物不合理处置所导致的环境污染是一种负外部性很强的公共物品，地方政府出于自利、逐利的动机，有很强的激励放松环境管制标准（郭峰和石庆玲，2017）。[④] 他们包容或默许农户超标排放农业废弃物。地方政府与农户的这种“合谋”，一方面，有助于官员政绩的提升，提高地方财政税收，在监督缺失的情况下，甚至存在谋求高额寻租收入的可能（张曙光，2013）；[⑤] 另一方面，有利于农户维持粗放式生产，降低经营成本（龙硕和胡军，2014）。[⑥]

---

① 应星：《农户、集体与国家——国家与农民关系的六十年变迁》，中国社会科学出版社 2014 年版。

② 周黎安：《转型中的地方政府：官员激励与治理》，格致出版社 2008 年版。

③ Qian Y., Weingast B. R., “Federalism as a Commitment to Preserving Market Incentives”, *Working Papers*, Vol.11, No.4, 1997. Qian Y., Roland G., “Federalism and the Soft Budget Constraint”, *American Economic Review*, Vol.88, No.5, 1998. Jin H., Qian Y., Weingast B. R., “Regional Decentralization and Fiscal Incentives: Federalism, Chinese Style”, *Journal of Public Economics*, Vol.89, No.9, 2005。周黎安：《转型中的地方政府：官员激励与治理》，格致出版社 2008 年版。姚洋、张牧扬：《官员绩效与晋升锦标赛——来自城市数据的证据》，《经济研究》2013 年第 1 期。荣敬本、崔之元、王拴正等：《从压力型体制向民主体制的转变》，中央编译出版社 1998 年版。

④ 郭峰、石庆玲：《官员更替、合谋震慑与空气质量的临时性改善》，《经济研究》2017 年第 7 期。

⑤ 张曙光：《市场主导与政府诱导——评林毅夫的〈新结构经济学〉》，《经济学（季刊）》2013 年第 3 期。

⑥ 龙硕、胡军：《政企合谋视角下的环境污染：理论与实证研究》，《财经研究》2014 年第 10 期。

近年来，社会各界对生态安全的愿景有力影响了政府部门的行为决策。中央政府于 2015 年提出了“创新、协调、绿色、开放、共享”五大发展概念；2016 年颁布的《中华人民共和国国民经济和社会发展第十三个五年规划纲要》中有关资源环境的指标高达 10 个，占全部经济社会发展主要指标的 40%；2017 年党的十九大报告更是提出要“像对待生命一样对待生态环境，统筹山水林田湖草系统治理，实行最严格的生态环境保护制度”。生态环保“党政同责”、重大生态问题“一票否决”的制度改革在赢得社会公众一片叫好的同时，也让地方政府在经济发展与环境保护之间陷入两难困境（宋马林和金培振，2016）。[①] 基于这一角度，地方政府着力推动农业废弃物资源化的可能性较强，但也有可能为了保证经济发展而仅仅采用突击式的减排措施强制限电限产（宋马林和金培振，2016），[②] 继而对农户的日常排污行为一如过去般“睁一只眼闭一只眼”。

此外，从历史制度主义（Historical Institutionalism）与理性选择制度主义（Rational Choice Institutionalism）来看，地方政府与行政区社会之间的关系同样也在地方政府考虑范围之内，即地方政府以行政区内非地方政府主体的满意程度为行为目标。作为辖区非政府主体的利益代表，地方社会制度、宗族、革命传统、社会记忆等以“社会规范”为核心的非正式制度能够调和强势型地方政府主导经济发展所引发的社会矛盾（许和姚，2015）。[③] 这意味着，地方政府在制定农业废弃物污染防治的奖惩标准时，不能忽略辖区内各类主体的利益诉求。

（二）地方政府与农户的完全信息动态博弈分析

1. 基本假设

（1）局中人假设：考虑到农业废弃物资源化工作的主要实施者是地

① 宋马林、金培振：《地方保护、资源错配与环境福利绩效》，《经济研究》2016 年第 12 期。

② 宋马林、金培振：《地方保护、资源错配与环境福利绩效》，《经济研究》2016 年第 12 期。

③ Xu Y., Yao Y., “Informal Institutions, Collective Action, and Public Investment in Rural China”, *American Political Science Review*, Vol.109, No.2, 2015.

方政府与农户。为简化分析，只考虑地方政府与农户的双人博弈。

（2）动态博弈次序假设：在一个动态博弈之中，局中人行动会受到先后顺序的限制，且处于较后行动顺序的局中人能够观察到处于较先行动顺序局中人的行动。这意味着，不同的先后顺序，将导致差异化的均衡结果。根据政策下达实施的一般性规律，本书设定的博弈次序是：地方政府先于农户。

（3）行为策略空间假设：假设农业废弃物污染程度与农业废弃物排放量呈正相关，与农业废弃物资源化水平呈反相关。以农户在农业生产经营中所造成的农业废弃物污染程度为依据，农户存在两种策略选择：一是“恪守”策略，即积极响应地方政府的号召，主动参与农业废弃物资源化，从而使得其单位农业废弃物污染程度低于规定标准；二是“背离”策略，即无视地方政府的呼吁，不参与农业废弃物资源化，从而导致其单位农业废弃物污染程度高于规定标准。作为农业废弃物资源化工作的实施者，地方政府的策略空间包括“监督”与“不监督”两种。同时，假设地方政府选择监督农户的单位农业废弃物污染水平，从而决定补偿或惩罚这一事件服从［0，1］上的均匀分布。

（4）完全信息假设：本书假设地方政府、农户彼此完全清楚对方的收益函数、行为策略空间、信息。

（5）地方政府收益假设：①假定单位规模农业废弃物的排放标准为 P，如果地方政府选择监督农户的生产行为，则需要付出监督成本 C_s。假设监督成本相对固定。②政府监督过程中，如果农户选择“恪守”策略，即积极对农业废弃物进行资源化，由此考察其单位规模农业废弃物排放水平 P_1 与单位农业废弃物的排放标准 P 之间的差额，对于每单位排放给予 B 单位额度的补偿。设农户生产经营规模为 S，则地方政府应予以（$P-P_l$）SB 的补偿。同样地，如果农户选择“背离”策略，即不对农业废弃物进行资源化，由此考察其单位农业废弃物排放水平 P_h 与单位农业废弃物排放标准 P 之间的差额，施以 A 为单位额度的惩罚，则地方政府应处以

（P_h-P）$S \cdot A$ 的罚款。如果地方政府选择不监督农户的生产行为，则既不用支付补偿，亦没有罚款收入。③如果农户选择“背离”策略，正如前文理论分析所指出的那样，无论地方政府选择监督与否，地方政府作为当地社会公众利益的代表，都应付出生态环境治理成本 C_g。

（6）农户收益假设。正如前文所述，作为社会人的农户同样难以避免受到社会规范的影响。当农户采取“恪守”策略，即积极开展农业废弃物资源化时，能获得其他人的尊重与赞扬，反之则有可能被其他人轻视、批评。基于这一认识，本书首先假设农业废弃物产生量与农户生产经营规模 S 成正相关关系，其对农业废弃物进行资源化，可获得政府补偿为（$P-P_l$）SB，同时获得来自农村社会非正式制度带来的隐性激励 M_G。①如果农户仅仅从事农业生产活动，不对农业废弃物进行资源化，那么农户的单位收益为 I_A，除了地方政府的罚款外，还会受到来自农村社会非正式制度带来的隐性惩罚 M_B，故农户的收益表示为 $I_A \cdot S-(P_h-P)SA-M_B$。②如果农户选择对全部农业废弃物开展资源化，需要付出资源化成本 C_R、机会成本 C_{OR}，由此而得到的资源化产品预期收入的单位现值为 V_R，那么农户选择开展农业废弃物资源化所得到的产品收益为 $I_r=I_A+V_R-C_R-C_{OR}$，而农户的整体收益可表示为 $I_r \cdot S+M_G+(P-P_l)S \cdot B=(I_A+V_R-C_R-C_{OR})S+M_G+(P-P_l)SB$。

2. 博弈结果

局中人的博弈结果如表 4.3 所示。

表 4.3　地方政府、农户完全信息动态博弈结果矩阵

序号	博弈状态		博弈收益矩阵（地方政府，农户）
	地方政府	农户	
1	监督	恪守	（$-C_s-(P-P_l)SB$，$(I_A+V_R-C_R-C_{OR})S+M_G+(P-P_l)SB$）
2	监督	背离	（$-C_s-C_g+(P_h-P)SA$，$I_AS-(P_h-P)SA-M_B$）
3	不监督	恪守	（0，$(I_A+V_R-C_R-C_{OR})S+M_G$）
4	不监督	背离	（$-C_g$，I_AS-M_B）

根据表 4.3，不难得出地方政府、农户完全信息动态博弈的子博弈完美纳什均衡解。具体结果如下：

当满足条件 $(I_A+V_R-C_R-C_{OR})S+M_G+(P-P_l)SB<I_AS-(P_h-P)SA-M_B$ 时，可得（$V_R-C_R-C_{OR}$）$S<-[(P_h-P)SA+(P-P_l)SB+M_G+M_B]<0$，即农户选择开展农业废弃物资源化所带来的净收益为负。这意味着，当农户选择“恪守”策略时，农村社会内部非正式制度带来的隐性激励 M_G 和选择“恪守”策略而避免的隐性惩罚 M_B（可视为变相的收入）之和，以及污染排放补偿 $(P-P_l)SB$ 和选择“恪守”策略而避免（P_h-P）SA（可视为变相的补偿）之和，这两部分总和无法弥补因开展农业废弃物资源化这一选择所带来的负收益。这时农户选择“背离”策略为占优战略，该博弈的子博弈完美纳什均衡解为（$-C_g$，I_AS-M_B）。在这样的情况下，地方政府失去了执行监督的意义。这意味着，如果农业废弃物资源化补偿政策不具备激励效应，那么该政策难以在实际中实施，农户也不会积极参与农业废弃物资源化。这一结果或许有助于解释当前农业废弃物资源化市场失灵的内因。近年来，中国已经就农业废弃物资源化问题开展了许多有益探索，初步建立了相应的政策与制度框架，其基本思路是应用资金、技术、政策等补偿手段，对生态环境约束条件下从事农业生产的农户进行补偿。尽管这些政策在农村环境治理和生态补偿建设等领域取得了一定的成就，但仍然存在补偿范围小、补偿资金少、难以调动农户环境保护积极性等问题（高尚宾等，2011）。[①] 由此可见，合理的补偿标准是保障生态补偿政策效果和效益的前提。

当满足条件 $(I_A+V_R-C_R-C_{OR})S+M_G+(P-P_l)SB>I_AS-(P_h-P)SA-M_B$ 时，该博弈的子博弈完美纳什均衡解为（$-C_s-(P-P_l)SB$，$(I_A+V_R-C_R-C_{OR})S+M_G+(P-P_l)SB$）。此时，地方政府的最优策略是“监督”策略，农户的最优策略为“恪守”策略。然而，要实现这一均衡需要满足较为严格的条件：一方面

① 高尚宾、张克强、方放等：《农业可持续发展与生态补偿》，中国农业出版社 2011 年版。

需要满足 $-C_s-(P-P_l)SB>-C_g$，即地方政府不监督的损失要大于监督的损失；另一方面要满足 $(I_A+V_R-C_R-C_{OR})S+M_G<I_AS-M_B$，将该不等式变形可得到 $(V_R-C_R-C_{OR})S+M_G+M_B<0$，即由农村社会内部非正式制度所带来的隐性激励和因选择“恪守”策略而避免的隐性惩罚之和不足以弥补农户选择开展农业废弃物资源化的损失。

上述博弈结果表明，当政府补偿无法弥补农户参与农业废弃物资源化的收益损失时的均衡解是中国实施农业废弃物资源化政策最无效率的解，政府补偿无法弥补农户参与农业废弃物资源化的收益损失。这意味着，农业废弃物资源化补偿政策不具备激励效应。因此，该政策难以在实际中实施，农户也不会积极参与农业废弃物资源化。这一结果或许有助于解释当前农业废弃物资源化市场失灵的内因。近年来，为了改善“垃圾处理靠风刮、污水处理靠蒸发”的农村环境，中国已经就农业废弃物资源化问题开展了许多有益探索，初步建立了相应的政策与制度框架，其基本思路是应用资金、技术、政策等补偿手段，对生态环境约束条件下从事农业生产的农户进行补偿。例如，2006 年，湖北省公布的《湖北省农业生态环境保护条例》中提出要“对畜禽养殖废弃物和农作物秸秆的综合利用、农业投入品废弃物的回收利用、生物农药和生物有机肥的推广使用等，逐步实行农业生态补偿”；又如，在湖南省，农田有机废弃物堆沤池、农业投入品废弃物收集池、生活垃圾分类收集处理设施、农村有机废弃物净化造气炉的建设被纳入 I 类补助范围，秸秆覆盖还田的补助标准是 15 元 / 亩。尽管上述政策在农村环境治理和生态补偿建设等领域取得了一定的成就，但仍然存在补偿范围小、补偿资金少、难以调动农户环境保护积极性等问题。由此可见，合理的补偿标准是保障生态补偿政策效果和效益的前提。在制定具体的农业废弃物资源化生态补偿政策时，应充分考虑到农业废弃物资源化有利于增进农户在人体健康、环境保护和资源安全等方面的生态福利。目前，中国大多数地区对废弃物资源化补偿的费用仅仅是为了弥补人工劳务、运输等成本。因此，在生态补偿标准的制定上，应将这部分福利纳入成本核算之中。此外，结合农户的受偿意愿及其影响因素，有针对性地制定生态补偿标准，将会提高生态补偿的综合效益。

这一博弈结果还表明，在农村社会，非正式制度带来的隐性惩罚和隐性激励能够影响局中人的策略收益，使局中人在进行策略选择时会考虑公共收益和公共损失。尤其在“熟人社会”农村，人们交往圈子狭小、交流频繁，互相之间“拖欠着未了的人情”，加之相对于外部世界，农村社会变革较为缓慢，由此而使得非正式制度所带来的隐性惩罚和隐性激励更大。这意味着，在一个非正式制度能够发挥强力作用的农村中，如果农户选择“背离”策略而不对农业废弃物开展资源化，非正式制度将予以不合作的局中人隐性惩罚。这种隐性惩罚体现为非正式制度以非集中化的方式，对不合作的局中人施以信誉损耗、未来合作机会丧失或社会地位下降等惩罚，甚至仅仅表现为因受到他人的轻视、批评而遭受的心理成本。而当农户选择“恪守”策略而开展农业废弃物资源化时，非正式制度会给选择合作的局中人带来隐性激励，如声誉提升、获得良好的道德评价等社会认可。

（三）地方政府与农户的演化博弈分析

本部分的局中人假设、行为策略空间假设、地方政府收益假设、农户收益假设均与上文相同。同时，依据演化博弈的特点，本书提出有限理性假设：假设局中人农户与地方政府均为“有限理性”的，他们之间的均衡策略都是根据生物或社会的方式，通过反复学习、模仿与调整后的结果。那么，农户与地方政府的收益矩阵如表 4.4 所示。

表 4.4　农户与地方政府之间的演化博弈模型收益矩阵

博弈局中人及策略		农户	
		恪守	背离
地方政府	监督	$(-C_s-(P-P_l)SB,\ (I_A+V_R-C_R-C_{OR})S+M_G+(P-P_l)SB)$	$(-C_s-C_g+(P_h-P)SA,\ I_AS-(P_h-P)SA-M_B)$
	不监督	$(0,\ (I_A+V_R-C_R-C_{OR})S+M_G)$	$(-C_g,\ I_AS-M_B)$

1. 博弈模型的构建

借鉴赵黎明等（2015）[1]的做法，本书假定在任意时间 t 内，地方政府对农户生产行为实施“监督”的比例为 x，则“不监督”的比例为 $1-x$；选择“恪守”策略的农户比例为 y，对应地，$1-y$ 则为选择“背离”策略的比例。那么，由此可得到地方政府“监督”或“不监督”农户生产行为时的期望收益分别如式（4.1）、式（4.2）所示：

$$U_G^x=y[-C_S-(P-P_l)SB]+(1-y)[-C_S-C_g+(P_h-P)SA]$$
$$=y[C_g-(P-P_l)SB-(P_h-P)SA]+(P_h-P)SA-C_S-C_g \quad (4.1)$$

$$U_G^{1-x}=(1-y)(-C_g)=yC_g-C_g \quad (4.2)$$

地方政府的平均收益为式（4.3）：

$$EU_G=x\{y[C_g-(P-P_l)SB-(P_h-P)SA]+(P_h-P)SA-C_s-C_g\}+(1-x)(yC_g-C_g)$$
$$=-xy[(P-P_l)B+(P_h-P)A]S+x[(P_h-P)SA-C_s]+(y-1)C_g \quad (4.3)$$

由此，得到地方政府的复制子动态方程如式（4.4）所示：

$$F(x)=\mathrm{d}x/\mathrm{d}t=x(1-x)(U_G^x-U_G^{1-x})=x(U_G^x-EU_G)$$
$$=x\{y[C_g-(P-P_l)SB-(P_h-P)SA]+(P_h-P)SA-C_s-C_g$$
$$-x[(P_h-P)SA-C_s]-(y-1)C_g+xy[(P-P_l)B+(P_h-P)A]S\}$$
$$=x(1-x)\{(P_h-P)SA-y[(P-P_l)B+(P_h-P)A]S-C_s\} \quad (4.4)$$

农户选择“恪守”策略时的期望收益分别如式（4.5）、式（4.6）所示：

$$U_H^y=x[(I_A+V_R-C_R-C_{OR})S+M_G+(P-P_l)SB]+(1-x)[(I_A+V_R-C_R-C_{OR})S+M_G]$$
$$=x(P-P_l)SB+(I_A+V_R-C_R-C_{OR})S+M_G \quad (4.5)$$

$$U_H^{1-y}=x[I_AS-(P_h-P)SA-M_B]+(1-x)(I_AS-M_B)=I_AS-x(P_h-P)SA-M_B \quad (4.6)$$

农户选择“背离”策略时的平均收益为式（4.7）：

$$EU_H=y[x(P-P_l)SB+(I_A+V_R-C_R-C_{OR})S+M_G]+(1-y)[I_AS-x(P_h-P)SA-M_B]$$
$$=xy[(P-P_l)B+(P_h-P)A]S+y(V_R-C_R-C_{OR})S+I_AS-x(P_h-P)SA$$
$$+y(M_G+M_B)-M_B \quad (4.7)$$

---

① 赵黎明、陈喆芝、刘嘉玥：《低碳经济下地方政府和旅游企业的演化博弈》，《旅游学刊》2015 年第 1 期。

由此，得到农户的复制子动态方程如式（4.8）所示：

$$
\begin{aligned}
F(y)&=dy/dt=y(1-y)(U_H^y-U_H^{1-y})=y(U_H^y-EU_H)\\
&=y\{[x(P-P_l)SB+(I_A+V_R-C_R-C_{OR})S+M_G]-xy[(P-P_l)B+(P_h-P)A]S\\
&\quad -y(V_R-C_R-C_{OR})S-I_AS+x(P_h-P)SA-y(M_G+M_B)+M_B\}\\
&=y(1-y)\{x[(P-P_l)B+(P-P)A]S+(V_R-C_R-C_{OR})S+(M_G+M_B)\}
\end{aligned}
\quad (4.8)
$$

2. 演化博弈模型求解

（1）地方政府策略的演化稳定分析

令式（4.4）地方政府策略选择的复制子动态方程中的 $F(x)=0$，可得出 x 的 3 个稳定点，即 0、1 与 $\frac{(P_h-P)AS-C_s}{[(P-P_l)B+(P_h-P)A]S}$。

根据微分方程的稳定性，当 x^* 满足 $F'(x)<0$ 时，x^* 为演化稳定策略，由此，对 $F(x)$ 进行一阶求导，可以得到式（4.9）：

$$F'(x)=\frac{dF(x)}{dx}=(2x-1)\{y[(P-P_l)B+(P_h-P)A]S-(P_h-P)SA+C_s \quad (4.9)$$

接下来，本书将分 $(P_l-P)SA<C_s$ 与 $(P_h-P)SA>C_s$ 两种情况对演化稳定策略进行讨论。

第一，如果 $(P_h-P)SA<C_s$，即 $\frac{(P_h-P)AS-C_s}{[(P-P_l)B+(P_h-P)A]S}<0$，此时，$y>\frac{(P_h-P)AS-C_s}{[(P-P_l)B+(P_h-P)A]S}$，“不监督”是严格的占优策略选择，$x^*=0$ 是唯一的演化稳定均衡点；此时无论农户是否选择“背离”策略，地方政府的占优策略都会选择“不监督”，因为此时农业废弃物超标排放所带来的惩罚额度低于地方政府选择监督的成本，“有限理性”的地方政府将放弃监督农户的生产行为。

第二，如果 $(P_h-P)SA>C_s$，即 $0<\frac{(P_h-P)AS-C_s}{[(P-P_l)B+(P_h-P)A]S}<1$，此时，又存在两种情况：

①如果$y<\frac{(P_h-P)AS-C_s}{[(P-P_l)B+(P_h-P)A]S}$，将该式子变形，得到$y$［$(P-P_l)B+(P_h-P)A$］$S<(P_h-P)SA-C_s$，不等式左边表示农户选择“恪守”策略的期望收益，亦即地方政府选择“监督”策略时所需要花费的补偿支出（期望成本）；不等式右边表示地方政府选择“监督”策略所获得的收益。由于地方政府监督的收益大于成本，“监督”是地方政府相机决策的策略选择，$x^*=1$是演化稳定均衡点。这意味着，农户选择“背离”策略后，农业废弃物超标排放所带来的惩罚额度高于地方政府选择监督的成本，此时地方政府的策略选择受农户的影响，当农户选择“恪守”策略的概率较低时，出于维护农村生态环境的目的，“有限理性”的地方政府将对农户的生产行为进行监督。

②如果$y>\frac{(P_h-P)AS-C_s}{[(P-P_l)B+(P_h-P)A]S}$，将该式子变形，即$y$［$(P-P_l)B+(P_h-P)A$］$S>(P_h-P)SA-C_s$，不等式左边表示农户选择“恪守”策略的期望收益，亦即地方政府选择“监督”策略时所需要花费的补偿支出（期望成本）；不等式右边表示地方政府选择“监督”策略所获得的收益。由于地方政府监督的收益小于成本，“不监督”是地方政府相机决策的策略选择，$x^*=0$是演化稳定均衡点。这意味着，农户选择“恪守”策略的可能性越大，地方政府越倾向于选择“不监督”策略。尤其是，随着农业废弃物资源化与产业经济联动发展进入良性循环，地方政府部门的策略选择将由相机抉择的“不监督”转变为严格的“不监督”。

接下来，本书利用MATLAB软件模拟地方政府的演化稳定策略。首先对模型中的各个参数进行赋值，设$P_h=6$，$P=5$，$P_l=4$，$S=10$，$A=10$，$B=10$，$V_R=20$，$C_R=10$，$C_{OR}=10$，$M_G=10$，$M_B=10$。

当$y=0.8$、$C_s=150$时，得到地方政府的演化路径仿真图，如图4.1所示。

此时，“不监督”是地方政府严格的占优策略，$x^*=0$是唯一的演化稳定均衡点。由上文分析可知，$(P_h-P)SA=100<C_s=150$，因此$(P_h-P)SA-$

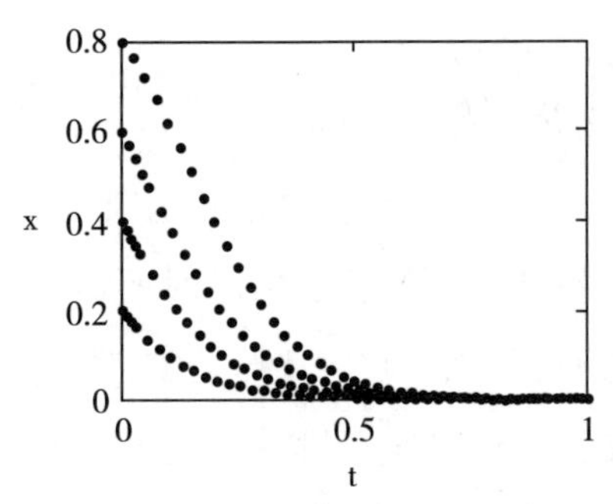

图 4.1 当 y=0.8、C_S=150 时地方政府的演化路径仿真示意

C_s<0，$y[(P-P_l)B+(P_h-P)A]S$>0, 所以在此情景下恒有 $y[(P-P_l)B+(P_h-P)A]S>(P_h-P)SA-C_s$，即农业废弃物超标排放所带来的惩罚收益低于地方政府选择“监督”策略所花费的成本。换言之，由于执行监督的成本足够大，以至于地方政府的理性选择是严格“不监督”策略。

当政府的监督成本 C_s 较小时，考虑到农户选择“恪守”策略概率 y 的大小，此时存在临界点 $y=\frac{(P_h-P)AS-C_s}{[(P-P_l)B+(P_h-P)A]S}$=0.4, 则存在两种情况，根据该临界值进行分析；

①当 y=0.3、C_S=20 时，得到地方政府的演化路径仿真图，如图 4.2 所示。

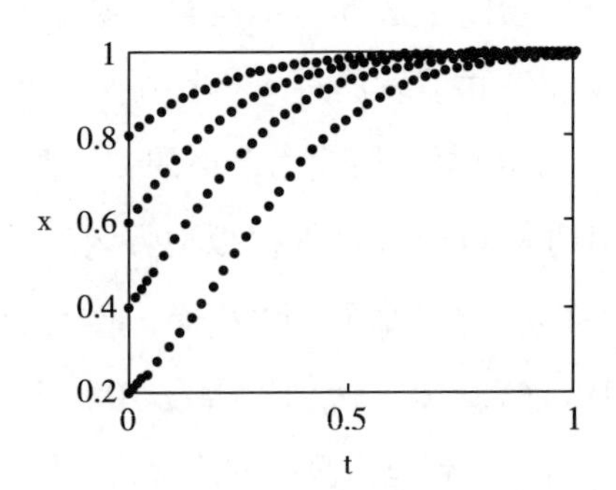

图 4.2 当 y=0.3、C_S=20 时地方政府的演化路径仿真示意

此时，$y[(P-P_l)B+(P_h-P)A]S=60<(P_h-P)SA-C_s=80$，地方政府选择“监

督”策略的期望成本小于期望收益，故而“监督”是地方政府相机决策的策略选择，$x^*=1$ 是演化稳定均衡点。

②当 $y=0.8$、$C_S=20$ 时，得到地方政府的演化路径仿真图，如图 4.3 所示。

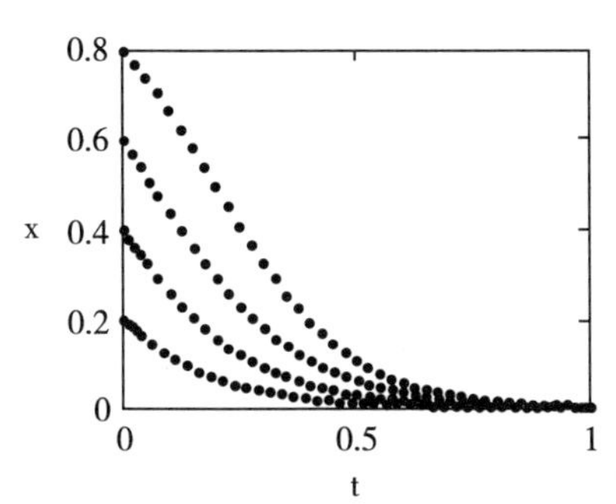

图 4.3　当 $y=0.8$、$C_S=20$ 时地方政府的演化路径仿真示意

此时，$y[(P-P_l)B+(P_h-P)A]S=160>(P_h-P)SA-C_s=80$，地方政府选择“监督”策略时的期望成本大于期望收益，故而“不监督”是地方政府相机抉择的策略选择，$x^*=0$ 是演化稳定均衡点。

（2）农户策略的演化稳定分析

令式（4.8）农户策略选择的复制子动态方程中 $F(y)=0$，由此可得到 y 的 3 个稳定点，即 0、1 与 $\dfrac{(C_R+C_{OR}-V_R)S-(M_G+M_B)}{\{(P-P_l)B+(P_h-P)A\}S}$。

根据微分方程的稳定性，当 y^* 满足 $F'(y)<0$ 时，y^* 为演化稳定策略，由此，对 $F(y)$ 进行一阶求导，可以得到式（4.10）：

$$
\begin{aligned}
F(y)&=\mathrm{d}y/\mathrm{d}t=y(1-y)(U_H^y-U_H^{1-y})=y(U_H^y-EU_H)\\
&=y\{[x(P-P_l)SB+(I_A+V_R-C_R-C_{OR})S+M_G]-xy[(P-P_l)B+(P_h-P)A]S\\
&\quad -y(V_R-C_R-C_{OR})S-I_{AS}+x(P_h-P)SA-y(M_G+M_B)+M_B\}\\
&=y(1-y)\{x[(P-P_l)B+(P-P)A]S+(V_R-C_R-C_{OR})S+(M_G+M_B)\}
\end{aligned}
$$

$$
F'(y)=\frac{\mathrm{d}F(y)}{\mathrm{d}y}=(1-2y)\{x[(P-P_l)B+(P_h-P)A]S+(V_R-C_R-C_{OR})S+(M_G+M_B)\}
\tag{4.10}
$$

接下来，本书将分 $(C_R+C_{OR}-V_R)S-(M_G+M_B)<0$ 与 $(C_R+C_{OR}-V_R)S-(M_G+M_B)>0$ 两种情况对演化稳定策略进行讨论。

第一，当 $(C_R+C_{OR}-V_R)S-(M_G+M_B)<0$，即 $\frac{(C_R+C_{OR}-V_R)S-(M_G+M_B)}{[(P-P_l)B+(P_h-P)A]S}<0$ 时，而 $x>0$，此时，无论地方政府"监督"与否，"恪守"策略是农户严格的占优策略，$y^*=1$ 是唯一的演化稳定均衡点。这是由于积极开展农业废弃物资源化获得的隐性激励和因选择"恪守"策略而避免的隐性惩罚之和较大时，资源化收益高于农业废弃物资源化所投入的成本，因此"有限理性"的农户最终都将选择"恪守"策略。

第二，当 $(C_R+C_{OR}-V_R)S-(M_G+M_B)>0$，即 $0<\frac{(C_R+C_{OR}-V_R)S-(M_G+M_B)}{[(P-P_l)B+(P_h-P)A]S}<1$，此时，又存在两种情况：

①如果 $x<\frac{(C_R+C_{OR}-V_R)S-(M_G+M_B)}{[(P-P_l)B+(P_h-P)A]S}$，将该式子变形可得到 $x(P_l-P)SA+x(P-P_h)SB<(C_R+C_{OR}-V_R)S-(M_G+M_B)$，不等式左边表示农户选择"恪守"策略时的期望收益，不等式右边表示农户选择"恪守"策略时的损失。由于农户的总收益小于 0，故而"背离"策略是农户相机抉择的策略，$y^*=0$ 是演化稳定均衡点。这意味着，当参与农业废弃物资源化的隐性激励与因选择"恪守"策略而避免的隐性惩罚之和较小时，资源化收益低于资源化成本，即选择参与资源化的收益不足以弥补采用资源化所需要的成本，此时农户的策略选择受地方政府影响，当地方政府选择"监督"策略的概率较低时，即 $x<\frac{(C_R+C_{OR}-V_R)S-(M_G+M_B)}{[(P-P_l)B+(P_h-P)A]S}$，农户将会冒着惩罚的风险，放任农业废弃物对农村生态环境的污染。

②如果 $x>\frac{(C_R+C_{OR}-V_R)S-(M_G+M_B)}{[(P-P_l)B+(P_h-P)A]S}$，将该式子变形可得到 $x(P_l-P)SA+x(P-P_h)SB>(C_R+C_{OR}-V_R)S-(M_G+M_B)$，不等式左边同样表示农户选择"恪守"策略时的期望收益，不等式右边同样表示农户选择"恪守"

策略时的损失。由于农户的总收益大于 0，故而“恪守”策略是农户相机抉择的策略，$y^*=1$ 是演化稳定均衡点。此时，虽然非正式制度所带来的隐性激励和因选择“恪守”策略而避免的隐性惩罚之和不足以弥补农户选择开展农业废弃物资源化的损失，即资源化收益小于资源化损失，但是农户的策略选择受地方政府影响，当地方政府选择“监督”的概率越高，农户越倾向于选择“恪守”策略，即 $x>\frac{(C_R+C_{OR}-V_R)S-(M_G+M_B)}{[(P-P_l)B+(P_h-P)A]S}$ 时，农户将会选择“恪守”策略，参与农业废弃物资源化。

接下来，本书利用 MATLAB 软件模拟地方政府的演化稳定策略。首先对模型中的各个参数进行赋值，设 $P_h=6$，$P=5$，$P_l=4$，$S=10$，$A=10$，$B=10$，$V_R=5$，$C_R=5$，$C_{OR}=5$。

当 $M_G=30$、$M_B=30$ 时，满足 $(C_R+C_{OR}-V_R)S-(M_G+M_B)<0$，得到农户的演化路径仿真图，如图 4.4 所示。

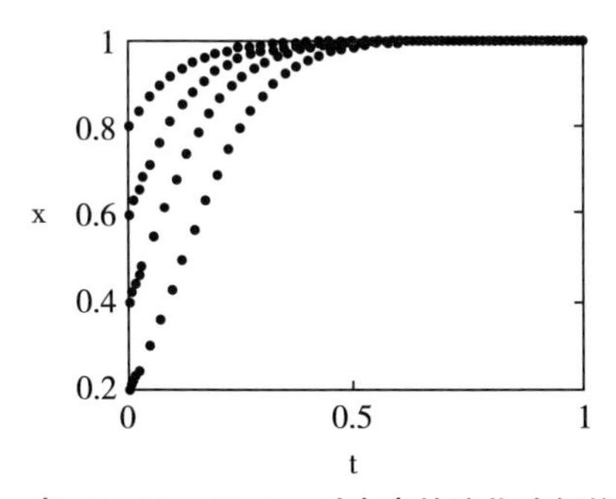

图 4.4　当 M_G=30、M_B=30 时农户的演化路径仿真示意

此时，$(C_R+C_{OR}-V_R)S=50<(M_G+M_B)=60$，期望收益恒大于期望成本，无论地方政府是否选择“监督”策略，“恪守”策略都是农户严格的占优策略，恪守策略能给农户带来最大收益，$y^*=1$ 是唯一的演化稳定均衡点。

当隐性激励和隐性惩罚之和较小时，根据临界值 $x=\frac{(C_R+C_{OR}-V_R)S-(M_G+M_B)}{[(P-P_l)B+(P_h-P)A]S}=0.2$，考虑到地方政府选择“监督”策

略概率 x 的大小，分两种情况进行模拟：

① 当 x=0.1、M_G=5、M_B=5 时，满足 $x(P_l-P)SA+x(P-P_h)SB<(C_R+C_{OR}-V_R)S-(M_G+M_B)$，得到农户的演化路径仿真图，如图 4.5 所示。

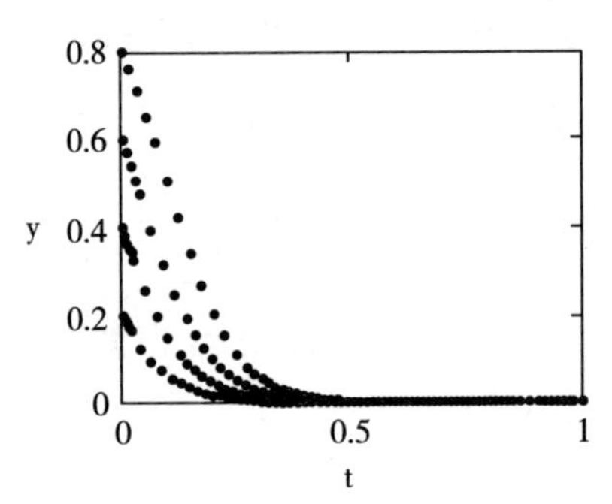

图 4.5 当 x=0.1、M_G=5、M_B=5 时农户的演化路径仿真示意

此时，$x(P_l-P)SA+x(P-P_h)SB=20<(C_R+C_{OR}-V_R)S-(M_G+M_B)=40$ 选择“恪守”策略时的期望收益小于选择“恪守”策略时的损失，“背离”是农户相机抉择的策略，$y^*=0$ 是演化稳定均衡点。

② 当 x=0.3、M_G=5、M_B=5 时，满足 $x(P_h-P)SA+x(P-P_l)SB>(C_R+C_{OR}-V_R)S-(M_G+M_B)$，得到农户的演化路径仿真图。如图 4.6 所示。

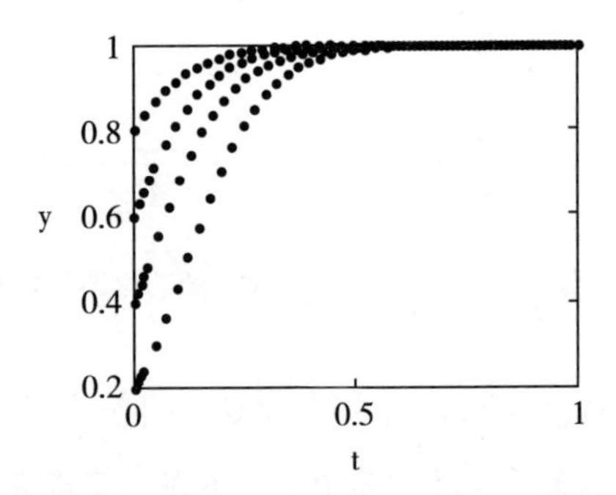

图 4.6 当 x=0.3、M_G=5、M_B=5 时农户的演化路径仿真示意

此时，$x(P_l-P)SA+x(P-P_h)SB=60>(C_R+C_{OR}-V_R)S-(M_G+M_B)=40$，即选择“恪守”策略时的期望收益大于选择“恪守”策略时的损失，“背离”策略是农户相机抉择的策略，$y^*=1$ 是演化稳定均衡点。

3. 进一步讨论

前文理论分析表明，兼具经济人和社会人双重身份的农户，其行为既受到了经济利益的驱动，又受到了非正式制度的影响。尤其是在“熟人社会”农村，农户普遍具有“克己复礼”的行为价值观、“因果报应”的施报平衡观和“道法自然”的朴素生态观。这意味着，无论农户是否愿意参与农业废弃物资源化，都将受到源自农村社会的隐性激励或隐性惩罚的约束。而地方政府的行为目标是以上级政府乃至中央政府的满意程度为导向。在当前生态环保“党政同责”、重大生态问题“一票否决”的制度改革背景下，地方政府着力推动农业废弃物资源化的可能性较强。同时，地方政府同样难以避免受到非正式制度的影响，其在制定农业废弃物污染防治与资源化的奖惩标准时，无法忽略辖区内各类主体的利益诉求。

无论是完全信息动态博弈还是演化博弈都表明，农村社会内部非正式制度带来的隐性惩罚和隐性激励能够影响局中人的策略收益，使局中人在进行策略选择时会考虑公共收益和公共损失。尤其在“熟人社会”农村，人们交往圈子狭小、交流频繁，互相之间“拖欠着未了的人情”，加之相对于外部世界，农村社会变革较为缓慢，由此而使得非正式制度所带来的隐性惩罚和隐性激励更大。这意味着，在一个非正式制度能够发挥强力作用的农村之中，如果农户选择“背离”策略而不对农业废弃物开展资源化，农村社会内部的非正式制度将予以不合作的局中人隐性惩罚。这种隐性惩罚体现为非正式制度以非集中化的方式，对不合作的局中人施以信誉损耗、未来合作机会丧失或社会地位下降等惩罚，甚至仅仅表现为因受到他人的轻视、批评而遭受的心理成本。而当农户选择“恪守”策略而开展农业废弃物资源化时，非正式制度会给选择合作的局中人带来隐性激励，如声誉提升、获得良好的道德评价等社会认可。

然而，世纪之交前后，中国农村发生了巨变（贺雪峰，2013）[①]，一方

① 贺雪峰：《新乡土中国（修订版）》，北京大学出版社 2013 年版。

面，沿袭了两千年之久的农业税费自2006年取消后，以农养工、以农养政的时代被终结。这一举措在降低了农户负担、减轻了村级债务、缓和了干群关系的同时，也改变了农村基层治理制度，加之宗族、家族文化在市场经济和外来文化的双重冲击下迅速衰落，村社集体的治理权力被削弱。另一方面，大量作为村庄公共事务核心参与者的青壮年劳动力离土离乡，使得农村地区呈现出"无主体"特征（吴重庆，2011）。[①] 人口的快速流动加速了传统相对封闭的村庄结构解体，村庄的边界日渐模糊，加之带有强烈个人主义特征的现代传媒进村、以个人权力为基础的法律法规下乡，农户的价值观念也随之发生了变化，人际关系趋于理性化，由一系列非正式制度构成的"地方性共识"逐渐丧失（贺雪峰，2013）[②]，对人们的激励与约束能力越来越弱。在当前中国政府大力实施乡村振兴战略的背景下，本书认为，在进一步强化法律法规等正式制度建设的同时，有必要重建农村社会的"地方性共识"，发挥非正式制度在生态环境治理方面的作用。

同时，演化博弈分析还表明，在经过长期的努力之后，农业废弃物资源化与产业经济发展融合与协调发展机制将实现常态化。在此境况下，即使不予监督，农户同样具有参与农业废弃物资源化的内在驱动。正如杨小凯和张永生（2003）所指出的那样，通过迂回生产，加长迂回生产的链条，能够获得迂回经济。[③] 就本书而言，一方面，开展农业废弃物资源化，能够在实现经济利益的同时，达成节能减排的社会目标，从而改变农业的功能特性与产品特性；另一方面，不同农场、不同资源化能力基地之间的分工与合作，有助于改变农业的生产特性与组织特性，从而形成迂回经济。因而从长远来看，伴随农业废弃物资源化与农业经济发

① 吴重庆：《从熟人社会到"无主体熟人社会"》，《党政干部参考》2011年第2期。

② 吴重庆（2011）将这种农村社会称为"无主体熟人社会"，贺雪峰（2013）则将之称为"半熟人社会"。

③ 杨小凯、张永生：《新兴古典经济学与超边际分析（修订版）》，社会科学文献出版社2003年版。

展的融合协调发展机制的逐步建立，农业废弃物资源化的经济价值、生态价值和社会价值实现高度统一将不再是黄粱一梦，从而在一定程度上实现了“自我补偿”。

三、农户与农户之间的博弈分析

（一）农业废弃物资源化中的农户行为逻辑分析

遵循“具体问题具体分析”原则，因地制宜地对不同农村社会关系制度下农户的行为逻辑展开讨论，能够更好地把握农户的行动策略，从而在博弈分析中精准识别最优解。据此，本部分将探讨在面临个人理性与集体理性冲突的情况下，“熟人社会”农村和“原子化”农村中农户的行为目标、行为特征及其内在的行为逻辑差异，为后文博弈分析中研究假设的提出奠定理论基础。

1. “熟人社会”农村中农户的行为逻辑

正如费孝通（2017）所言：“乡土社会在地方性的限制下成了生于斯、死于斯的社会。常态的生活是终老是乡。假如在一个村子里的人都是这样的话，在人和人的关系上也就发生了一种特色，每个孩子都是在人家眼中看着长大的，在孩子眼里周围的人也是从小就看惯的。这是一个‘熟悉’的社会，没有陌生人的社会。”[①] 换言之，在“熟人社会”农村难以存在“信息不对称（即不‘熟悉’）”的情况。而生态环境问题的不确定性主要源自信息的缺乏或不完全。由此可认为，在相对封闭的熟人社会中，由于村民之间交往互动的频率颇高，彼此间的信任水平高，“私人性”空间被“公共性”空间挤占，在降低了因信息不对称程度而引起的风险的同时，还使得人们从事生态环境保护集体行动的信息搜寻成本得以下降，合作更易达成。就农业废弃物资源化利用而言，只要某一农户了解到了有关农业废弃物资源化利用方面的知识、政策等信息，那么借助于村落

① 费孝通：《乡土中国·生育制度·乡土重建》，商务印书馆 2017 年版。

公共传播渠道，这些信息往往能够在短时间内传递给其他农户，进而引发从众行为。

除了信息较为对称外，“熟人社会”另一大特征是“相互地拖欠着未了的人情”（费孝通，2017）。[①] 由于小农面对的自然风险和市场风险均较高，故而较为依赖人们的相互合作来分担风险、达成生产经营目标。这种“关系化”“人情化”的社会价值取向通常表现为人与人之间以一种“日常互让，长期互惠”的形式密切交往（陈柏峰，2016）。[②] 从历史渊源来看，儒家“己所不欲，勿施于人”的思想在中国农村地区影响深远。这种拒斥零和博弈，强调体察彼此利益的“交心”哲学是“熟人社会”农村中人情与关系的构成基础。由于人们“相互地拖欠着未了的人情”，从而使彼此的分工与合作突破了理性人的利益计算和契约协定，短期经济利益最大化已不再是人们行为的优先目标，互利共赢的长远预期成为集体行动的内在法则。表现在农业废弃物资源化利用方面则是人们更容易达成一种“地方性共识”：如果不以科学、环保的方式处置农业废弃物，整个乡村社会的生态环境将有可能遭受破坏，每个人都会因此而受到利益损失；而如果对农业废弃物开展资源化利用则不仅能够达到保护生态环境的目的，还有可能获得较为可观的经济回报。由于这种非正式制度的存在，农户无论是由于受到外部监督的约束，还是基于避免信任受损的需要，“冒天下之大不韪”而不对农业废弃物开展资源化利用的可能性将大为降低。

2.“原子化”农村中农户的行为逻辑

20 世纪 90 年代初期的农产品“卖难”使得粮食市场进一步开放，农户进城不再需要考虑“粮票”或“自理口粮”，加之城乡之间的收入差别等因素的推动，打工热潮在全国掀起。这种大规模的人口流动使得不少

① 费孝通：《乡土中国 · 生育制度 · 乡土重建》，商务印书馆 2017 年版。

② 陈柏峰：《熟人社会与乡土逻辑》，贺雪峰编：《华中村治研究（2016 卷）》，社会科学文献出版社 2016 年版。

地区的农村由封闭的“熟人社会”逐渐走向开放，一方面，大量作为家庭“顶梁柱”、村庄公共事务核心参与者的青壮年劳动力进城务工，使得农村地区呈现出“无主体”特征（吴重庆，2011）；另一方面，农户就业呈现出多元化倾向，收入来源不再仅靠农业，农户对农村逐渐失去“主体感”（吴重庆，2011）。[①] 进入21世纪后，尤其是中国加入世界贸易组织（World Trade Organization，WTO）后，西方价值观念在对中国社会主义思想建设发挥积极作用的同时，其功利主义、拜金主义等思潮也对中国传统文化造成了不可忽视的冲击。特别是对于缺少宗族结构的分散型村庄，淡薄的族规家训难以抵御外来文化的侵染，农户所受到的影响更大，农村“原子化”倾向明显。而沿袭了两千年之久的农业税费自2006年取消后，在农户负担得到减轻、基层干群关系得以缓和的同时，村社集体的治理权力也随之进一步被弱化，村组关系亦进一步疏离，制度信任遭遇危机，农村“原子化”程度进一步加剧。正如贺雪峰（2011）所指出的那样，村庄结构与地方文化规范之间缺少相互强化所结成的牢固联系，村庄内部结构分散，“原子化”程度很高。[②]

如前所述，“相互地拖欠着未了的人情”是熟人社会的基本特征。但在“原子化”农村，由于主体成员的大量流失，血缘关系系统退化，加之市场经济的冲击等原因，人与人之间信任程度较低，农村人际社会出现关系冷漠、社会解组以及道德滑坡等现象。由此，“原子化”农村中人情的形成有赖于自身经济状况、社会地位、性格偏好、理性算计、情感取向等因素，是一种“消解了集体意志”的私人性的建构（宋丽娜，2013）。[③] 这意味着，“原子化”农村的富人往往能够建立较为广泛的社会关系网络，而穷人的人情交往范围则相对窄小。更为重要的是，由于村民与村民之间互相串门的动机、机会越来越少，人们之间的“熟悉感”

---

① 吴重庆：《从熟人社会到“无主体熟人社会”》，《党政干部参考》2011年第2期。

② 贺雪峰：《论熟人社会的竞选——以广东L镇调查为例》，《广东社会科学》2011年第5期。

③ 宋丽娜：《农村人情的区域差异》，《华中科技大学学报（社会科学版）》2013年第3期。

也越来越低。他们在生活中相互隔离，缺乏交往，各方面都表现出去规则化、去公共性的趋势，“路不拾遗”“夜不闭户”的淳朴民风难以重现，无论是人际信任还是制度信任都处于较低水平。因此，互惠性质的集体行动变得极为艰难。由此可认为，在“原子化”农村，农户面临农业废弃物资源化利用决策时，往往更为注重私人收益最大化，从而容易忽视农业废弃物不合理处置对生态环境造成的影响。同时，即使有部分农户积极参与农业废弃物资源化，也难以对其他农户形成示范带动作用。

（二）“熟人社会”农村中的农户行为博弈分析

1. 基本假设

农户与农户之间演化博弈分析的基本假设包括局中人假设、有限理性假设、行为策略空间假设和局中人收益假设。基于前文理论分析，结合利益相关者与演化博弈模型构建的相关理论（张维迎，2013）[①]，基本假设阐述如下：

（1）局中人假设：假设在一个“熟人社会”农村的农业废弃物资源化利用参与行动中，局中人集 I={1,2,3,…，n}。由于本书主要考查村庄社会非正式制度异质性对农户行为的影响，为了简化分析，本书借鉴一般性的博弈理论分析方法，假设该演化博弈的局中人为具有相同生产规模，面临相同政策与技术约束的农户 A 和农户 B，分别对应一个总体，且两者构成了局中人集 I。

（2）有限理性假设：假设局中人农户 A 与农户 B 都是“有限理性”的，他们之间的均衡策略均是按照生物或社会的方式，经过反复学习、模仿、调整后的结果。

（3）行为策略空间假设：假设农户 A 与农户 B 均具有两种策略空间，即“参与”农业废弃物资源化利用与“不参与”农业废弃物资源化利用。

（4）局中人收益假设：①对于任意农户而言，如果仅仅从事农业生

① 张维迎：《博弈与社会》，北京大学出版社 2013 年版。

产，不对农业废弃物进行资源化处理，那么其收益为 I_A；[①] 如果选择对农业废弃物进行资源化利用，则需要付出开展资源化利用的经济成本 C_R、机会成本 C_o，由此而得到的资源化产品预期收入总现值为 V_R。如果局中人双方均积极参与农业废弃物资源化利用，则分摊开展资源化利用的经济成本。②正如前文理论分析所述，以“人情取向”与“伦理本位”为核心的熟人社会里，存在一整套与乡村“共同体”相匹配的“地方性共识”所构成的非正式制度，既包括关系、人情、面子等软约束，还包括家训族规、村规民约等硬规矩。因此，本书假设，对于任意农户而言，在了解对方选择了“参与”农业废弃物资源化利用这一策略后，如果该农户作出同样的选择，则其不仅能够获得收益 I_R，还能在农村内部获得非正式制度带来的“声望”“地位”等隐性补偿 Δb。此时，农户的收益为 $I_R=I_A+V_R-C_R/2-C_o$，效用则是 $U_R=U(I_R+\Delta b)=U(I_A+V_R-C_R/2-C_o+\Delta b)$。如果该农户选择机会主义行为，即“不参与”农业废弃物资源化利用，则其在获得收益 I_A 的同时，还会遭受到农村内部非正式制度带来的“失信”“坏名声”等隐性损失 ΔC。此时，农户的效用是 $U_A=I_A-\Delta C$。③对于任意农户而言，在了解对方选择了“不参与”策略后，如果该农户选择“参与”策略，则其获得的收益为 $I_r=I_A+V_R-C_R-C_o$，并由此在农村内部获得隐性补偿 ΔB。此时，农户的收益为 $I_r=I_A+V_R-C_R-C_o$，效用则是 $U_r=U(I_r+\Delta B)=U(I_A+V_R-C_R-C_o+\Delta B)$。④结合中国农村现实，不难发现，$I_A>I_R>I_r$，$\Delta B>\Delta b$。

基于上述分析，不难得出农户 A 与农户 B 之间的演化博弈模型收益矩阵，如表 4.5 所示。

① 需要指出的是，由于在短期内，农业废弃物不合理处置对农业经济收益的影响通常不显著，且难以衡量。因此，为了简化分析，本书不考虑这一影响。

表 4.5　农户与农户之间的演化博弈模型收益矩阵

博弈局中人及策略		农户 B	
		参与	不参与
农户 A	参与	$(I_R+\Delta b, I_R+\Delta b)$	$(I_r+\Delta B, I_A-\Delta C)$
	不参与	$(I_A-\Delta C, I_r+\Delta B)$	(I_A, I_A)

2. 博弈模型构建

假设在任意时间 t 内该农村内选择“参与”农业废弃物资源化利用的农户比例为 x，选择“不参与”的农户比例为 $1-x$。进一步，借鉴高庆鹏和胡拥军（2013）[①]的研究，并根据表 4.5，不难发现，选择“参与”农业废弃物资源化的农户的期望效用可用式 4.11 表示：

$$EU_x=x(I_R+\Delta b)+(1-x)(I_r+\Delta B)=x(I_R+\Delta b-I_r-\Delta B)+I_r+\Delta B \qquad (4.11)$$

选择“不参与”农业废弃物资源化的农户的期望效用可用式 4.12 表示：

$$EU_1-x=x(I_A-\Delta C) \qquad (4.12)$$

借鉴威布尔（1994）[②]的研究，可得到农户选择“参与”农业废弃物资源化这一策略的复制子动态方程为：

$$F(x)=\mathrm{d}x/\mathrm{d}t=x(1-x)(EU_x-EU_1-x)$$
$$=x(1-x)[(I_R+\Delta b+\Delta C-I_r-I_A-\Delta B)x+I_r+\Delta B] \qquad (4.13)$$

3. 演化稳定策略

令农户选择“参与”农业废弃物资源化这一策略的复制子动态方程 $F(x)=0$，即 $x(1-x)[(I_R+\Delta b+\Delta C-I_r-I_A-\Delta B)x+I_r+\Delta B]=0$。

由此可得到 3 个解，即 0、1、$\frac{-(I_r+\Delta B)}{I_R+\Delta b+\Delta C\text{-}I_r-I_A-\Delta B}$，是 x 的 3 个稳定点。

① 高庆鹏、胡拥军：《集体行动逻辑、乡土社会嵌入与农村社区公共产品供给——基于演化博弈的分析框架》，《经济问题探索》2013 年第 1 期。

② Weibull J. W., “The ‘as if’ Approach to Game Theory: 3 Positive Results and 4 Obstacles”, *European Economic Review*, Vol.38, 1994.

根据微分方程的稳定性，当 x^* 满足 $F'(x)<0$ 时，x^* 为演化稳定策略。

对 $F(x)$ 进行一阶求导，可得：

$$F'(x)=\frac{\mathrm{d}F(x)}{\mathrm{d}x}$$

$$=-3x^2(I_R+\Delta b+\Delta C-I_r-I_A-\Delta B)+2x(I_R+\Delta b+\Delta C-2I_r-I_A-2\Delta B)+(I_r+\Delta B)$$

$$=-3x^2[I_R-I_A+\Delta b+\Delta C-(I_r+\Delta B)]+2x(I_R+\Delta b+\Delta C-2I_r-I_A-2\Delta B)+(I_r+\Delta B) \quad (4.14)$$

下面分情况对演化稳定策略进行讨论。

（1）当 $I_R-I_A+\Delta b+\Delta C>0$ 且 $-(I_r+\Delta B)>0$ 时，即当 $\Delta b+\Delta C>I_A-I_R$ 且 $\Delta B<-I_r$ 时，此时农户“参与”和“不参与”农业废弃物资源化的期望收益大小取决于其他农户是否参与，因此农村中的任意农户均是相机抉择的农业废弃物资源化生态价值供给者。该博弈类型为协调博弈，均衡点0、1属于演化稳定均衡点。这意味着，当其他农户选择了“参与”策略时，由农村内部非正式制度带来的隐性激励与隐性惩罚均很大，足以弥补农户选择“参与”策略与“不参与”策略之间的收益差距，此时，“参与”策略就成了农户的最佳选择。而当其他农户选择了“不参与”策略时，农户此时若选择“参与”策略，尽管能够获得由农村内部非正式制度带来隐性补偿，但却难以独立承担高额的农业废弃物资源化处理成本，以及由此而丧失的部分发展权（即机会成本），此时，最佳策略是选择“不参与”策略。

（2）当 $I_R-I_A+\Delta b+\Delta C<0$ 且 $-(I_r+\Delta B)<0$ 时，即当 $\Delta b+\Delta C<I_A-I_R$ 且 $\Delta B>-I_r$ 时，此时农户“参与”和“不参与”农业废弃物资源化的期望收益大小取决于其他农户是否参与，因此农村中的任意农户均是相机抉择的农业废弃物资源化非参与者。当其他农户选择“不参与”策略时，农户的最优选择是“参与”策略；当其他农户选择“参与”策略，农户的最优选择是“不参与”策略。因此，在整个农村存在一个“参与”与“不参与”的均衡点，这个点为 $x^*=-(I_r+\Delta B)/(I_R+\Delta b+\Delta C-I_r-I_A-\Delta B)$。该博弈类型属于鹰鸽博弈，$x^{*}=-(I_r+\Delta B)/(I_R+\Delta b+\Delta C-I_r-I_A-\Delta B)$ 是唯一的演化稳定均衡点。这表明，如果农村内部非正式制度带来的隐性激励与隐性惩罚之和很小时，即使其他农户选择了“参与”策略，该农户也更加倾向于选择“不参与”策略。然而，当其他农户选择了“不参与”策略时，由于此时参与农业废弃物资源化能够获得农村社会内部所提供的高额隐性补偿，因此，该农户更愿意选择“参与”策略。这表明，在这样的一个鹰鸽博弈中，只要有一个农户选择扮演“鹰”（或“鸽”），剩下的那一个农户则倾向于扮演“鸽”（或“鹰”），即在一个农村之中，总有一部分人愿意对农业废弃物进行资源化利用，另一部分人不愿意。

（3）当 $I_R-I_A+\Delta b+\Delta C>0$ 且 $-(I_r+\Delta B)<0$ 时，即当 $\Delta b+\Delta C>I_A-I_R$ 且 $\Delta B>-I_r$ 时，不论其他农户是否选择“参与”策略，农户“参与”农业废弃物资源化的期望收益 EU_x 恒大于选择“不参与”策略时的期望收益 EU_{1-x}，因此农村中的任意农户均是严格的农业废弃物资源化参与者，$x^{*}=1$ 是唯一的演化稳定均衡点。这表明，在满足 $\Delta b+\Delta C>I_A-I_R$ 且 $\Delta B>-I_r$ 的条件下，农村内部非正式制度带来的隐性激励与隐性惩罚之和足够大，加之没有其他农户参加时的奖励性补偿也足够高，任意农户均能够从中获得参与农业废弃物资源化的激励，因而，“参与”策略是严格占优策略。

（4）当 $I_R-I_A+\Delta b+\Delta C<0$ 且 $-(I_r+\Delta B)>0$ 时，即当 $\Delta b+\Delta C<I_A-I_R$ 且 $\Delta B<-I_r$ 时，情况与（3）截然相反，农村中任意农户均不愿意参与农业废弃物资源化利用，$x^{*}=0$ 是唯一的演化稳定均衡点。这是因为，在此条件下，农村内部非正式制度带来的隐性激励与隐性惩罚之和聊胜于无，难以弥补从事农业废弃物资源化工作所投入的各类成本，加之在没有其他农户参加时的奖励性补偿屈指可数，因而，“不参与”是严格占优策略。

从农户与农户之间的演化博弈结果来看，最坏的情况是：当农村社会满足 $\Delta b+\Delta C<I_A-I_R$ 且 $\Delta B<-I_r$ 的条件时，在任意时间 t 内，农户在农业废弃物资源化利用的生态环境保护集体行动中是严格的机会主义者，

此时，x 收敛于 0，农业废弃物资源化难以成行。最好的情况是：当农村社会满足 $\Delta b+\Delta C>I_A-I_R$ 且 $\Delta B>-I_r$ 的条件时，在任意时间 t 内，农户在农业废弃物资源化利用的生态环境保护集体行动中是严格的互惠主义者，此时，x 收敛于 1，由农村社会内部非正式制度带来的隐性激励与隐性惩罚能够对农业废弃物资源化工作的顺利推进形成强力动员。

接下来，本书利用 MATLAB 软件模拟农户的演化稳定策略。首先对模型中的各个参数进行赋值，设 $I_A=5$，$I_R=3$，$I_r=-3$，$\Delta C=1.5$。

（1）当 $\Delta b=1$、$\Delta B=2$ 时，得到农户的演化路径仿真示意如图 4.7 所示。

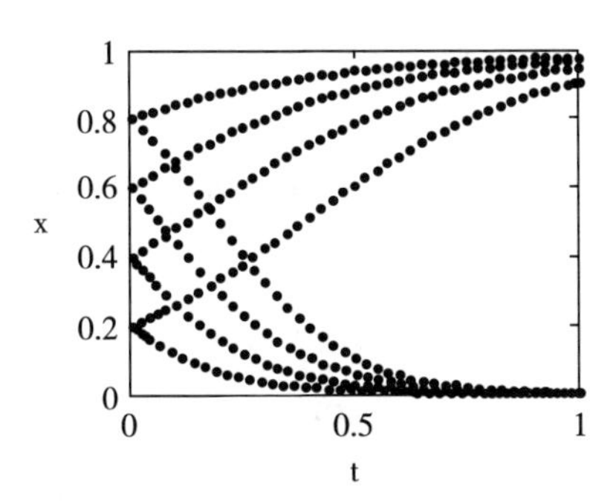

图 4.7　当 $\Delta b=1$、$\Delta B=2$ 时农户的演化路径仿真示意

此时满足 $I_R-I_A+\Delta b+\Delta C>0$ 且 $-(I_r+\Delta B)>0$，$I_R-I_A+\Delta b+\Delta C=0.5>0$，$-(I_r+\Delta B)=1>0$，$EU_x-EU_{1-x}=(I_R+\Delta b+\Delta C-I_r-I_A-\Delta B)x+I_r+\Delta B=1.5x-1$（$0\leqslant x\leqslant 1$），$x=1$ 时“参与”农业废弃物资源化的期望收益大于选择“不参与”策略时的期望收益，$x=0$ 时“参与”农业废弃物资源化的期望收益小于选择“不参与”策略时的期望收益且 $\Delta b+\Delta C<I_A-I_R$ 且 $\Delta B>-I_r$，$x=0$、1 是演化稳定均衡点。由于农村社会内部非正式制度带来的隐性激励与隐性惩罚之和较大（在这里设为 $\Delta b=1$），当其他农户选择“参与”策略时，农户也会选择“参与”策略；当其他农户选择“不参与”策略时，农户若选择“参与”策略尽管能够获得隐性补偿（在这里设为 $\Delta B=2$），但相较于其他人也选择“参与”的情况，农户单独“参与”需要花费巨大的成本。因此，单个农户难以独立承担高额的农业废弃物资源化利用的成本，最佳策略是选择“不参与”策略。

（2）当 Δb=0、ΔB=4 时，得到农户的演化路径仿真示意如图 4.8 所示。

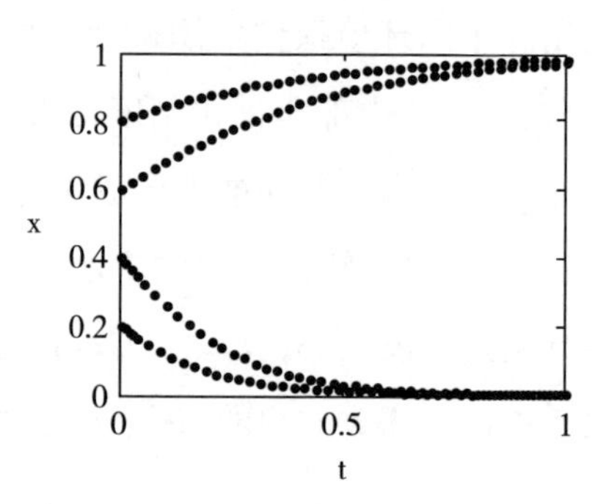

图 4.8 当 Δb=0、ΔB=4 时农户的演化路径仿真示意

此时满足 $I_R-I_A+\Delta b+\Delta C<0$ 且 $-(I_r+\Delta B)<0$，$I_R-I_A+\Delta b+\Delta C=-0.5<0$，$-(I_r+\Delta B)=-1<0$，即 $\Delta b+\Delta C<I_A-I_R$ 且 $\Delta B>-I_r$，当 $x^*=-(I_r+\Delta B)/(I_R+\Delta b+\Delta C-I_r-I_A-\Delta B)=2/3$ 时，$EU_x-EU_{1-x}=(I_R+\Delta b+\Delta C-I_r-I_A-\Delta B)x+I_r+\Delta B=0$，农户“参与”农业废弃物资源化时的期望收益等于“不参与”时的期望收益，即 $x^*=-(I_r+\Delta B)/(I_R+\Delta b+\Delta C-I_r-I_A-\Delta B)$ 是唯一的演化稳定均衡点，农村中的任意农户均是相机抉择的农业废弃物资源化非参与者。这时如果农村社会内部的隐性激励与隐性惩罚之和很小（这里假设为 Δb=0），即使其他农户选择了“参与”农业废弃物资源化利用这一策略，该农户也更加倾向于选择“不参与”策略。然而，当其他农户选择了“不参与”策略时，由于此时参与农业废弃物资源化能够获得农村社会内部所提供的高额隐性补偿 ΔB。因此，该农户更愿意选择“参与”策略，成为农业废弃物资源化利用的参与者。即在一个农村之中，总有一部分人愿意对农业废弃物进行资源化利用，也总存在另一部分人不愿意参与资源化利用。

（3）当 Δb=1、ΔB=4 时，得到农户的演化路径仿真示意如图 4.9 所示。

此时有 $I_R-I_A+\Delta b+\Delta C>0$ 且 $-(I_r+\Delta B)<0$，$I_R-I_A+\Delta b+\Delta C=0.5>0$，$-(I_r+\Delta B)=-1<0$，$EU_x-EU_{1-x}=(I_R+\Delta b+\Delta C-I_r-I_A-\Delta B)x+I_r+\Delta B=1-0.5x>0$（$0\leqslant x\leqslant 1$）。因此，农户“参与”农业废弃物资源化时的期望收益大于

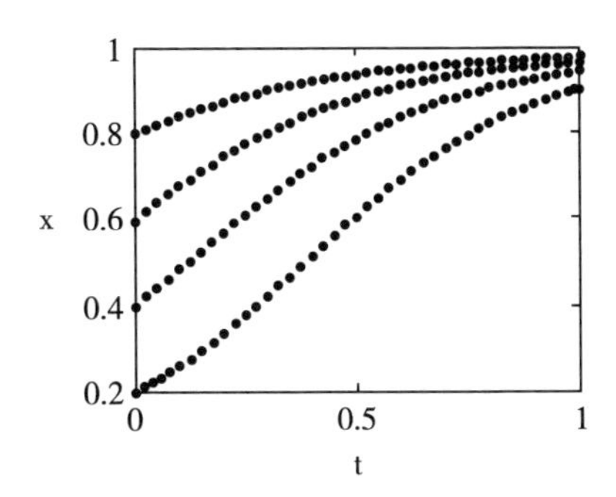

图 4.9　当 Δb=1、ΔB=4 时农户的演化路径仿真示意

“不参与” 时的期望收益，x^*=1 是唯一的演化稳定均衡点，此时，农村中的任意农户均是严格的农业废弃物资源化参与者。究其原因，在满足 $\Delta b+\Delta C>I_A-I_R$ 且 $\Delta B>-I_r$ 的条件下，农村社会内部的隐性激励与隐性惩罚之和大于农户选择“不参与”农业废弃物资源化与选择“参与”的收益差，此时可以改变农户收益最大化目标时的行为决策，推动其积极参与农业废弃物资源化。因而，“参与” 农业废弃物资源化是严格的占优策略。

（4）当 Δb=0、ΔB=2 时，得到农户的演化路径仿真示意如图 4.10 所示。

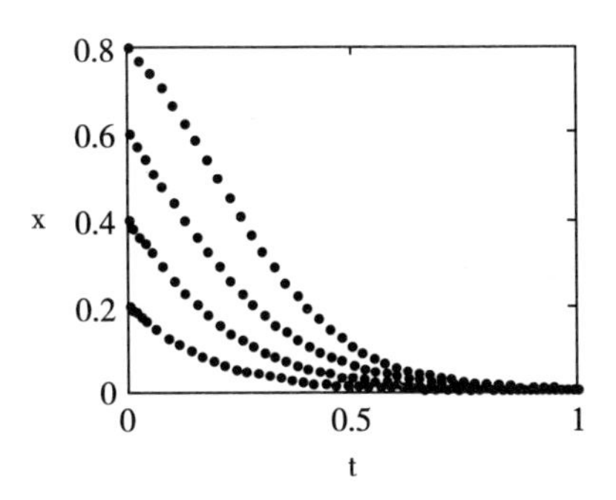

图 4.10　当 Δb=0、ΔB=2 时农户的演化路径仿真示意

这时存在 $I_R-I_A+\Delta b+\Delta C<0$ 且 $-(I_r+\Delta B)>0$，$I_R-I_A+\Delta b+\Delta C=-0.5<0$，$-(I_r+\Delta B)=1>0$，$EU_x-EU_{1-x}=(I_R+\Delta b+\Delta C-I_r-I_A-\Delta B)x+I_r+\Delta B=0.5_x-1<0$（$0\leqslant x\leqslant 1$）。因此，农户“参与”农业废弃物资源化时的期望收益小于“不

参与”时的期望收益，$x^{*}=0$ 是唯一的演化稳定均衡点，农村中任意农户均不愿意开展农业废弃物资源化利用。这是因为，在满足 $\Delta b+\Delta C<I_A-I_R$ 且 $\Delta B<-I_r$ 的条件下，农村社会内部的隐性激励与隐性惩罚之和小于农户选择“不参与”农业废弃物资源化与选择“参与”的收益差。此时无法改变农户收益最大化目标时的行为决策。因而，“不参与”农业废弃物资源化是严格占优策略。

（三）“原子化”农村中的农户行为博弈分析

1. 博弈模型收益矩阵

在中国的一些“原子化”农村，传统宗族和村民自治力量薄弱，人际信任与制度信任水平均处于较低水平，“地方性共识”几近消失殆尽。在这些农村，“私人性”规则占据主流，“公共性”规则日暮途穷，由此而造成了农业废弃物资源化利用等生态环境保护集体行动的寸步难行。从博弈论视角来看，“原子化”农村由于缺乏非正式制度带来的“声望”“地位”等隐性激励与“失信”“坏名声”等隐性惩罚，农户的效用矩阵等同于收入矩阵，其结果如表 4.6 所示。

表 4.6 “原子化”农村中农户与农户的博弈模型收益矩阵

博弈局中人及策略		农户 B	
		参与	不参与
农户 A	参与	（I_R，I_R）	（I_r，I_A）
	不参与	（I_A，I_r）	（I_A，I_A）

由表 4.6 不难发现，当其他农户选择“参与”策略时，由于 $I_A>I_R>I_r$，农户选择“不参与”策略所获得的收入要更高；当其他农户选择“不参与”策略时，农户的严格占优策略依旧是不参与农业废弃物资源化。这种情况实际上是前文中当满足 $\Delta b+\Delta C<I_A-I_R$ 且 $\Delta B<-I_r$ 条件的极端化（即农村社会内部非正式制度带来的隐性激励与隐性惩罚无限趋近于 0）的情况。这表明，当农业废弃物资源化这一生态环境保护集体行动嵌入至“原

子化”农村时，理性自利的农户在经过长期的比较、学习、模仿等过程之后倾向于成为严格的机会主义者，从而导致农业废弃物资源化利用这一生态环境保护集体行动的失败。综上分析，可以认为，通过强化非正式制度的作用，将有助于推动农户由“严格的机会主义者→相机抉择的机会主义者→相机抉择的互惠主义者→严格的互惠主义者”转变，进而确保农村生态环境保护集体行动成为可能。

2. 博弈模型构建

假设在任意时间 t 内，该农村中选择“参与”策略的农户比例为 y，选择“不参与”策略的农户比例为 $1-y$，由此，选择“参与”策略的农户的期望效用可用式 4.15 表示：

$$EU_y=yI_R+(1-y)I_r \quad (4.15)$$

选择“不参与”策略的农户的期望效用可用式 4.16 表示：

$$EU_{1-y}=yI_A+(1-y)I_A \quad (4.16)$$

类似地，可得到在“原子化”农村中农户选择“参与”策略的复制子动态方程为：

$$\begin{aligned} F(y)&=\mathrm{d}y/\mathrm{d}t=y(1-y)(EU_y-EU_{1-y}) \\ &=y(1-y)\left[yI_R+(1-y)I_r-I_A\right] \end{aligned} \quad (4.17)$$

3. 演化稳定策略

令农户选择“参与”策略的复制子动态方程 $F(y)=0$，即：

$$y(1-y)\left[yI_R+(1-y)I_r-I_A\right]=0 \quad (4.18)$$

由此可得到 3 个解，即 0、1、$\frac{I_A-I_r}{I_R-I_r}$，是 y 的 3 个稳定点，因为 $I_A>I_R$，所以不存在 $\frac{I_A-I_r}{I_R-I_r}$ 稳定点，只存在 0 和 1。

根据微分方程的稳定性，当 y^* 满足 $F'(y)<0$ 时，y^* 为演化稳定策略。

对 $F(y)$ 进行一阶求导，可得：

$$F'(y)=\frac{\mathrm{d}F(y)}{\mathrm{d}y}$$

$$=(1-2y)\left[yI_R+(1-y)I_r-I_A\right]+y(1-y)(I_R-I_r)$$

$$=y(2-3y)(I_R-I_r)+(1-2y)(I_r-I_A) \tag{4.19}$$

接下来，本书分情况对演化稳定策略进行讨论。

由于 $I_A>I_R>I_r$，此时只有 $y=0$ 满足 $F'(y)<0$，农村中的任意农户均是严格的农业废弃物资源化非参与者。这表明，无论其他农户是否选择“参与”策略，该农户的占优策略是选择“不参与”农业废弃物资源化。这表明在“原子化”农村中，农户之间的博弈陷入了囚徒困境，每个人的最优选择都是“不参与”。

接下来，本书利用 MATLAB 软件模拟地方政府的演化稳定策略。首先对模型中的各个参数进行赋值，设 $I_A=5$，$I_R=4$，$I_r=3$，得到农户的演化路径仿真示意如图 4.11 所示。

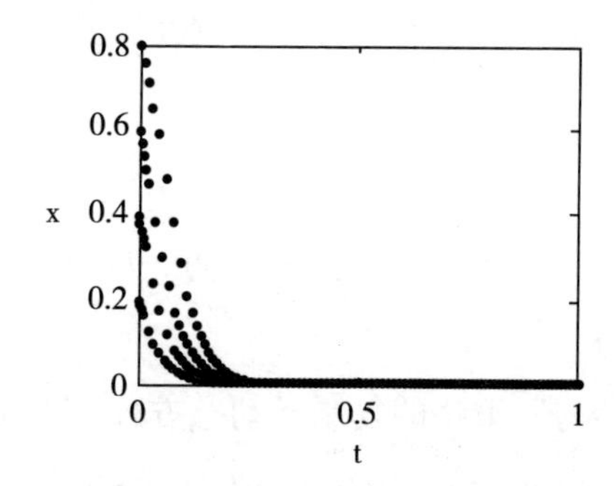

图 4.11 当 $I_A=5$、$I_R=4$、$I_r=3$ 时农户的演化路径仿真示意

当 $I_A=5$、$I_R=4$、$I_r=3$ 时，满足 $I_A>I_R>I_r$，此时只有 $y=0$ 是博弈的演化稳定点，此时农村中的任意农户都是严格的农业废弃物资源化非参与者，这种严格的“不参与”表现为无论其他农户选择什么策略，该农户始终会选择“不参与”农业废弃物资源化利用。这主要是由于“原子化”农村中不存在隐性惩罚和隐性补偿，导致农户行为选择的收益不受外部约束的影响。

4. 进一步讨论

农户作为农业废弃物资源化利用的核心利益主体，由于所面临的外部社会环境条件不同，加之家庭经济预算约束，其发展观念与行为逻辑均会有所差异。本书发现，在经济物质激励、法律法规规范之外，农村社会内部的非正式制度带来的隐性激励与隐性惩罚，是维系“熟人社会”农村农业废弃物资源化利用等生态环境保护集体行动的重要机制。究其原因，这与“熟人社会”农村中独特的亲缘关系、地缘关系不无关系。一方面，在现有农村家庭生产经营的条件下，亲缘关系的经济功能较强，能够在农业废弃物资源化利用等生态环境保护集体行动中发挥纽带作用。亲属之间的密切交往，使得彼此在情感上建立起认同感与信任感。从这一角度说，来自亲属的约束能够有效避免机会主义行为，从而为农业废弃物资源化的实施提供一种保障机制。另一方面，地缘关系网络下，以“熟人信任”和“圈子主义精神”为核心的邻里关系是农业废弃物资源化利用等生态环境保护集体行动得以实施的另一关键纽带。正如前文所述，“熟人社会”农村中的非正式制度被普遍认可。当农业废弃物资源化这一具有生态环境保护的集体行动成为一部分农户的选择时，其他农户无论是由于“抹不开面子”，还是因害怕打破“地方性共识”而被“千夫所指”，都在很大程度上具有参与农业废弃物资源化利用的动力。因此，可以认为，“熟人社会”农村中的这种非正式制度能够形成一种“软约束”，规范着农户的行为，进而有助于推动农业废弃物资源化利用水平的提升。而在“原子化农村”，理性自利的农户在经过长期的比较、学习、模仿等过程之后倾向于成为机会主义者，从而导致集体行动步履维艰。这意味着，通过强化非正式制度的作用，将有助于推动农户由“严格的机会主义者→相机抉择的机会主义者→相机抉择的互惠主义者→严格的互惠主义者”转变。

由此，本书认为：在强化法律法规、经济奖惩政策等正式制度的同时，一方面，推进以达成“地方性共识”为目标的、与家风家训相结合的村规民约建设，并通过村民大会、民主评议等方式落实农业废弃物资源化利用的奖惩机制；对于“原子化”农村地区，更应建立具有鲜明法治导向的农户“自组织”，通过依法治村与村民自治相结合的形式推进移风易俗，重构社会秩序。另一方面，将积极参与农业废弃物资源化利用的农户评选为新乡贤，通过舆论宣传、典型示范、道德评议等方式，营造“颂乡贤、学乡贤、做乡贤”的“正能量”风尚，以增强农户参与生态环境保护的责任感与荣誉感。

第五章　农业废弃物资源化生态补偿的标准研究

第四章的研究表明，构建科学合理的生态补偿机制，是协调利益相关者之间利益冲突、治理农业废弃物资源化市场“失灵”的有效路径。毋庸置疑，补偿标准是生态补偿机制的核心。本章以基于条件价值评估法的微观调查数据为基础，以农作物秸秆制沼气为例，分别从农户支付意愿、受偿意愿的角度，估算农作物秸秆能源化的生态补偿标准。在此基础上，通过考虑农户意愿支付水平 / 意愿受偿水平的不确定性，对补偿标准进行讨论，以为第六章农业废弃物资源化生态补偿机制构建提供数据支撑。

第一节　农业废弃物资源化生态补偿标准的测算方法

由本书第二章可知，正外部性下农业废弃物资源化生态补偿最低标准的确立依据是农业废弃物资源化参与者的直接投入与机会成本，最高标准的确立依据是农业废弃物资源化生态价值的货币化数量。这意味着，农业废弃物资源化生态补偿标准，应逐渐由只补偿直接成本、机会成本，转变为全面补偿农业废弃物资源化的直接成本、机会成本和农业废弃物资源化的生态价值。由此可见，明晰农业废弃物资源化的生态价值是制定农业废弃物资源化生态补偿标准的前提。

通常，衡量环境和资源产品价值的经济学方法主要包括直接成本法、机会成本法、条件价值评估法、选择实验法和市场价值法等。常用方法中，基于现代经济学消费者剩余理论和福利经济学原理的条件价值评估法适用性较强（蒂坦伯格和刘易斯，2011）。[①] 其方法是，随机向个人或家庭发放调查问卷，询问人们对于生态环境服务的偏好，例如对生态环境改善的支付意愿或对积极从事环境保护行为造成私人利益小于社会利益的受偿意愿，从而确定生态环境服务的价值。在本书中，该方法的具体应用是：一方面，依据“谁受益、谁补偿”的原则，询问被调查农户的支付意愿和意愿支付水平；另一方面，以“保护者得到补偿”原则为基础，从增强农业正外部性行为、转变农业资源利用方式的角度出发，询问农户对参与农业废弃物资源化的受偿意愿和意愿受偿水平。

一、问卷设计

（一）问卷内容

为了达成研究目的，课题组采取了调查问卷的形式搜集数据。为了保证调查结果的准确、可靠，课题组对调查问卷进行了精心设计和反复修改。在调查问卷的设计过程中，课题组参考了大量文献，并对问卷设计技巧、调研方法进行了学习。完成问卷初步设计后，课题组进行了多次焦点小组讨论（Focus Group Discussions），对问卷初稿进行修改与完善，接着课题组又邀请了专家学者对问卷进行了修改。最后，组织课题组成员进行了预调查，以检测问卷设计的科学性和合理度，以及完成一份问卷所需的时间。通过预调查，确定了农户意愿支付水平、意愿受偿水平的合理投标区间，并对一些与调查主题不密切的题项进行了删减，把一份问卷的调查时间控制在50分钟以内。最终问卷的主要内容如下：

第一部分为农户基本情况调查，涵盖了农户家庭基本情况。例如，家庭总人口数量、劳动力数量、外出务工人员数量；家庭成员的性别、

① 蒂坦伯格、刘易斯：《环境与自然资源经济学》，中国人民大学出版社2011年版。

年龄、务农年限、兼业概况等。

第二部分为农户生产经营调查，主要包括土地利用调查、家庭收支调查、农业生产调查。其中，土地利用调查部分涉及农户承包地的总面积、耕地细碎化概况、承包地的转入与转出情况等；家庭收支调查则主要围绕农户的家庭收入（支出）、农业收入（支出）展开；农业生产调查的基本内容涵盖了农户生产农产品的类型、主要农产品的生产经营概况（播种面积、农产品产量、副产品产量）、养殖业经营概况等。

第三部分为农村农作物秸秆处理概况调查。例如，农户收集农作物秸秆的方式、过去与现在处理农作物秸秆方式的差异、当地秸秆处理企业或组织的基本情况、农户参与农企合作的概况、农户农作物秸秆的出售概况、农户对农作物秸秆资源化政策的认知情况、农户参与农作物秸秆资源化利用的意愿、农户对农作物秸秆资源化的态度、看法与观点等。

（二）支付工具

一般地，就支付意愿而言，农户可选择的支付工具包括交税、购买排污权、付费、义务劳动、捐赠物品等；就受偿意愿而言，农户可选择的工具则包括补贴、智力（技术）培训、政策优惠、物质激励等。兰德尔等（Randall et al.，1983）指出，在条件价值评估调查之中，应选择被调查者最易于接受的支付工具，否则容易导致偏差。[①]本书考虑到中国农村的实际情况，结合多次调研的结果，选择“金钱支付（Pay the Bill）”作为支付工具。

（三）启发方法（Elicitation Method）

解释条件价值评估实验的困难在很大程度上取决于所采用的启发方法（班纳吉等，2018）。[②]因此，选择合理的启发方法至关重要。目前，

① Randall A., Hoehn J. P., Brookshire D. S., “Contingent Valuation Surveys for Evaluating Environmental Assets”, *Natural Resources Journal*, Vol.23, No.3, 1983.

② Banerji A., Chowdhury S., De Groote H., et al., “Eliciting Willingness - to - Pay through Multiple Experimental Procedures: Evidence from Lab - in - the - Field in Rural Ghana”, *Canadian Journal of Agricultural Economics*, Vol.66, No.2, 2018.

条件价值评估调查已发展出了 4 种启发方法，它们分别为重复投标博弈法（Iterative Bidding Games）、开放式问卷法（Open Ended Questions）、支付卡法（Payment Card）、二分选择法（Dichotomous Choice）。这 4 种启发方式各有优缺点。其中，支付卡法是指给定一组投标值，让农户从中选择一种作为支付意愿或受偿意愿。本书选择支付卡法作为本次调查的估价方式，主要是基于三个方面的考虑：一是条件价值评估调查需要控制调查时间的长度，以避免被调查者因“不耐烦”而对调查结果产生影响。相较于其他3种方法，支付卡法较为简单，不会占用农户过多时间。二是在发展中国家或地区，农户对重复投标博弈法、二分选择法等启发方法较为陌生，而对支付卡法接触较多（蔡银莺和张安录，2010）①。三是通过预调查，本书确定了农户支付意愿 / 受偿意愿的合理投标区间，这在一定程度上弥补了支付卡法的不足。

（四）核心估值设计

需要指出的是，对于普通农户而言，“农作物秸秆能源化”是难以清晰界定的“环境公共物品”，从而有可能导致数据的信息偏差。因此，在调查正式开始之前，调查小组成员必须采用通用措辞的形式对调查问卷的背景和目的作出统一的、标准化的相关介绍，告知被调查农户农作物秸秆能源化具有许多无形的效益，例如保护环境、减少污染等。同时，考虑到农作物秸秆能源化的方式多种多样，本书以样本地农户最为熟悉的方式（即“农作物秸秆制沼气”）作为调查的重点内容。

支付意愿调查部分由两个核心问项构成。第一个问项是在假想条件下询问受访农户的支付意愿：“您的家庭愿意为保护环境而出钱吗（以农作物秸秆制沼气为例）”，答题选项是：“A 愿意，B 不愿意，原因是______”。第二个问项对回答 A 的被调查农户继续询问：“如果政府对秸

① 蔡银莺、张安录：《农地生态与农地价值关系》，科学出版社 2010 年版。

秆进行集中处理[①]，您家每个月最多愿意出多少钱”，投标值选项有“1—10元”“11—20元”“21—30元”“31—40元”“41—50元”“51—60元”“61—70元”“71—80元”“81—90元”“91—100元”“其他______”。[②]

受偿意愿调查部分同样由两个核心问项构成。第一个问项是：“如果政府为鼓励农民参与环境治理而发放补贴，您愿意接受吗（以农作物秸秆制沼气为例）”，答题选项是：“A愿意，B不愿意，原因是________”。第二个问项对回答A的受访农户继续询问，了解他们对参与农作物秸秆能源化的意愿受偿水平：“政府每月给您家补贴多少元，您才愿意对秸秆进行回收利用”，投标值选项有“1—10元”“11—20元”“21—30元”“31—40元”“41—50元”“51—60元”“61—70元”“71—80元”“81—90元”“91—100元”“其他______”。

值得一提的是，本书通过预调查发现，尽管调查小组成员在调查之前使用廉价磋商（Cheap Talk）的方式向被调查农户较为详细地介绍了调查问卷的背景和目的，并较为客观地阐述了农作物秸秆能源化的种种无形收益，但仍有部分农户对“农作物秸秆能源化”这一概念的认识程度不高，极有可能会使被调查农户高估或低估了自身的支付意愿/受偿意愿。因此，为了进一步保证调查结果的准确性，本书在调查问卷的末尾设计了如下问项：“对于上述‘支付意愿’‘受偿意愿’的调查，您所选择支付金额（或受偿金额）的确定性程度如何？请在下面1—10的标度上选择您的确定性程度”，选项为“非常不确定—1—2—3—4—5—6—7—

① 农作物秸秆不同处理方式的成本收益不尽相同。因此，为了获取更为准确的调查结果，在有关支付意愿的调查过程中，经过培训的调查小组成员将以“农作物秸秆制沼气”为例，采用通用措辞的形式，以通俗易懂的语言客观讲述农作物秸秆制沼气的经济价值、生态价值与社会价值，并向农户讲述当地政府筹资建设沼气的原因与目的。有关受偿意愿的调查亦复如是。

② 本书将投标值区间如此设定的原因在于：近年来，随着农户收入水平的提高，中国农村地区的货币支付最小单位几乎已经全部由“角”转变为“元”，因此，为了提高问卷调查效率，本书默认农户的支付额为整元数。对于调查过程中可能出现的20.5元、30.5元等非整元数回答，本书将之归于“其他______”选项。受偿意愿调查的投标值区间设定缘由亦复如是。

8—9—10—非常确定”。

二、调查实施

本书调查地点选择了湖北、安徽、山东、贵州、黑龙江、四川、辽宁、吉林8个省份。具体而言，湖北省选择了钟祥市。该市既是国家可持续发展实验区，又是全国生态示范区。安徽省选择了合肥市与六安市。其中，合肥市曾荣获中国人居环境奖，建立了“1+6+3+N”生态农业发展体系；六安市地处江淮之间，是国家重点商品粮生产基地，曾荣获“国家级生态示范区”称号。山东省选择了潍坊市。该市是中美低碳生态试点城市，也是全国循环经济示范市。四川省选择了德阳市与内江市。其中，德阳市地处成都平原东北部，农业生产条件较好，是四川省重要粮食生产基地，也是中国农村改革的重要发源地之一；内江市地处四川省东南部，是国家商品粮生产基地。贵州省选择了遵义市、毕节市和黔东南苗族侗族自治州。其中，遵义市地处贵州省北部，具有“黔北粮仓”的美誉；毕节市是贵州金三角之一，农副土特产品众多；黔东南苗族侗族自治州生态环境得天独厚。辽宁省选择了锦州市与大连市。其中，锦州市地处辽西走廊东部，是国家科技成果转化服务示范基地；大连市位于黄渤海之滨，农业资源较为丰富，盛产水稻、水果与花生。吉林省选择了四平市与吉林市。其中，四平市位于松辽平原中部腹地，是东北三大粮仓之一，盛产水稻、玉米、大豆；吉林市是“雾凇之都”，同样盛产水稻、玉米、大豆。黑龙江省选择了佳木斯市，地处东北亚经济圈的中心位置，自然资源丰富。

考虑到调查小组成员的数量与闲暇时间，正式调查分为两个阶段。第一次调查于2014年12月进行，第二次调查于2015年7月进行。面对面访谈法是主要的调查方法。需要说明的是，调查小组全部成员均来自农村，对农村生活习惯、农业生产状况、农户行为特征较为了解，且大部分成员具有丰富的农村调研经历。为了进一步保证调查结果的准确性，在正式调查开始之前，全部调查小组成员均经过了专业培训。同时，在访谈之前，调查小组成员为被调查农户准备了20元误工补贴，并向被调查农户强调，本次调查仅仅用于学术研究，不会产生任何政策影响力。为确保样本代表性，调查小组根据谭祖雪和周炎炎（2013）[①]描述的方法，采用简单随机抽样技术抽取了908户样本，其中适用于研究目的的有效问卷有769份。

三、偏差处理

多年来，对条件价值评估法的批评主要涉及调查结果的可靠性和有效性、各种各样的偏差两个方面。为此，在问卷设计和调查过程中应尽可能地规避和降低偏差，提高调查问卷的质量，增强调查结果的可靠性和有效性。为了尽可能地克服偏差，调查小组做了如下工作：（1）通过预调查确定了农户支付意愿/受偿意愿的合理投标区间，以降低投标起点偏差；（2）使用通用语言向被调查农户列举了样本地农作物秸秆能源化利用的基本状况、国家关于农作物秸秆能源化的政策法规，客观强调农作物秸秆能源化对增进自身福利的重要性，同时提供其他被调查农户的意愿支付水平/意愿受偿水平等数据，以降低信息偏差、假想偏差；（3）向被调查农户强调该调查仅仅用于学术研究，同时展示调查者身份证明（包括学生证、身份证等），以降低策略性偏差；（4）在访谈开始之前，调查小组成员为被调查农户准备了20元误工补贴，以降低不反映偏差；（5）采用了“面对面”访谈的形式，并对调查小组成员进行了培训，以降低调查方式偏差、调查者偏差。

四、估计技术与变量设置

（一）非参数估计

在不考虑受访农户禀赋特征等相关变量影响的情况下，本书运用非

---

① 谭祖雪、周炎炎：《社会调查研究方法》，清华大学出版社2013年版。

参数估计方法测算农户的平均意愿支付水平/平均意愿受偿水平。

以平均意愿支付水平为例，农户平均意愿支付水平上限的估算公式为：

$$E(Bid)_{上限}=\sum_{i=1}^{n}Bid_i P_1 \quad (5.1)$$

式（5.1）中，*Bid* 表示支付水平投标值，即上文中的投标值选项“1—10元”“11—20元”“21—30元”“31—40元”“41—50元”“51—60元”“61—70元”“71—80元”“81—90元”“91—100元”“其他______”。i（$i=1,2,\cdots,n$）是指投标值的数量；Bid_i 为被调查农户所选择的第 i 个投标值；P_i 为被调查农户选择第 i 个投标值的概率，其计算方法为选择第 i 个投标值的农户数量除以样本总数。

农户平均意愿支付水平下限的估算公式为：

$$E(Bid)_{下限}=E(Bid)_{上限}\times 具有支付意愿的农户数量占全部农户数量的比例 \quad (5.2)$$

农户的平均意愿受偿水平上限、下限的计算方法类似于农户平均意愿支付水平的测算方法，在此不再赘述。

（二）参数估计

一般情况下，被调查农户在选择自己的意愿投标值时，或多或少会受到自身禀赋特征的影响。因而，有必要采用参数估计的方法测算农户农作物秸秆能源化的生态补偿标准。赫克曼（1979）指出以往经济计量分析中存在样本选择性偏差，并提出了 Heckman 两阶段估计模型矫正这一错误。[①]之后，该模型被大量应用于社会科学研究中。同样地，对农作物秸秆能源化所带来的生态福利增进具有支付意愿的农户，出于某些原因（例如，具有支付意愿但无支付能力），其意愿支付水平可能为0。如果在进行实证分析时不对此进行考虑，那么就有可能引起样本选择性偏

① Heckman J.J., “Sample Selection Bias as a Specification Error”, *Econometrica*, Vol.47, No.1, 1979.

差。本书同样选择 Heckman 两阶段估计方法进行参数估计，以克服样本选择性偏差问题。

在第一阶段，本书建立选择方程（Selection Equation），考察农户对农作物秸秆能源化的支付意愿的决定因素，即农户是否愿意为农作物秸秆能源化所带来的福利增进付费受到哪些因素的影响。具体而言，将事件“农户愿意付费”记为 $z=1$，且 z 可以用其潜在变量 z^* 表示。z^* 的表达式如下：

$$z_i^*=\omega_i'\ \alpha+e_i \tag{5.3}$$

式（5.3）中，i 是指第 i 位被调查农户，ω 为可能影响农户支付意愿的协变量组；独立误差项 e 服从正态分布，并且均值为 0，方差为 σ_e^2。z_i 与 z^*_i 之间的关系是：若 $z_i^*\leqslant 0$，则 $z_i=0$；若 $z_i^*>0$，则 $z_i=1$。

在第二阶段，本书建立主回归方程（Primary Equation），将第一阶段估计中获得的逆米尔斯比率作为控制变量与其他解释变量一起回归，考察农户意愿支付水平的影响因素。具体而言，将农户的意愿支付水平用 Bid 表示，则 Bid 可以用其潜在连续变量 Bid^* 表示，Bid^* 的表达式如下：

$$Bid^*_i=X_i'\beta+u_i \tag{5.4}$$

式（5.4）中，X_i 为可能影响农户意愿支付水平的协变量组，且它与 ω 并不需互不相交；独立误差项 u 服从正态分布，且均值为 0，方差为 σ_u^2。

估计 $z=1$ 时，向量 X_i 决定 bid 的条件期望值：

$$E(bid_i|z=1, X_i)=X_i'\beta+\rho\sigma_e\sigma_u\lambda_i \tag{5.5}$$

式（5.5）中，λ_i 为第一阶段估计中使用 Probit 模型对 $z=1$ 的全样本估计的逆米尔斯比率。

同样地，农户受偿意愿的参数估计方法与此类似，在此不再赘述。

（三）变量设置

技术接受和采纳研究领域已经形成了一系列解释人类行为的理论框架，包括理性行为理论（Theory of Reasoned Action，TRA）、技术接受模型（Technology Acceptance Model，TAM）、动机模型（Motivational model，MM）、计划行为理论（Theory of Planned Behavior，TPB）、复合的 TAM 与 TPB 模型（Combined TAM and TPB，C-TAM-TPB）、PC 利用型（Model of PC Utilization，MPCU）、创新扩散理论（Innovation Diffusion Theory，IDT）、社会认知理论（Social Cognitive Theory，SCT）。文卡特什等（2003）博采众长，在上述理论框架的基础上提出了整合型科技接受模式。[①] 根据文卡特什的研究，该模型的四个核心变量是：（1）绩效期望（Performance Expectancy），被定义为个人认为使用该系统有助于提高工作绩效的程度；（2）付出期望（Effort Expectancy），被定义为与系统的使用相关联的容易程度；（3）社会影响（Social Influence），是指个人认为他人会期望他或她使用新系统的程度；（4）便利条件（Facilitating Conditions），是指个人认为有足够的组织和技术基础设施支持新系统使用的程度。

整合型科技接受模式已在各个领域得到广泛应用，并已成为预测技术可接受性或可持续性的最有影响力的框架之一（库恩斯克等，2014；韦埃尔等，2015）。[②] 然而，在以往的研究中，该理论框架并没有在可再生能源领域得到广泛应用（雷扎伊和古法兰法里德，2018），使之成为学术界近年来一个值得关注与探讨的研究方向。[③] 例如，霍拉斯亚德等（Khorasanizadeh et al.，2016）应用该理论框架探讨了公众采用发光二极管

① Venkatesh V., Morris M. G., Davis G. B., et al., "User Acceptance of Information Technology: Toward a Unified View", *MIS Quarterly*, Vol.27, No.3, 2003.

② Kohnke A., Cole M. L., Bush R., "Incorporating UTAUT Predictors for Understanding Home Care Patients' and Clinician's Acceptance of Healthcare Telemedicine Equipment", *Journal of Technology Management & Innovation*, Vol.9, No.2, 2014. Veer A. J. E. D., Peeters J. M., Brabers A. E., et al., "Determinants of the Intention to Use E-Health by Community Dwelling Older People", *BMC Health Services Research*, Vol.15, No.3, 2015.

③ Rezaei R., Ghofranfarid M., "Rural Households' Renewable Energy Usage Intention in Iran: Extending the Unified Theory of Acceptance and Use of Technology", *Renewable Energy*, Vol.122, 2018.

技术以确保对环境产生积极影响和减少能源使用的问题。[①] 瓦斯瑟尔和肯普（Vasseur and Kemp，2015）研究了荷兰太阳能光伏推广应用的影响因素。在这些可再生能源的研究中，整合型科技接受模式得到了成功应用。[②]

本书旨在应用整合型科技接受模式这一理论分析框架，探讨影响农户对农作物秸秆能源化所带来的福利增进的支付意愿 / 受偿意愿的关键因素，以为相关研究作出贡献。此外，以往的研究主要集中在探究原始整合型科技接受模式中变量之间的关系；本书则通过引入"信任"变量[③]，扩展整合型科技接受模式，填补了这一领域的研究空白，为农户对农作物秸秆能源化所带来的福利增进的支付意愿 / 受偿意愿问题提供了更多的实证依据。接下来，本书以农户对农作物秸秆能源化所带来的福利增进的支付意愿模型为例，从理论上对各核心变量的维度及其可能的影响机理进行分析：

1. 绩效期望

绩效期望类似于技术接受模型中的"感知有用性"（Perceived Usefulness）"（文卡特什等，2003），反映了个体感知的农作物秸秆能源化所带来的福利增进程度，如改善生态环境、促进农户增收、推动农村发展等。[④] 田等（Tian et al.，2016）在一项关于废弃物管理的研究中指出，对危险废弃物的认知是影响居民支付决定的主要因素。[⑤] 李等（Li et

---

① Khorasanizadeh H., Honarpour A., Park S. A., et al., "Adoption Factors of Cleaner Production Technology in a Developing Country: Energy Efficient Lighting in Malaysia", *Journal of Cleaner Production*, Vol.131, 2016.

② Vasseur V., Kemp R., "The Adoption of PV in the Netherlands: A Statistical Analysis of Adoption Factors", *Renewable & Sustainable Energy Reviews*, Vol.41, 2015.

③ 已有不少文献证实了信任对公众环境治理行为的改善作用（例如，达格尔和哈拉里，Dagher and Harajli，2015；尤格，Yogo，2015；何可等，2015）。然而，据本书所知，通过在扩展整合型科技接受模式中引入信任变量以分析农户环境治理参与行为的文献尚未见报道。

④ Venkatesh V., Morris M. G., Davis G. B., et al., "User Acceptance of Information Technology: Toward a Unified View", *MIS Quarterly*, Vol.27, No.3, 2003.

⑤ Tian X., Wu Y., Qu S., et al., "The Disposal and Willingness to Pay for Residents' Scrap Fluorescent Lamps in China: A Case Study of Beijing", *Resources Conservation & Recycling*, Vol.114, 2016.

al.，2016）在一项关于气候变化的研究中发现，对气候变化反作用的认知与关心程度更高的被调查者表现出更高的支付意愿。[①] 这些研究结果均表明，个体对某一具有公共物品属性的事物的认知程度越高，其支付意愿越强。而在农作物秸秆资源化利用领域，已有研究指出，农作物秸秆能源化利用具有良好的生态效益、经济效益和社会效益（何可等，2016）。[②] 据此，本书将绩效期望划分为生态绩效期望、经济绩效期望、社会绩效期望等三类。

2. 付出期望

努力期望类似于技术接受模型理论分析框架中的“感知易用性”，反映了农户感知参与农作物秸秆能源化的难度。许多研究已经证实，付出期望对个体决策具有重要影响（蒂默曼等，2016；纽斯文和彼得森，2016）。[③] 贝克尔（Becker，1965）认为，家庭追求效用最大化通常是在经济因素和时间因素的共同制约下进行的。[④] 据此，本书将付出期望分为两类：经济成本期望和时间成本期望。在经济因素方面，如果农户认为农作物秸秆能源化利用需要较高的经济成本，即使农作物秸秆能源化利用的效益较高，他们也不太可能为此付出代价；就时间因素而言，经济学家通常把时间成本视为机会成本（贝克尔，1965），这种成本通常会对人们的支付意愿产生负面影响。[⑤]

3. 社会影响

社会影响是指个体感知的关键性农村社会网络人员对农户行为决

---

① Li, Y., Mu X., Schiller A. R., et al., “Willingness-to-Pay for Climate Change Mitigation: Evidence from China”, *Energy Journal*, Vol.37, No.1, 2016.

② He K., Zhang J. B., Zeng Y. M., et al., “Households’ Willingness to Accept Compensation for Agricultural Waste Recycling”, *Journal of Cleaner Production*, Vol.131, 2016.

③ Cimperman M., Makovec B. M., Trkman, P., “Analyzing Older Users’ Home Telehealth Services Acceptance Behavior-Applying an Extended UTAUT Model”, *International Journal of Medical Informatics*, Vol.90, 2016. Nysveen H., Pedersen P. E., “Consumer Adoption of RFID-Enabled Services. Applying an Extended UTAUT Model”, *Information Systems Frontiers*, Vol.18, No.2, 2016.

④ Becker G. S., “A Theory of the Allocation of Time”, *Economic Journal*, Vol.75, No.299, 1965.

⑤ Becker G. S., “A Theory of the Allocation of Time”, *Economic Journal*, Vol.75, No.299, 1965.

策的影响。许多学者发现，源自于意见领袖的社会影响对个体决策具有深远的影响（陈和米苏拉，1990；尼斯贝特和科奇，2009；赵等，2018）。[①] 在农村地区，一些社会经济地位较高的农民往往被视为意见领袖（艾扬格等，2011）。[②] 这些农民通常具有较高的收入或是接受过良好的教育，在引导其他农户接受公共政策和新技术方面能够发挥重要作用（孟曰和彭光芒，2009）。[③] 一般来说，受过良好教育的人往往表现出很高的环保意识。因此，受高学历者影响越大的农户，越愿意为生态环境保护付费。然而，在中国农村地区，受高收入者影响较大的农户，更有致富的愿望和动力（孟曰和彭光芒，2009），[④] 从而有可能因秉持"开源节流"思想而不愿意为生态环境保护付费。根据上述分析，本书将社会影响分为两类：高学历者的影响和高收入者的影响。

4. 便利条件

整合型科技接受模式中，便利条件被用于描述来自组织的支持程度。在过去的行为经济研究中，由于"付出期望"变量强调金钱、时间等成本投入的重要性，使得一部分"便利条件"变量对因变量的解释转移至"付出期望"变量之中。为了降低"便利条件"变量与"付出期望"变量之间的相关性，本书中更加强调外部资源的便利性（如便利的物流服务、便捷的技术指导服务）对农户的影响。如果有大量的外部资源支持农作

---

① Chan K. K., Misra S., "Characteristics of the Opinion Leader: A New Dimension", *Journal of Advertising*, Vol.19, No.3, 1990. Nisbet M. C., Kotcher J. E., "A Two-Step Flow of Influence?: Opinion-Leader Campaigns on Climate Change", *Science Communication*, Vol.30, No.3, 2009. Zhao Y., Kou G., Peng Y., et al., "Understanding Influence Power of Opinion Leaders in E-Commerce Networks: An Opinion Dynamics Theory Perspective", *Information Sciences*, Vol.426, 2018.

② Iyengar R., Bulte C. V. D., Valente T. W., "Opinion Leadership and Social Contagion in New Product Diffusion", *Informs*, Vol.30, No.2, 2011.

③ 孟曰、彭光芒：《新农村建设背景下农村社区意见领袖的特点和作用》，《华中农业大学学报（社会科学版）》2009年第2期。

④ 孟曰、彭光芒：《新农村建设背景下农村社区意见领袖的特点和作用》，《华中农业大学学报（社会科学版）》2009年第2期。

物秸秆能源化利用，那么该利用模式将在农村地区得到很好的实施推广。因此，为农村地区提供便捷的物流等可靠的基础设施以及便利的技术指导服务具有重要意义（贝尔维尔和奥马尔，2017）。[①] 具体而言，本书将便利条件划分为物流便利性、技术便利性两类。

5. 信任

信任可以分为两类：人际信任和制度信任（贝克和陈，2014）。[②] 由于人际信任和制度信任的对象和产生机制存在差异，它们在改善公众环境治理行为时扮演着不同角色（何可等，2015）。[③] 因此，本书分别探讨人际信任、制度信任对农户的影响。借鉴汪汇等（2009）、邹宇春等（2011）的做法，本书在人际信任中选择了对亲人的信任、对邻居的信任两个变量，在制度信任中选择了对村干部的信任、对环保法规的信任两个变量。[④] 值得一提的是，本书研究的信任并非一般意义上的信任，而是农户在农作物秸秆能源化上对他人所持有的一种符合自身利益的理性行为预期或情感认同。

6. 控制变量

一些专家和学者的研究显示，人口学因素对个体的支付意愿 / 受偿意愿具有重要的影响（坎贝尔和埃尔德姆，2015）。[⑤] 鉴于此，本书将个人特征（性别、年龄、文化程度）、家庭经济特征（家庭总收入、劳动力数

---

① Bervell B., Umar I., "Validation of the UTAUT Model: Re-Considering Non-Linear Relationships of Exogeneous Variables in Higher Education Technology Acceptance Research", *EURASIA Journal of Mathematics Science and Technology Education*, Vol.13, No.10, 2017.

② Baek Y. M., Chan, S. J., "Focusing the Mediating Role of Institutional Trust: How does Interpersonal Trust Promote Organizational Commitment?", *Social Science Journal*, Vol.52, No.4, 2014.

③ 何可、张俊飚、张露等：《人际信任、制度信任与农民环境治理参与意愿——以农业废弃物资源化为例》，《管理世界》2015 年第 5 期。

④ 汪汇、陈钊、陆铭：《户籍、社会分割与信任：来自上海的经验研究》，《世界经济》2009 年第 10 期。邹宇春、敖丹：《自雇者与受雇者的社会资本差异研究》，《社会学研究》2011 年第 5 期。

⑤ Campbell D., Erdem S., "Position Bias in Best-Worst Scaling Surveys: A Case Study on Trust in Institutions", *American Journal of Agricultural Economics*, Vol. 97, No.4, 2015.

量、承包地面积）作为控制变量纳入回归方程。同时，考虑到本书的调研范围涉及多个市县，因此，本书遵循国家统计局的划分方法，将调研区域划分为东、中、西、东北四个区域，并将之作为哑变量，东北部为基准组。全部自变量的赋值及描述性统计如表 5.1 所示。

表 5.1　自变量的含义及描述性统计

类别	变量	含义及赋值	均值	标准差
绩效期望	生态绩效期望	较低 = 0；较高 =1	0.841	0.3656
	经济绩效期望	较低 = 0；较高 =1	0.688	0.4636
	社会绩效期望	较低 = 0；较高 =1	0.717	0.451
付出期望	时间成本期望	较低 = 0；较高 =1	0.376	0.485
	经济成本期望	较低 = 0；较高 =1	0.419	0.4937
社会影响	高学历者的影响	较低 = 0；较高 =1	0.609	0.4884
	高收入者的影响	较低 = 0；较高 =1	0.525	0.500
便利条件	物流便利性	较低 = 0；较高 =1	0.243	0.429
	技术便利性	较低 = 0；较高 =1	0.779	0.415
人际信任	对亲人的信任	较低 = 0；较高 =1	0.731	0.444
	对邻居的信任	较低 = 0；较高 =1	0.632	0.483
制度信任	对村干部的信任	较低 = 0；较高 =1	0.753	0.432
	对环保法规的信任	较低 = 0；较高 =1	0.832	0.374
控制变量	性别	女 = 0；男 =1	0.923	0.266
	年龄	被调查者年龄（周岁）	50.943	9.252
	文化程度	被调查者受教育年限（年）	8.125	3.250
	家庭总收入	上年家庭实际总收入（万元）	5.029	5.098
	劳动力数量	家庭实际人口数量（人）	2.691	1.174
	承包地面积	家庭实际承包地面积（亩）	9.726	21.784

（四）多重共线性检验

若自变量之间高度相关或完全相关，将引起回归系数的标准差过大，甚至将导致回归系数无法确定。考虑到本书中绩效期望、付出期望、人际信任、制度信任等变量内部或各变量之间可能存在多重共线性，本书对各自变量进行多重共线性检验。通常，当方差膨胀因子 VIF=1 时，可认为各自变量之间不存在多重共线性；当 VIF > 3 时，可认为各自变量之间存在一定程度的多重共线性；当 VIF > 10 时，可认为各自变量之间高度相关。限于篇幅，本书仅报告以“生态绩效期望”作为因变量，“经济绩效期望”“社会绩效期望”“时间成本期望”“经济成本期望”等余下变量作为自变量的检验结果（如表 5.2 所示）。综合全部检验结果来看，各自变量之间的共线性程度在合理范围之内，能够满足回归要求。

表 5.2　多重共线性诊断结果

因变量	自变量	共线性统计量	
		容差	VIF
生态绩效期望	经济绩效期望	0.536	1.866
	社会绩效期望	0.482	2.076
	时间成本期望	0.430	2.323
	经济成本期望	0.462	2.164
	高学历者的影响	0.369	2.71
	高收入者的影响	0.386	2.591
	物流便利性	0.932	1.073
	技术便利性	0.355	2.820
	对亲人的信任	0.398	2.512
	对邻居的信任	0.407	2.458
	对村干部的信任	0.384	2.607
	对环保法规的信任	0.497	2.014
	性别	0.899	1.113
	年龄	0.829	1.206
	文化程度	0.919	1.088
	家庭总收入	0.924	1.082
	劳动力数量	0.930	1.075
	承包地面积	0.900	1.111

第二节　农作物秸秆能源化生态补偿标准的非参数估计结果

一、支付意愿视角下的非参数估计结果

（一）农户支付意愿

表5.3报告了农户支付意愿的统计结果。不难发现，769个有效样本中，566个样本具有支付意愿，占全部有效样本的73.60%。这表明，样本区域内的大多数农户具有较高的环境保护意识。这可能与近年来中国政府高度重视生态文明建设、大力倡导生态环境保护有关。分区域来看，西部地区具有支付意愿的农户比例最高，为81.05%；东部地区与中部地区基本一致，约为75%；东北部地区则最低，仅为48.39%。究其原因，东北部地区中选择“不愿意”的有效样本中，38.78%的农户给出的理由是“自身经济条件限制”，22.45%的农户认为环境治理与保护是“政府的事情”，4.08%的农户则单纯是“不想出钱出力”，余下38.77%的农户则是其他原因。

表 5.3　农户支付意愿的统计结果

区域	支付意愿			
	愿意		不愿意	
	频数（户）	百分比（%）	频数（户）	百分比（%）
全样本	566	73.60	203	26.40
东部	130	76.47	40	23.53
中部	267	75.64	86	24.36
西部	124	81.05	29	18.95
东北部	45	48.39	48	51.61

（二）农户意愿支付水平

由于调查问卷中用于估计农户意愿支付水平的选项属于区间值，根

据统计学的合理性，并借鉴刘亚萍等（2008）、徐大伟等（2012）的做法，本书采用各区间的中值代替农户的意愿支付水平值。[①]对于“其他______”这一区间，本书发现，一部分选择了该投标值的农户自行给出了其期望付费的金额，因此，本书以出现频率最高的“200元”作为替代；余下农户（约占全样本的2.73%）虽具有支付意愿，但受限于自身经济状况等原因，没有支付能力，因而其意愿支付水平为0。据此，得到农户意愿支付水平的分布情况，如表5.4所示。不难发现，无论是全样本，还是分区域样本，大部分农户的意愿支付水平低于45元/（月·户）。进一步，应用式（5.1）、式（5.2），不难计算出东部地区农户的意愿支付水平（即农作物秸秆能源化生态补偿标准）约为16.00—20.92元/（月·户），中部地区约为19.95—26.37元/（月·户），西部地区约为7.91—9.76元/（月·户），东北地区约为14.52—30.00元/（月·户）；从全样本来看，这一数据约为16.02—21.76元/（月·户）。

表5.4　农户意愿支付水平的分布情况

	Bid（元）	全样本		东部		中部		西部		东北部	
		频数（户）	百分比（%）	频数（户）	百分比（%）	频数（户）	百分比（%）	频数（户）	百分比（%）	频数（户）	百分比（%）
WTP=1	0	21	2.73	11	6.47	10	2.83	0	0.00	0	0.00
	5	316	41.09	82	48.24	129	36.54	89	58.17	16	17.20
	15	86	11.18	10	5.88	49	13.88	22	14.38	5	5.38
	25	33	4.29	4	2.35	17	4.82	10	6.54	2	2.15
	35	16	2.08	4	2.35	8	2.27	0	0.00	4	4.30
	45	36	4.68	4	2.35	17	4.82	2	1.31	13	13.98
	55	13	1.69	5	2.94	4	1.13	0	0.00	4	4.30
	65	0	0.00	0	0.00	0	0.00	0	0.00	0	0.00

① 刘亚萍、李罡、陈训等：《运用WTP值与WTA值对游憩资源非使用价值的货币估价——以黄果树风景区为例进行实证分析》，《资源科学》2008年第3期。徐大伟、常亮、侯铁珊等：《基于WTP和WTA的流域生态补偿标准测算——以辽河为例》，《资源科学》2012年第7期。

续表

	Bid（元）	全样本		东部		中部		西部		东北部	
		频数（户）	百分比（%）	频数（户）	百分比（%）	频数（户）	百分比（%）	频数（户）	百分比（%）	频数（户）	百分比（%）
WTP =1	75	1	0.13	0	0.00	1	0.28	0	0.00	0	0.00
	85	2	0.26	1	0.60	1	0.28	0	0.00	0	0.00
	95	28	3.64	4	2.35	23	6.52	1	0.65	0	0.00
	200	14	1.83	5	2.94	8	2.27	0	0.00	1	1.08
WTP =0		203	26.40	40	23.53	86	24.36	29	18.95	48	51.61
总计		769	100	170	100	353	100	153	100	93	100

二、受偿意愿视角下的非参数估计结果

（一）农户受偿意愿

表5.5报告了农户受偿意愿的统计结果。不难发现，769个有效样本中，726个样本具有支付意愿，占全部有效样本的94.41%。表明，样本区域内的绝大多数农户愿意接受一定的补偿作为参与农作物秸秆能源化的激励。分区域来看，西部地区具有受偿意愿的农户比例最高，为98.04%；东部地区与中部地区基本一致，约为96%；东北部地区则最低，仅为77.42%。

表5.5　农户受偿意愿的统计结果

区域	受偿意愿			
	愿意		不愿意	
	频数（户）	百分比（%）	频数（户）	百分比（%）
全样本	726	94.41	43	5.59
东部	162	95.29	8	4.71
中部	342	96.88	11	3.12
西部	150	98.04	3	1.96
东北部	72	77.42	21	22.58

（二）农户意愿受偿水平

采用与前文农户意愿支付水平相同的做法，得到农户意愿受偿水平

的分布情况，如表5.6所示。不难发现，在所有被调查农户中，约有2.47%的农户意愿受偿水平为零。实地调研发现，这部分农户往往具有较高的环保意识，他们不但愿意参与农业废弃物资源化，而且希望政府能够将他们应得的补偿金继续用于农村环境改善。

表5.6 农户意愿受偿水平的分布情况

	Bid（元）	全国		东部		中部		西部		东北部	
		频数（户）	百分比（%）	频数（户）	百分比（%）	频数（户）	百分比（%）	频数（户）	百分比（%）	频数（户）	百分比（%）
WTA=1	0	19	2.47	6	3.53	10	2.86	0	0.00	1	1.08
	5	110	14.30	23	13.53	38	10.86	33	21.57	8	8.60
	15	69	8.97	12	7.06	32	9.14	22	14.38	2	2.15
	25	77	10.01	17	10.00	38	10.86	18	11.76	6	6.45
	35	45	5.85	5	2.94	31	8.86	6	3.92	3	3.23
	45	92	11.96	12	7.06	48	13.71	16	10.46	19	20.43
	55	70	9.10	16	9.41	30	8.57	17	11.11	8	8.60
	65	9	1.17	3	1.76	2	0.57	3	1.96	1	1.08
	75	21	2.73	1	0.59	10	2.86	7	4.58	3	3.23
	85	35	4.55	3	1.76	6	1.71	13	8.50	13	13.97
	95	114	14.82	51	30.00	51	14.57	7	4.58	8	8.60
	200	66	8.48	13	7.65	42	12.00	8	5.22	0	0.00
WTA=0		42	5.59	8	4.71	12	3.43	3	1.96	21	22.58
总计		769	100	170	100	350	100	153	100	93	100

进一步，应用式（5.1）、式（5.2），不难计算出东部地区农户的意愿受偿水平约为60.50—63.49元/（月·户），中部地区约为60.28—62.22元/（月·户），西部地区约为45.26—46.00元/（月·户），东北地区约为40.03—51.71元/（月·户）；从全样本来看，这一数据约为54.85—58.10元/（月·户）。

第三节　农作物秸秆能源化生态补偿标准的参数估计结果

一、支付意愿视角下的参数估计结果

（一）农户支付意愿 / 意愿支付水平的影响因素

表 5.7 报告了农户支付意愿 / 意愿支付水平的 Heckman 两阶段回归结果。不难发现，Wald chi2=56.080（p=0.000<0.01），表明模型中至少有 1 个协变量具有不等于 0 的效应，即认为模型的拟合度较好。从结果来看，在第一阶段中，经济绩效期望、成本投入期望、高收入者的影响、物流便利性、技术便利性、对邻居的信任等变量显著，表明上述变量是影响农户支付意愿的关键因素；在第二阶段中，对环保法规的信任、家庭总收入等变量显著，表明上述变量是影响农户意愿支付水平的关键因素。具体分析如下：

表 5.7　农户支付意愿 / 意愿支付水平影响因素的回归结果

变量类别	变量名称	第一阶段		第二阶段	
		Coef.	Std.Err.	Coef.	Std.Err.
绩效期望	生态绩效期望	−0.279	0.186	−1.126	7.523
	经济绩效期望	0.313**	0.149	6.774	5.859
	社会绩效期望	−0.109	0.168	−8.034	5.762
付出期望	时间成本期望	0.030	0.171	7.140	4.896
	经济成本期望	0.421**	0.163	−0.055	6.396
社会影响	高学历者的影响	−0.150	0.175	−3.714	5.522
	高收入者的影响	−0.554***	0.174	0.661	8.419
便利条件	物流便利性	0.274**	0.136	7.069	5.077
	技术便利性	0.393*	0.204	4.122	8.798
人际信任	对亲人的信任	−0.201	0.189	−0.631	5.884
	对邻居的信任	0.798***	0.179	2.299	10.408

续表

变量类别	变量名称	第一阶段		第二阶段	
		Coef.	Std.Err.	Coef.	Std.Err.
制度信任	对村干部的信任	-0.005	0.198	-4.328	6.049
	对环保法规的信任	0.163	0.189	13.766***	7.639
控制变量	性别	0.318	0.211	4.695	7.543
	年龄	-0.009	0.007	-0.334	0.211
	文化程度	0.025	0.017	0.384	0.603
	家庭总收入	-0.016	0.010	1.227***	0.404
	劳动力数量	0.065	0.047	1.190	1.590
	承包地面积	0.008	0.005	0.064	0.075
	地区变量	已控制			
	常数	-0.841*	0.480		
mills	lambda	20.862	30.246		
检验	rho	0.564			
	sigma	36.998			
	Wald chi2	56.080			
	Prod> chi2	0.000			

注：***、**、* 分别表示在 1%、5%、10% 的置信水平上显著。

绩效期望中的“经济绩效期望”变量于模型第一阶段中在 5% 的置信水平上显著，且系数为正，表明在其他条件不变的情况下，农户对农作物秸秆能源化的经济绩效期望越高，其意愿支付水平越高。可能的解释是，如本书前文所述，沼气能够代替部分化石能源，从而有助于节约农户的生产成本与生活成本（米塔尔等，2018）。[①] 农户对上述益处了解程度越高，其意愿支付水平自然也会随之提高。

付出期望中的“经济成本期望”变量于模型第一阶段在 5% 的置信

① Mittal S., Ahlgren E. O., Shukla P. R., “Barriers to Biogas Dissemination in India: A Review”, *Energy Policy*, Vol.112, 2018.

水平上显著，且系数符号为正。这表明，在其他条件不变的情况下，农户认为农作物秸秆能源化利用所需投入的经济成本越高，其意愿支付水平越高。可能的解释是，一般来说，商品的经济成本越高，价格就越高。环境商品在发展中国家是奢侈品（麦克法登和伦纳德，1993）。[①] 农作物秸秆能源化利用具有巨大的生态环境效益，可以被视为一种环境商品（何可和张俊飚，2014）。[②] 因此，本着“便宜无好货”的思想，农作物秸秆能源化利用的经济成本越高，农户的意愿支付水平往往也越高。

社会影响中的“高收入者的影响”变量于模型第一阶段在1%置信水平上显著性，且系数符号为负。这说明，在其他条件不变的情况下，农户受高收入者的影响力越强，其支付意愿随之降低。可能的解释是，通常情况下，高收入者具有较强的营利能力，善于聚敛财富。农户受到高收入者的影响，往往容易表现出对经济利益的追逐，换言之，这类农户通常具有“开源节流”的思想，从而为了减少额外的开支而对农作物秸秆能源化利用所带来的福利增进表现出较低的支付意愿。

便利条件中的“物流便利性”变量于模型第一阶段在5%置信水平上显著，且系数符号为正。这表明，在其他条件不变的情况下，农作物秸秆“收—储—运”物流的便利程度越高，其支付意愿越强烈。可能的解释是，农作物秸秆要顺利实现能源化利用，离不开“收—储—运”一体化物流体系的支撑，否则，高额的成本有可能让农户望而却步。可见，农作物秸秆“收—储—运”物流的便利程度越高，农户认为农作物秸秆实现其能源化价值的可行性越强，从而其自身获得生态福利增进的可能性也随之提高，故而表现出较高的支付意愿。

便利条件中的“技术便利性”变量在模型第一阶段的回归中显著，

① McFadden D., Leonard G. K., “Issues in the Contingent Valuation of Environmental Goods: Methodologies for Data Collection and Analysis”, in Hausman, J. A.(Eds.), *Contingent Valuation: A Critical Assessment*, North-Holland Press, 1993.

② 何可、张俊飚：《农民对资源性农业废弃物循环利用的价值感知及其影响因素》，《中国人口·资源与环境》2014年第10期。

且系数为正。这意味着，在其他条件不变的情况下，技术便利性对农户支付意愿具有显著的积极影响。可能的解释是，除了基础设施之外，一定的知识储备和技术基础同样是农作物秸秆能源化实施的前提。正因如此，如果技术指导员能够切实解决农作物秸秆能源化利用过程中的疑难问题，那么，农户对农作物秸秆能源化的需求将越强烈，支付意愿亦随之提高。

人际信任中的“对邻居的信任”变量于模型第一阶段在1%置信水平上显著，且系数符号为正。换言之，在其他条件不变的情况下，农户对邻居的信任程度越高，其支付意愿越强烈。正如尤斯拉纳（Uslaner，2002）在其著作《信任的道德基础》中所指出的那样：“人际间信任……这些都可以把人们凝聚在一起，以集体的方式解决问题，犹太传统把这些称之为tikkun olam，或者叫治愈世界。”[①] 这是因为，邻居之间的信任可以产生邻里效应（霍洛韦和纳帕，2007）。[②] 这是一种非正式制度，能够增强居民为共同利益行事的愿望（法布苏伊，2018）。[③] 同时，邻里之间的信任能够提高彼此对未来合作的期望，甚至形成一种风险分担和互利互惠的机制（何可等，2016）。[④] 因此，对邻居的信任对农户的支付意愿具有积极影响。

制度信任中的“对环保法规的信任”变量在模型第二阶段回归中显著为正。可能的解释是，有大量证据表明，如果人们相信执法是公平的，然后信任政府以及法律和法规，那么他们更有可能遵守法律（泰勒，

---

① Uslaner E., *The Moral Foundations of Trust*, Cambridge University Press, 2002.

② Holloway G., Lapar M. L. A., “How Big is Your Neighbourhood? Spatial Implications of Market Participation Among Filipino Smallholders”, *Journal of Agricultural Economics*, Vol.58, No.1, 2007.

③ Fabusuyi T., “Is Crime a Real Estate Problem? A Case Study of the Neighborhood of East Liberty, Pittsburgh, Pennsylvania”, *European Journal of Operational Research*, Vol.268, No.3, 2018.

④ He K., Zhang J. B., Feng J. H., et al., “The Impact of Social Capital on Farmers’ Willingness to Reuse Agricultural Waste for Sustainable Development”, *Sustainable Development*, Vol.24, No.2, 2016.

1990；斯科尔斯和品尼，1995）。[①] 尤其是在一个具有强烈信任感的社会里，违法者很容易受到惩罚（尤斯拉纳，2006）。[②] 换言之，农户对环保法规的信任体现了其服从监管的动机，进而有助于提高其支付意愿。

（二）农作物秸秆能源化生态补偿标准的参数估计

研究影响农户意愿支付水平的关键因素，是为了测算农户的平均意愿支付水平（即农作物秸秆能源化生态补偿标准）。根据式（5.5），本书采用 Heckman 两阶段估计中的期望计算方法测算出东部地区农户意愿支付水平的期望值约为 21.20 元 /（月・户），中部地区约为 25.27 元 /（月・户），西部地区约为 9.61 元 /（月・户），东北部地区约为 40.98 元 /（月・户）。从全样本来看，农户对农作物秸秆能源化生态福利增进的意愿支付水平的期望值约为 22.21 元 /（月・户）。

二、受偿意愿视角下的参数估计结果

（一）农户受偿意愿 / 意愿受偿水平的影响因素

表 5.8 报告了农户受偿意愿 / 意愿受偿水平的 Heckman 两阶段回归结果。不难发现，Wald chi2=47.650（$p=0.001<0.01$），表明模型中至少有 1 个协变量具有不等于 0 的效应，即认为模型的拟合度较好。从结果来看，在第一阶段中，经济绩效期望、时间付出期望、成本投入期望、高收入者的影响、对邻居的信任、性别等变量显著，表明上述变量是影响农户受偿意愿的关键因素；在第二阶段中，高学历者的影响、对邻居的信任、对村干部的信任、年龄、家庭总收入等变量显著，表明上述变量是影响农户意愿受偿水平的关键因素。具体分析如下：

① Tyler T. R., *Why People Obey the Law*, Yale University Press, 1990. Scholz J. T., Pinney N., "Duty, Fear, and Tax Compliance: The Heuristic Basis of Citizenship Behavior", *American Journal of Political Science*, Vol.39, No.2, 1995.

② Uslaner E., *The Moral Foundations of Trust*, Cambridge University Press, 2002.

表 5.8 农户受偿意愿 / 意愿受偿水平影响因素的回归结果

变量类别	变量名称	第一阶段		第二阶段	
		Coef.	Std.Err.	Coef.	Std.Err.
绩效期望	生态绩效期望	-0.006	0.331	-10.063	7.514
	经济绩效期望	-0.542*	0.305	0.007	6.049
	社会绩效期望	0.285	0.316	1.240	6.830
付出期望	时间成本期望	-0.583*	0.321	-2.883	6.401
	经济成本期望	1.016***	0.330	-2.814	6.501
社会影响	高学历者的影响	0.188	0.348	14.941**	6.689
	高收入者的影响	-1.166**	0.386	10.169	6.944
便利条件	物流便利性	-0.167	0.230	2.997	5.004
	技术便利性	0.709	0.359	-0.401	8.524
人际信任	对亲人的信任	-0.187	0.379	5.526	7.005
	对邻居的信任	0.629*	0.374	-18.273***	6.541
制度信任	对村干部的信任	0.399	0.376	-14.704*	7.528
	对环保法规的信任	0.275	0.276	-5.998	7.912
控制变量	性别	-6.634***	0.782	-0.157	8.111
	年龄	-0.018	0.012	-0.531**	0.245
	文化程度	-0.003	0.033	0.013	0.638
	家庭总收入	0.029	0.026	-1.031**	0.420
	劳动力数量	0.085	0.089	1.032	1.781
	承包地面积	0.021	0.142	0.022	0.095
	地区	已控制			
	常数	7.288	0.000	105.123***	18.699
mills	lambda	-28.298	23.713		
检验	rho	-0.529			
	sigma	53.521			
	Wald chi2	47.650			
	Prod> chi2	0.001			

注：***、**、* 分别表示在 1%、5%、10% 的置信水平上显著。

绩效期望中的“经济绩效期望”变量于模型第一阶段中在10%的置信水平上显著，且系数为负，表明在其他条件不变的情况下，农户对农作物秸秆能源化的经济绩效期望越高，其受偿意愿越低。可能的解释是，正如本书第四章所述，农作物秸秆能源化具有较为明显的溢出效应，且较之于传统农业生产活动，其所需投入的成本更高。与此相对应，只有较高的经济收益才能驱动理性的农户参与农作物秸秆能源化。换言之，当农户的经济绩效期望处于较高水平时，不需要补偿即可推动其环境保护行为。

付出期望中的“时间成本期望”变量于模型第一阶段的回归中在10%置信水平上显著，且方向为负。这表明，在其他条件不变的情况下，当农户认为，农作物秸秆能源化需要投入的时间越多，即使给予其一定的补偿，也不具有农作物秸秆能源化利用意愿。然而，“经济成本期望”变量的方向为正，即在其他条件不变的情况下，当农户认为，农作物秸秆能源化需要投入的成本越多，其受偿意愿越高。尽管这与一些研究相反（彼得等，2009；穆鲁等，2016），在这些研究中，财政拮据被认为是个体不采用沼气技术的一个重要原因。[①]但笔者认为，本书的结果有其特殊性与合理性。在发展中国家，农户的收入水平普遍不高，因而在时间分配上往往表现为高收入活动优先（檀学文，2013）。[②]这意味着，若农作物秸秆能源化所需的时间较多，农户基于比较收益的考虑，更加愿意从事收入更高的其他农业活动，因而持有该观点的农户即使在有补偿的情况下也倾向于选择不参与农作物秸秆能源化。与之相反，当其他条件既定时，若农作物秸秆能源化需要投入较多的成本，农户基于成本收益

① Peter N. W., Johnny M., Lars D., “Biogas Energy from Family-Sized Digesters in Uganda: Critical Factors and Policy Implications”, *Energy Policy*, Vol.37, 2009. Mulu G. M., Belay S., Getachew E., et al., “Factors Affecting Households’ Decisions in Biogas Technology Adoption, the Case of Ofla and Mecha Districts, Northern Ethiopia”, *Renewable Energy*, Vol.93, 2016.

② 檀学文：《时间利用对个人福祉的影响初探——基于中国农民福祉抽样调查数据的经验分析》，《中国农村经济》2013年第10期。

的考虑，则有可能期望通过政府补偿弥补成本投入，从而倾向于选择“接受补偿”。

社会影响中的“高学历者的影响”变量在模型第二阶段的回归中显著，且方向为正。这说明，在其他条件不变的情况下，农户受高学历的影响力越高，其意愿受偿水平也随之提升。这些结果也适用于一些与沼气相关的类似研究。这些研究表明，改善知识网络可能有助于生物经济领域的创新采用（加瓦等，2017）。[①] 这是因为，除了经济动机，农户拥有一定的知识基础是创新采纳过程中不可避免的一步（罗杰斯，2003；加瓦等，2017）。[②] 高学历者的影响可以让其他农户更加意识到农作物秸秆能源化的价值——例如农作物秸秆制沼气所带来的生态价值和社会价值——从而提高他们参与农作物秸秆能源化的积极性，并增强其意愿支付水平。

然而，社会影响中的“高收入者的影响”变量在模型第一阶段的回归中显著为负。这说明，在其他条件不变的情况下，农户受高收入者的影响程度越高，其选择接受一定的补偿而参与农作物秸秆能源化的概率越低。可能的解释是，受高收入者的影响力越大的农户，通常较为追逐利润最大化。这部分农户基于比较收益的考虑，往往不太愿意参与农作物秸秆能源化。

人际信任中的“对邻居的信任”变量于两个阶段的回归中均显著。换言之，在其他条件不变的情况下，农户对邻居的信任程度越高，其愿意接受一定的补偿而参与农作物秸秆能源化的可能性越高，且意愿受偿

---

① Gava O., Favilli E., Bartolini F., et al., “Knowledge Networks and Their Role in Shaping the Relations within the Agricultural Knowledge and Innovation System in the Agroenergy Sector，The Case of Biogas in Tuscany (Italy)” , *Journal of Rural Studies*, Vol.56, 2017.

② Rogers E.M., *Diffusion of Iinnovations (5th Edition)*, Free Press, 2003. Gava O., Favilli E., Bartolini F., et al., “Knowledge Networks and Their Role in Shaping the Relations within the Agricultural Knowledge and Innovation System in the Agroenergy Sector. The Case of Biogas in Tuscany (Italy)” , *Journal of Rural Studies*, Vol.56, 2017.

水平越低。本书研究还发现，制度信任中的“对村干部的信任”变量于模型第二阶段回归中显著为负。这些结果也适用于其他类似的研究。例如，何可等（2015）的研究发现，人际信任和制度信任都可以显著促进农民参与农业废弃物资源化的意愿。[①] 可能的原因是，人际信任将人与人联系在一起，使得合作变得更加容易；制度信任可以在每次谈判开始时消除许多艰难的讨价还价，并增加达成一致的可能性。本书认为，这一发现为农作物秸秆能源化相关的政策制定提供了有用的信息：政策制定者应制定相关政策，创造一个互信互利的社会，以便人际信任和制度信任能够在促进农户参与农作物秸秆能源化方面发挥应有的作用。特别是对于许多发展中国家而言，农村地区的正式制度（如法律法规）不完善，农村生态环境治理离不开非正式制度的作用（何可等，2015）。[②] 而已有研究表明，信任是非正式制度的重要组成部分（塞格拉茨等，2017）。[③] 这意味着，一旦发展中国家在生态环境治理中忽视了信任，将很有可能难以充分理解农作物秸秆能源化利用的社会背景。

（二）农作物秸秆能源化生态补偿标准的参数估计

研究影响农户意愿受偿水平的关键因素，是为了测算农户的平均意愿受偿水平（即农作物秸秆能源化生态补偿标准）。根据式（5.5），本书采用 Heckman 两阶段估计中的期望计算方法测算出东部地区农户意愿受偿水平的期望值约为 66.68 元 /（月・户），中部地区约为 61.99 元 /（月・户），西部地区约为 42.83 元 /（月・户），东北地区约为 47.70 元 /（月・户）。从全样本来看，农户积极参与农作物秸秆能源化的意愿受偿水平的期望值约为 57.97 元 /（月・户）。

---

① 何可、张俊飚、张露等：《人际信任、制度信任与农民环境治理参与意愿——以农业废弃物资源化为例》，《管理世界》2015 年第 5 期。

② 何可、张俊飚、张露等：《人际信任、制度信任与农民环境治理参与意愿——以农业废弃物资源化为例》，《管理世界》2015 年第 5 期。

③ Ceglarz A., Beneking A., Ellenbeck S., et al., “Understanding the Role of Trust in Power Line Development Projects: Evidence from Two Case Studies in Norway”, *Energy Policy*, Vol.110, 2017.

第四节 不确定性影响下的农作物秸秆能源化生态补偿标准估计

在条件价值评估调查中，被调查者获取信息的充分程度、被调查者自身的见识与眼界，都将影响其回答的确定性。例如，有学者指出，如果给予被调查者的信息不够充分，往往会使不了解情况的被调查者难以给出合理的意愿支付水平（张志强等，2003）。[①] 也有学者认为，核心估值的设置方式、估价区间也会影响被调查者回答的确定性（张明军等，2007）。[②] 因而，有必要考虑不确定性影响下农户意愿支付水平 / 意愿受偿水平的差异，才能更为准确地估计出农作物秸秆能源化生态补偿的标准。据此，本书将被调查农户选择的投标值确定性程度（即“非常不确定—1—2—3—4—5—6—7—8—9—10—非常确定”）视为 0 —1 的概率值。换言之，当农户选择“1”时，则认为其对有关意愿支付水平或意愿受偿水平的回答持“确定”态度的概率仅为 0.1；当农户选择“10”时，持“确定”态度的概率为 1。

考虑被调查农户回答问卷时所面临的不确定性问题，应用 Heckman 两阶段估计中的期望计算方法，基于支付意愿视角，本书发现，东部地区农户意愿支付水平的期望值约为 32.08 元 /（月 · 户），中部地区约为 35.83 元 /（月 · 户），西部地区约为 30.72 元 /（月 · 户），东北地区约为 39.15 元 /（月 · 户）。从全样本来看，农户为农业废弃物资源化所带来的生态福利增进的意愿支付水平的期望值约为 34.23 元 /（月 · 户）。基于受偿意愿视角，本书发现，东部地区农户意愿受偿水平的期望值约为

① 张志强、徐中民、程国栋：《条件价值评估法的发展与应用》，《地球科学进展》2003 年第 3 期。

② 张明军、孙美平、姚晓军等：《不确定性影响下的平均支付意愿参数估计》，《生态学报》2007 年第 9 期。

66.12 元 /（月・户），中部地区约为 61.30 元 /（月・户），西部地区约为 51.69 元 /（月・户），东北地区约为 53.71 元 /（月・户）。从全样本来看，农户积极参与农作物秸秆能源化的意愿受偿水平的期望值约为 59.73 元 /（月・户）。

表 5.9 报告了不同估计方法下的农作物秸秆能源化生态补偿标准比较结果。不难发现，受偿意愿视角下的生态补偿标准要远高于支付意愿视角下的生态补偿标准。其原因在于行为经济学研究中的禀赋效应（Endowment Effect），即一旦农户习惯于传统生产方式，那么要其转变资源利用方式，这时他愿意接受的补偿价格，要高于其他人愿意支付的购买价格。大量的研究发现，意愿支付水平与意愿受偿水平之比通常在 3∶1 至 3∶2 之间（普鲁卡奇亚和西格尔，2003）。[①] 本书的结果同样处于该范围之内。禀赋效应的产生机制至今尚不明晰，通常，损失规避（Loss Aversion）、自尊心是学者们研究的理论重点（克内斯和辛登，1984；庄锦英，2006）。[②] 从损失规避理论来看，在交易成本、收入效应既定的前提下，农户往往对损失的重要性评级高于获益，即较之于从农业废弃物资源化中获得福利增进，农户更加在意参与农业废弃物资源化所要投入的成本；从自尊心理论来看，当农户准备参与农业废弃物资源化时，其对于自身紧密相连的劳动力、物质投入的定价相对较高；与之相反，当农户准备购买尚不属于自己的农业废弃物资源化生态福利时，出价往往不高。

① Procaccia U., Segal U., "Super Majoritarianism and the Endowment Effect", *Theory and Decision*, Vol.55, No.33, 2003.

② Knetsch J. L., Sinden J. A., "Willingness to Pay and Compensation Demanded: Experimental Evidence of an Unexpected Disparity in Measures of Value", *Quarterly Journal of Economics*, Vol.99, No.3, 1984。庄锦英：《决策心理学》，上海教育出版社 2006 年版。

表 5.9 不同估计方法下的农作物秸秆能源化生态补偿标准结果比较

	支付意愿视角的生态补偿标准			受偿意愿视角的生态补偿标准		
	非参数估计	参数估计	加权估计	非参数估计	参数估计	加权估计
全样本	16.02—21.76	22.21	34.23	54.85—58.10	57.97	59.73
东部	16.00—20.92	21.20	32.08	60.50—63.49	66.68	66.12
中部	19.95—26.37	25.27	35.83	60.28—62.22	61.99	61.30
西部	7.91—9.76	9.61	30.72	45.26—46.00	42.83	51.69
东北	14.52—30.00	40.98	39.15	40.03—51.71	47.70	53.71

那么，究竟该以意愿支付水平为尺度，还是以意愿受偿水平作为农作物秸秆能源化生态补偿标准的依据？美国国家大气与海洋管理局（NOAA）于 1993 年委托诺贝尔经济学奖得主肯尼斯·阿罗（Kenneth Arrow）与罗伯特·索洛（Robert Solow）领衔的“蓝带小组”（Blue Ribbon Panel）指出，意愿支付水平更为准确。也有学者认为，意愿受偿水平更为适宜（文卡塔查拉姆，2004）。[①] 本书认为，应根据研究目的、研究对象、研究区域的差异，量体裁衣地选择最为适合的生态补偿标准测量尺度。在本书中，农户的意愿支付水平 / 意愿受偿水平均受到了多个因素的影响，由此计算出的农作物秸秆能源化生态补偿标准均具有一定的合理性。但是，在意愿支付水平的实地调研中，本书发现，一部分农户认为农作物秸秆能源化是政府部门的责任，不应当让农户付费，因而不具备支付意愿；一部分农户由于受到自身经济条件限制，尽管其具有支付意愿，但意愿支付水平为 0。这表明，以意愿支付水平作为依据测算出的农作物秸秆能源化生态补偿标准可能存在金额偏低的问题。在意愿受偿水平的实地调研之中，本书发现，部分农户具有较高的环境治理与保护意识，他们不但愿意参与农业废弃物资源化，而且希望政府能够将他们应得的补偿金继续用于农村环境改善，故而这部分农户的意愿受偿

① Venkatachalam L., “The Contingent Valuation Method: A Review”, *Environmental Impact Assessment Review*, Vol.24, No.1, 2004.

水平为 0；部分农户则存在“待价而沽”的心理，给出了较高的意愿受偿水平。这意味着，以意愿受偿水平作为依据测算出的农作物秸秆能源化生态补偿标准同样存在不准确的因素，其可能低于真实值，也可能高于真实值。根据表 5.9，不难发现，通过考虑不确定性，可以较为真实地反映被调查农户的意愿支付水平 / 意愿受偿水平，从而在一定程度上解决了单独测量支付意愿作为补偿标准所引起的估值偏低问题，以及单独测量受偿意愿作为补偿标准引发的估值不确定性问题。

综上所述，本书认为，农作物秸秆能源化生态补偿标准的下限应是农户意愿支付水平的加权估计值，上限是农户意愿受偿水平加权估计值，即东部地区为 32.08—66.12 元 /（月・户），中部地区为 35.83—61.30 元 /（月・户），西部地区为 30.72—51.69 元 /（月・户），东北地区为 39.15—53.71 元 /（月・户）。从全样本来看，则是 34.23—59.73 元 /（月・户）。

第六章 农业废弃物资源化生态补偿机制构建

本章作为本书三大板块之一“补偿机制”的落脚点，将在前文分析基础上，结合中国社会经济发展目标，提出中国农业废弃物资源化生态补偿机制的基本思路、基本原则、主要目标、基本框架和保障措施，以期为相关政策的制定与完善提供参考借鉴。

第一节 构建农业废弃物资源化生态补偿机制的基本思路

一、基本思路

本书认为，建立农业废弃物资源化生态补偿机制的目的在于推动中国农业产业绿色转型，最终实现农业可持续发展，即通过构建农业废弃物资源化生态补偿机制，以公平性、广泛参与性、需求与现实相结合、政府引导与市场取向相适应、高端规划与试点先行相统筹为基本原则，综合运用法律、经济、技术和行政手段，优化利益相关者之间的利益分配机制，以多样化补偿助力生态建设，以生态建设成果良性内化为农业经济绿色增值源泉，从而科学协调“效率”与“公平”两大理念、深度融合“农业经济发展”与“生态环境保护”两大体系，最终实现人与自然和谐发展。

二、基本原则

（一）公平性原则

自然资源与生态环境是人类赖以生存与发展的基础。沁人心脾的空气、甘泉如醴的流水、蜂飞蝶舞的田园景观等环境资源是人类的共同财富。任何人（包括自然人与法人）均有权利平等地获取和消受风光旖旎的生态环境及其服务功能，也有平等的义务保护生态环境、维护生态平衡。据此，农业废弃物资源化生态补偿的公平性原则主要体现在两个方面：第一，保护者、生态系统服务功能供给者得到补偿。农户通过积极参与农业废弃物资源化，将在获得资源化产品的同时贡献良好的正外部性，诸如减少农业废弃物不合理处置所引致的水污染、空气污染，减少疾病传播的可能性，调节气候，美化田园景观，等等。作为上述生态服务功能的供给者，该类农户理应得到补偿。第二，破坏者、生态系统服务功能受益者应予以付费。尽管农作物秸秆、畜禽粪尿具有相对明晰的产权，但其不合理处置（或不处置）将引发较为严重的环境污染问题，甚至威胁人类健康，造成社会福利损失，故此有必要纠正生态环境破坏者的行为，并对其进行惩罚。如是这般，是谓赏劳罚罪。另外，从生态受益者的角度来看，表面上其并未厕身其间，但却享受到了农业废弃物资源化带来的兼善天下之利。那么，生态受益者向生态保护者（生态服务功能供给者）支付相应的费用亦是合情合理。

（二）广泛参与性原则

农业废弃物资源化生态补偿体系作为农业实现可持续发展必不可少的重要政策工具，涉及众多利益相关者。如果在政策的规划、制定、颁布、执行、监督和评估等过程中，缺失了利益相关者的参与空间，势必会影响政策效果。放眼全局，除部分试点区域外，中国目前尚未在全国范围内建立起以涉农企业为龙头、农村中介组织为骨干、农户参与、政府引导的集“收集—储存—运输”于一体的多主体、互动式农业废弃物资源化利用体系。在大多数农村地区，政府与农户的直接互动依旧是农业废弃物资源化系统得以运转的原动力，从而在一定程度上导致农业废弃物资源化政策执行效率不高、农业废弃物资源化难以实现长效化等问题。只有动员多类利益相关者，使其广泛、积极地参与到农业废弃物资源化产前、产中、产后的全过程，并让其充分表达利益诉求，才能更好地发挥农业废弃物资源化生态补偿机制的运行效率。

（三）需求与现实相结合原则

建立农业废弃物资源化生态补偿机制既要体现生态建设与保护的发展方向，又要考虑区域之间在资源禀赋、文化习俗等方面所存在的差异。从这一角度来看，农业废弃物资源化生态补偿的需求与现实相结合原则应体现在两个方面：第一，补偿标准应以弥补直接成本与机会成本为核心，兼顾农业废弃物资源化的生态价值。理论上，生态补偿的内容涵盖三个基本方面：一是因参与农业废弃物资源化而投入的人力、物力、财力等直接成本；二是因参与农业废弃物资源化而牺牲的部分发展权这一机会成本；三是农业废弃物资源化的生态价值。现实中，由于农业废弃物生态价值难以精确计量且数额庞大，政府部门难以直接足额支付，因而更多的是仅对直接成本与机会成本进行补偿。第二，农业废弃物资源化生态补偿内容应因地制宜。各地应依据资源、环境、经济和社会特点，量体裁衣般制定生态补偿内容，发展具有地域特色的资源化模式及其补贴机制，避免“一刀切”。

（四）政府导向与市场取向相适应原则

农业废弃物资源化利益相关者众多。仅从受益者来看，未参与农业废弃物资源化的农村居民（乃至周边城镇居民）及其子孙后代、中央政府、地方政府、农村旅游产业相关各类主体等均直接或间接享受到了农业废弃物资源化带来的生态价值、社会价值乃至政治价值（如地方政府的“政绩”）。要使上述每一位受益者均向保护者付费显然不切实际。因此，政府往往作为农业废弃物资源化生态补偿的主导者，对积极参与农业废弃物资源化的利益相关者进行补偿，并配套一定的基础设施。然而，很多情况下，农业废弃物污染问题、农业废弃物资源化产品定价问题离不开市场机制的作用。因此，市场化手段不可偏废。尤其是要将“目标价格”制度作为农业废弃物资源化工作的重要经济杠杆，通过建立与完善能够准确反映农业废弃物资源化产品市场供求关系且有利于农业产业可持续发展的价格形成机制，引导农户进行生态投资和减少农业废弃物排放，最终实现农业资源的高效、协调和绿色配置。

（五）高端规划与试点先行相统筹原则

应充分认识农业废弃物资源化的系统性与综合性，将农业废弃物资源化作为国家农业经济发展战略的重要组成部分，作为实现人与自然和谐共处不可或缺的重要路径。以目前已经取得可观效益的农业废弃物资源化相关政策为基础，结合农业部“农村清洁工程”、环境保护部“以奖促治、以奖代补”工程等农村环境治理工作的经验，借鉴流域、农田、草原、湖泊、森林、湿地、资源开发与保护、生态产品支付等其他生态补偿领域研究中发现的一般规律，进一步加快构建中国农业废弃物资源化生态补偿战略框架。将农业废弃物资源化生态补偿专项规划及其配套规划放在农业可持续发展顶层设计的重要位置，实现各类相关政策在各级政府部门、各类利益相关者之间的有效融合与对接。同时，充分认识农业产业绿色发展在不同区域的差异性，综合考虑资源禀赋、生态环境、经济发展水平等因素，围绕存在的突出问题，因地制宜开展试点工作，重点解决补偿标准的制定难题，着力构建有助于提升农业废弃物资源化水平的激励与约束机制，创新适应于不同区域的生态补偿模式，实现试点多样化发展与整体布局的协调推进。

三、主要目标

（一）近期目标

在当前阶段，农村、农业生产力依旧不高，市场经济体制仍不健全，加之农业废弃物资源化仍属农业范畴，具有比较收益不高这一“先天弱势”，所以，其实施与推进，离不开政府部门的保驾护航。故而，充分发挥政府在农业废弃物资源化生态补偿机制建立过程中的引导作用乃题中应有之义。一方面，应将农业废弃物资源化生态补偿纳入中央和地方财政转移支付之中。地方政府应在结合国家相关政策，兼顾辖区内实际情况的基础上，研究改进公共财政对农业废弃物资源化的投入机制，为农业废弃物资源化生态补偿提供资金保障。另一方面，通过坚持依法管理与政策激励相结合、政府推动与社会参与相结合的方式，保障核心利益相关者的“权责利”，做到应补则补、奖惩分明，推动农业废弃物资源化进入良性发展轨道。

（二）中期目标

在经过若干年的发展后，农业废弃物资源化与农业经济发展基本实现融合，农业废弃物资源化在发挥其生态价值、社会价值的同时，经济价值亦得以显现。农业废弃物资源化补偿标准，逐渐由只补偿直接成本、机会成本，转变为全面补偿农业废弃物资源化的直接成本、机会成本与生态价值；补偿方式逐渐由以资金补偿为主，转变为资金、物质、技术、就业、政策补偿多管齐下的局面；补偿主体亦由核心利益相关者（政府与农户）之间的双向互动，转变为政府、农户、涉农企业、农村中介组织、社区、绿色团体、研究机构、非政府组织等核心利益相关者、战略利益相关者、边缘利益相关者之间的立体交互；补偿推进手段逐渐由以行政手段为主，转变为法律、经济、技术、行政手段齐头并进的格局；补偿政策基本形成了对农业废弃物资源化工作的强力推动。

（三）长期目标

在经过长期的努力之后，农业废弃物资源化与农业经济发展全面融合与协调发展机制实现常态化、高效化与长效化，农业废弃物资源化的经济价值、生态价值和社会价值实现高度统一。在此境况下，即使不予补偿，农业废弃物资源化系统亦将得以顺利运转。

第二节　农业废弃物资源化生态补偿机制的基本框架

农业废弃物资源化生态补偿机制的体系框架是指农业废弃物资源化生态补偿机制得以正常运行的基本构成要素，包括补偿主体、补偿客体、补偿范围、补偿标准、补偿方式、补偿支付模式等内容。

一、补偿的利益相关者

农业废弃物资源化生态补偿的利益相关者可划分为补偿主体与补偿客体两大类。农业废弃物不合理处置所造成的生态环境污染与破坏是典型的外部不经济问题，与此相反，农业废弃物资源化则是外部经济的体现。据此，通过确定利益相关者在农业废弃物资源化中的“权责利”，解决“谁补偿谁”的问题。

（一）补偿主体

根据“破坏者付费”原则，生态补偿的主体应是未参与农业废弃物资源化而对公益性农村生态环境造成负面影响的农业废弃物生产者。这种形式类似于“排污收费”“填埋税”等制度。例如，在荷兰，生态补偿机制被认为是控制污染的有效手段，畜牧业规模化养殖数量有较为严格的限制，超过限定标准的农场主需交纳粪便污染费。在英国，废弃物和资源管理业是一个非常重要的产业，各个地区普遍拥有废弃物分类回收设施，对于违反《废弃物管理法》《污染预防法》的个人或企业给予罚单。中国同样出台了相应的政策。2007 年，甘肃省颁布的《甘肃省农业生态环境保护条例》明确指出“排放污染物对农业生态环境造成污染破坏的，其缴纳的排污费应当用于农业生态环境污染防治”；2012 年，宁夏回族自治区出台的《宁夏回族自治区农业废弃物处理与利用办法》规定，随意倾倒或者弃留农业废弃物造成环境污染的要限期改正，逾期不改正的视具体情况处以 50—10000 元不等的罚款。

根据“受益者付费”原则，农业废弃物资源化生态补偿的主体应是未参与农业废弃物资源化但却享受到了因农业废弃物资源化而带来的环境保护、人体健康等福利增进的群体或个人。农业废弃物资源化影响的地域较广，当某一地区大力实施农业废弃物资源化时，受益的不仅仅是该地区，邻近区域乃至全国或多或少都能从中获益。然而，显而易见的是，在现有条件下难以将全部受益者都界定为补偿主体。因此，应按照可操作性原则选择补偿主体。综观农业废弃物资源化全部利益相关者，政府（包括中央政府与地方政府）可谓现阶段补偿主体的不二之选。首先，政府作为公民利益的代表，其社会目标之一就是生态环境保护与治理；其次，政府通过税收等方式获取财政收入，再通过一般性转移支付的形式支持农业废弃物资源化工作，相当于全部受益者通过政府这一媒介间接地完成了付费。

综合上述分析，结合本书第四章对农业废弃物资源化利益相关者的研究，可以认为，现阶段，农业废弃物资源化生态补偿应以政府补偿为主，在此基础上逐步建立和完善市场补偿机制，并积极探索村集体“众筹”等多种形式的补偿形式。

1. 政府补偿为主

政府补偿是指以中央政府或上级政府为农业废弃物资源化的实施主体、补偿主体，以下级政府、农户等其他利益相关者为补偿客体，以国家生态安全、经济社会可持续发展、人与自然和谐发展为目标，以一般性转移支付、政策优惠、项目实施、减免税费、智力投入为手段的补偿方式。根据中国目前的实际情况，政府补偿是生态补偿中的重要形式，具有启动简单、实施高效的特点。政府补偿之所以是现阶段最重要的补偿方式之一，其原因无外乎两点：第一，科学构建约束与激励机制、营造“民胞物与”的社会舆论氛围，推动经济发展与环境保护“双赢”，进而实现可持续发展，是政府的社会目标，而农业废弃物资源化正是实现农业经济发展与生态环境保护深度融合的重要内容。第二，农业废弃物虽具有产权归属，但农业废弃物资源化却具有公共物品性质。由于环境效用无法分割与排他，任何人都可以享受到农业废弃物资源化所提供的生态服务，“搭便车”行为较为普遍。故此，需要政府部门利用“看得见的手”修正农业废弃物资源化生态价值在价格上的失衡。

政府补偿内容主要包括以下内容：一是农业废弃物资源化工程所需的工作经费；二是农业废弃物资源化基础设施建设投入；三是农业废弃物资源化技术研发、试验、推广等智力投入；四是对积极参与农业废弃物资源化利益相关者的补偿支出。按照政府体系的级别，政府补偿可划分为中央政府补偿与地方政府补偿两类。就目前情况而言，中央政府主要通过一般性转移支付的方式增强地方财政保障能力；地方政府则需将相关费用纳入财政预算，整合相关专项资金。

2. 逐步建立和完善起市场补偿机制

一是依据“谁污染，谁付费”的原则，超过农业废弃物排放规定的农户、企业组织需要为其行为所导致的环境污染问题进行补偿。通常，这类补偿主体支付的费用具有两种处理方式：一种是由付费者缴纳罚款、生态税费给政府，再由政府统筹安排。这种补偿形式属于间接性补偿。另一种是付费者承担相应的污染治理费用，受委托的第三方治理企业按照环境绩效合同服务等方式开展集中式、专业化污染治理。这种补偿形式属于直接性补偿。

二是随着基础设施的配套、资源化产品市场的完善，可以预见，通过发展环保资本市场、创新金融服务模式、规范市场秩序、加大财税支持力度等方式，能够吸引越来越多的社会资本进入农业废弃物资源化市场。届时，社会资本将在农业废弃物资源化生态补偿体系中承担补偿主体的角色。在引入社会资本的过程中，应协调好公益性和经营性关系，并建立相应的退出机制，以便在公共环境权益无法得到保障时启动临时接管预案。

三是国际组织、非政府组织、民间环保组织、绿色团体、具有社会责任的环保主义者等主体亦是农业废弃物资源化生态补偿主体的有益补充。这些组织或个人通过捐款、捐助、贷款等方式参与农业废弃物资源化，能够拓展生态补偿资金的来源和渠道，增强其发展的稳定性、持续性。

3. 探索村集体“众筹”的补偿形式

一是农业废弃物资源化能够改善农村环境、景观，作为受益者的农村住户理应按照一定的分担机制为此支付相应的费用。因此，在农村住户可以承受的范围内，以“众筹”的形式，争取一定的专项资金，用于基础设施建设、集体性机械购置，将在一定程度上成为农业废弃物资源化生态补偿资金的有益补充。本书第五章有关支付意愿的研究的具体背景即是通过向农户“众筹”资金以填补沼气厂的运营费用。

二是从目前农村经济社会发展趋势来看，以村为单位，借助市场化运作、物业化管理模式，集中连片式推行农业废弃物资源化，有助于降低成本，形成规模效应。以利用畜禽粪尿、农作物秸秆制沼气为例，单户的小池、地下池，对农户素质要求较高，如果沼液、沼渣处理不当，易引发环境污染。以村为单位进行设计管理的沼气集中供气工程，能通过聘请专业管理人员与技术人员的方式，对沼气池实行专业化管理，对沼液、沼渣进行专业化处理，并实现统一供气、供暖、供电。在这种庭院生态农业模式下，村集体所能发挥的作用通常更大。

三是得益于政府部门等利益相关者的大量前期投入，农业废弃物资源化基础设施、资源化产品市场逐步完善，交易成本随之下降。与此同时，从长远来看，农业废弃物资源化不仅能够惠及农户自身，而且有助于农村产业结构调整，培育新的经济增长点。伴随农业废弃物资源化与农业经济发展的融合协调发展机制的逐步建立，农业废弃物资源化理论“潜在价值”顺利转化为市场“真实价值”将不再是黄粱一梦，从而在一定程度上实现了自我补偿，甚至无须补偿即可获得有口皆碑的利润。

（二）补偿客体

根据“保护者得到补偿”原则，农业废弃物资源化生态补偿的客体是积极参与农业废弃物资源化或对这一工作的顺利推进发挥了重要作用的群体或个人。由本书第四章分析可知，虽然中国颁布了鼓励涉农企业、农民专业合作社等生产主体或服务主体参与农业废弃物资源化的政策，不过，就全国范围来看，农户依旧是现阶段至关重要的利益相关者。因此，在现阶段，农业废弃物资源化生态补偿的客体主要是积极参与农业废弃物资源化的农户。然而，分散农户生产规模通常较小，开展农业废弃物资源化利用的效益有限，对其进行监管、引导的交易费用也相对较高。面对生态补偿资金紧缺的现状，逐一对农户农业废弃物污染或资源化利用状况进行约束与激励，实乃智小谋大之举。本书第五章有关农户与农户之间的演化博弈分析表明，在具有“熟人社会”特征的农村中，以“熟人信任”和“圈子主义精神”为核心的邻里关系有助于农业废弃物资源化这一集体行动的有效实施。因此，本书认为，在未来一段时间内，以信任、互惠为基础的农民“自组织”将取代分散农户成为农业废弃物资源化生态补偿的关键客体。与此同时，随着新型农业经营主体的培育与壮大，专业大户、涉农企业、农民专业合作社也将成为重要客体。

二、补偿范围

农业废弃物资源化的生态补偿范围应根据农业废弃物资源化利用工程的模式特点分别讨论。如同上文对补偿主体、补偿客体的分析与展望一样，农业废弃物资源化的补偿范围亦具有阶段性特征。

政府主导型模式通常存在于初级阶段。政府通过制定发展规划、建立相关法律法规体系等手段，从政策和制度上给予农业废弃物资源化强力保障。显而易见，政府在这一过程中扮演着强力执行者的角色。因此，此阶段下的生态补偿范围涵盖了以下几个方面：一是对基础设施建设项目（行为）予以补偿；二是对设施设备购置予以补偿；三是对积极参与农业废弃物资源化的利益相关者进行补偿；四是对防控农业废弃物污染的利益相关者予以补偿。

龙头企业或经济组织带动型模式通常存在于中级阶段。其中，龙头企业带动型模式是以龙头企业为核心，通过与农户签订契约等方式，与生产基地、农户形成风险共担、利益共享的共同体；经济组织带动型模式则是通过发挥经济组织的中介作用，将农户与企业连接起来。这两种模式下的生态补偿范围主要是对积极从事农业废弃物资源化的龙头企业、经济组织予以补偿。补偿方式包括政策优惠、税收减免等。对农户的补偿则由龙头企业、经济组织于其内部完成。

专业市场带动型模式往往存在于高级阶段。农业废弃物资源化与专业市场深度结合后，与农业产业形成了联动式发展。“水稻→稻草→蘑菇→菌糠→肥料→水稻”“秸秆→食用菌→饲料→养殖→沼气池→沼渣、沼液→食用菌→蔬菜→果品”等农林牧副渔各业互惠互补的产业发展链条日渐成熟，并在区域内实现物质流、能量流大循环。此阶段下的生态补偿范围不再局限于补偿农业废弃物资源化行为，转而从系统的角度，对立体种养加一体化的循环农业生产模式进行补偿。此外，如果农业废弃物资源化产品进入专业市场后，因其具有生态产品标签而赢得消费者的认可与溢价支持，那么，其生态补偿范围的确定，取决于农业废弃物资源化产品“目标价格”的制定。

三、补偿标准与补偿期限

生态补偿标准的确定是对农业废弃物资源化参与者与贡献者进行补偿的依据。本书第二章从理论层面探讨了农业废弃物资源化生态补偿的理论标准，即负外部性（从事农业废弃物资源化的边际私人成本小于边际社会成本的部分）的负价格。

（一）补偿标准的确立依据

以外部性理论为依据，从外部性内部化的视角出发，农业废弃物资源化生态补偿标准的确立依据，可以从以下两个方面展开讨论。

1. 正外部性下农业废弃物资源化生态补偿标准确立依据

一是按参与者的直接投入与机会成本确立生态补偿标准。其中，直接投入成本包括人力、物力和财力，例如劳动用工价格、相关设备（收集设备、处理设备、加工设备等）、运输服务费用与仓储服务费用、相关技术的学习与应用成本等；机会成本则是指利益相关者为参与农业废弃物资源化而放弃的部分发展权（例如从事其他工作所带来的更高收益）。该依据体现了农业废弃物资源化外部效益的内部化，补偿标准是直接投入成本与机会成本的总和。

二是按受益者的受益程度确立生态补偿标准。受益者没有为自身所享有的他人提供的良好生态环境付费，使得积极参与农业废弃物资源化的利益相关者对生态环境的保护行为未能劳有所获，由此而产生了正外部性。如同购买商品要付费一样，生态受益者需要向生态保护者支付一定的费用，才能使环境商品的正外部性内部化。本书第五章表明，农业废弃物资源化具有明显的正外部性，亦可以被看作一类环境商品。为使农业废弃物资源化利用行为的正外部性内部化，受益者理应向保护者支付相应的费用。本书第五章关于支付意愿视角下农业废弃物资源化生态补偿标准测算的研究即是基于这一准则而展开的。

三是按生态服务价值的大小确立生态补偿标准。农业废弃物资源化的服务功能具有价值，可以通过一定的方法对其进行货币化核算，从而在理论上为农业废弃物资源化生态补偿标准的确立提供依据。然而，需要指出的是，目前并未有一种国际公认的标准方法估算生态服务价值，不同学者对其估算的结果差异性较大，且估算结果往往高于现实补偿能力。因此，农业废弃物资源化生态服务价值更适合作为政策制定时的参考值以及理论上限值。本书第五章从多个视角下对农作物秸秆能源化生态补偿标准进行了测算，其结果为全国 34.23—59.73 元 /（月・户），其中，东部地区 32.08—66.12 元 /（月・户），中部地区 35.83—61.30 元 /（月・户），西部地区 30.72—51.69 元 /（月・户），东北部地区 39.15—

53.71 元 /（月·户）。

2. 负外部性下农业废弃物资源化补偿标准的确立依据

农业废弃物不合理处置将造成一系列的环境问题或社会问题。例如，畜禽粪尿的不合理处置将造成大气污染，其排到水体后亦会造成河流、湖泊、海域的富营养化；农作物秸秆的随意堆砌、肆意焚烧不仅不能通过科学还田来改善土壤的肥力，而且还会造成环境污染，并有可能引起呼吸道疾病。因此，按照“污染者付费”和“保护者得到补偿”原则，需通过加大对农村环境治理与生态恢复的成本投入等方式，满足农业废弃物资源化生态补偿的要求。

（二）补偿标准的测算方法

正外部性下农业废弃物资源化生态补偿标准评估方法的原理是对利益相关者积极参与农业废弃物资源化这一行为所产生的外部效应进行测算。这些方法主要包括直接成本法（Direct Costing）、机会成本法（Opportunity Cost）、条件价值评估法、选择实验法、市场价值法（Marketing Value Method）等。常用方法中，基于现代经济学消费者剩余理论和福利经济学原理的条件价值评估法适用性较强。基于特征需求理论与随机效用理论的选择实验法则是在条件价值评估法的基础上发展而来的，其与条件价值评估法的不同之处在于，选择实验法需要被调查者在环境物品的不同属性、不同状态值之间作出权衡取舍，相对更加完善。

负外部性下农业废弃物资源化生态补偿标准评估方法的原理是对利益相关者因不合理处置农业废弃物而造成的污染修复成本进行测算，即计算农业废弃物污染治理中各项投入的费用。常用的方法是成本（费用）分析法（Cost Analysis）。这些费用通常包括农业面源污染治理成本、土壤污染治理与修复成本、空气污染治理成本等。值得一提的是，选择实验法在负外部性下农业废弃物资源化生态补偿标准评估中亦有较强的适用性。

（三）补偿标准的阶段性实施

根据中国农村发展的客观现实，兼顾短期利益与长远利益，农业废弃物资源化生态补偿标准在不同阶段理应有的放矢、对症下药。

第一阶段为成本补偿阶段。该阶段为农业废弃物资源化生态补偿的初级阶段。在此阶段，农户是最主要的补偿客体。其参与农业废弃物资源化后，需要改变原有生产经营方式，即在传统农业生产之中，增加农业废弃物科学处理工序。农户因此而产生的成本主要包括相关劳动力投入成本、技术学习与应用费用、相关设备设施投入费用等。与此同时，资源化产品还将帮助农户获取一定的收益。因此，在此阶段，生态补偿标准应以直接投入成本与机会成本之和为依据，至少不低于同等投入下的农业生产收益。

第二阶段为效益补偿阶段。在此阶段，伴随农业废弃物资源化工程的持续推进，农村产业结构得以优化，农业废弃物资源化产业稳步发展并带来较为可观的收益。补偿客体亦呈现出多样化特征，涵盖了农户、农民“自组织”、涉农企业、农村中介组织等传统农业生产主体与新型农业生产经营主体。从补偿成本的角度来看，上述补偿客体只需支付一定的维护与管理费用（显然，该费用远低于第一阶段的成本投入），即可维持农业废弃物资源化系统的正常运转。因此，本书认为，在此阶段，生态补偿标准应以生态服务价值为依据，结合农业经济发展水平，对符合一定条件与标准的利益相关者给予补偿。

（四）补偿期限

为了对农业废弃物进行资源化利用，农户既需改变农业生产经营方式，投入更多的成本用于农业废弃物的收集、运输与处理，又需为资源化产品的销售扩大经营范围。这意味着，农业废弃物资源化生态补偿政策需要持续一段较长的时间，直至农村产业结构得以优化、农业废弃物资源化产业稳步发展并带来较为可观乃至一本万利的收益。唯有将农业废弃物资源化与农业经济发展相融合，农户的生态环境保护行为方能永续。总体而言，确定生态补偿期限的依据是，在补偿期限内农户等补偿客体的收益水平恢复乃至超过补偿前的水平。需要指出的是，不同种类农业废弃物资源化的补偿期限应有所差别。就农作物秸秆而言，因目前农村面源污染较为严重，土地、水体等生态系统的自我修复需要较长时间，对农户的技术指导、对生态环境的跟踪监测亦难一蹴而就。因此，农作物秸秆资源化生态补偿的期限相对较长。就畜禽粪尿而言，治理与预防其引发的点源污染的途径在于购置畜禽粪尿无害化处理设施，见效较快。因此，畜禽粪尿资源化生态补偿的期限相对较短。

四、补偿方式与补偿支付模式

（一）补偿方式

如同其他领域的生态补偿，农业废弃物资源化生态补偿的方式亦可分为资金补偿、实物补偿、政策补偿、智力（技术）补偿等。其中，资金补偿是最为直截了当的经济激励方式，其内容涵盖了财政转移支付、专项拨款等；实物补偿主要指物质、劳动力、土地等生产生活要素；政策补偿一般指针对补偿客体制定的各项优惠政策，如减免税收、优先发展权等；智力（技术）补偿则是指为补偿客体开展智力服务，例如，相关技术的推广、知识技术培训、道德教育等。

目前，各地农业废弃物资源化各项基础设施及社会化服务体系尚不完善，加之农业废弃物资源化产品市场仍属于新兴事物，本书认为，在相当长的一段时间内，补偿客体最为关注的仍旧是利润。因此，资金补偿、实物补偿应当是农业废弃物资源化生态补偿方式中的重中之重。需要警惕的是，资金补偿与实物补偿可能在一定程度上“挤出”社会规范，从而不利于补偿客体环境保护意识的提高。本书第四章的博弈分析表明，在具有“熟人社会”特征的农村，邻里之间的非正式制度能够形成一种“软约束”，规范着农户的行为，进而推动互惠主义行为，使得农业废弃物资源化这一集体行动得以有效实施。如果在这种“高度信任”的农村中直接实施资金补偿，可能会得不偿失：一方面，资金直补有可能降低部分农户从事农业废弃物资源化的内在动机（如环境责任），将环境保护行为视为一种换取政府补偿的“交易”，从而不利于农业废弃物资源化的长远发展；另一方面，如果补偿金额较低，可能会对一些利他主义者造成“侮辱”。因此，本书认为，在具有“原子化社会”特征的农村，资金直补和实物直补是现阶段最为主要的方式；而在具有“熟人社会”特征的农村，应将资金或实物转化为既能够弥补农户成本投入又易于被农户接受的形式。例如，将农业废弃物资源化设备设施纳入一般意义上的农机具补贴范围、为农业废弃物资源化产品设立目标价格等。

值得注意的是，无论是在“原子化社会”特征的农村，还是在具有“熟人社会”特征的农村，资金补偿、实物补偿这种“输血型”的补偿方式只是一种鱼游沸鼎般的“缓兵之计”。要真正实现农业废弃物资源化的长效与高效，应通过智力（技术）补偿，提高补偿客体的科学水平与道德素质；通过政策补偿，将农业废弃物资源化与产业发展紧密结合……这些“造血型”补偿方式有助于构造农业废弃物资源化的自我发展机制，是为长久之计。

（二）补偿支付模式

前文分析表明，适合现阶段中国农业废弃物资源化生态补偿的核心路径是以政府补偿为主，在此基础上逐步建立起市场补偿机制，并探索住户付费、村集体“众筹”相结合的补偿形式。其中，政府补偿的主要形式是直接公共支付；市场补偿的支付模式主要包括农业废弃物排污权交易、环境标志、目标价格等；住户付费、村集体“众筹”相结合的支付模式则主要是指村集体众筹农业废弃物资源化专项资金。具体分析如下：

1. 直接公共支付

直接公共支付的实质是政府购买农业废弃物资源化的价值。政府资金来源于公共财政资金、国债、国际援助等。财政转移支付（包含一般性转移支付与专项转移支付）与专项资金是目前中国农业生态补偿最为主要的直接公共支付方式。

2. 农业废弃物排污权交易

该方式是以污染减排和改善农村生态环境质量为根本目标，在利益相关者有偿获得其他利益相关者的“富余排污权”后，可在符合法律规定的前提下，排放一定数量、种类、浓度的农业废弃物。排污权交易的基本原则在于不增加本地区农业废弃物污染总量。

3. 环境标志

环境标志制度的实质是消费者以溢价购买农业废弃物资源化产品。因此，农业废弃物资源化产品的价格通常由两个部分组成：一是产品的经济价值；二是生态价值与社会价值。毫无疑问，环境标志制度在一定程度上量化了农业废弃物资源化的价值。政府采购工程及其相关货物采购通常以环境标志产品为主。

4. 目标价格

目标价格制度与环境标志制度一样，均是通过提高补偿客体收益的方式弥补边际社会成本与边际私人成本之间的差距，属于间接性的补偿手段。除此之外，目标价格制度有助于降低农业废弃物资源化产品的市场风险，从而在一定程度上降低补偿客体的后顾之忧。

5. 村集体“众筹”

这种形式是指，村集体作为发起人，向群众募资，以支持农业废弃物资源化的推广实施，众筹结束后，由发起人给予群众一定的回报，如优先体验农业废弃物资源化产品、无偿获取相关影像记录等。该方式具有低门槛、多样性的特点。

五、补偿资金的融资方式

除了政府公共财政投入外，要实现农业废弃物资源化生态补偿机制的高效化，还需拓展融资渠道，形成多元化的投入保障机制。本书认为，当前值得拓展的融资渠道主要包括 PPP（Public-Private Partnership）、绿色保险、生态彩票、生态资本市场等。

（一）PPP

PPP 即通过公私合作的形式为农业废弃物资源化生态补偿募集资金。PPP 是 BOT（Build-Operate-Transfer）、PFI（Private Finance Initiative）、TOT（Transfer-Operate-Transfer）、DBFO（Design-Build-Finance-Operate）等模式的总称。以 BOT 与 PFI 为例，农业废弃物资源化生态补偿的 BOT，即农业废弃物资源化的“建设—经营—转让”方式。由地方政府通过签订契约、合同等形式，授予相关企业特许权，允诺其在一定时期内负责区域内的农业废弃物资源化项目的建设、运营与维护等工作，并赚取相应的收益，协议期满后再将农业废弃物资源化项目无偿移交给地方政府。在 BOT 基础上发展起来的 PFI 同样可作为一种重要的融资方式，以应对区域之间的环境资源、市场供需差异。PFI 与 BOT 相比，项目主体较为单一，通常由民营企业构成，项目管理更为开放，协议期满后农业废弃物资源化项目运营权的处理方式更为灵活。不难发现，PPP 有助于降低政府在农业废弃物资源化生态补偿中的负担。

（二）绿色保险

绿色保险即通过“政保合作”的形式，让保险在农业废弃物资源化生态补偿中发挥拾遗补阙的保障作用。一方面，可借鉴浙江龙游县“生猪保险与无害化处理联动机制”这一相对成熟的模式，在农业废弃物资源化领域建立畜禽养殖与农业废弃物资源化处理联动机制，将农业废弃物资源化处理作为畜禽理赔的前提条件，同时将保险承保理赔纳入农业废弃物的收集、运输、存储和处理全过程，并鼓励保险机构参与相关基础设施建设。另一方面，将农业废弃物资源化纳入政策性农业保险之中，减少因风灾、暴雨、洪水等自然灾害或其他飞来横祸对农业废弃物及其资源化设备损害而造成的损失。

（三）生态彩票

生态彩票的融资作用主要体现在税收与按比例筹集资金两个方面。与税收相比，其效率相对较高；与国债相比，其风险相对较小。发行农业废弃物资源化生态彩票是典型的“取之与民，用之于民”的行为，不仅能够快速收拢社会闲散资金，使农业废弃物资源化工作发展更为顺利，而且每一张彩票都能以文字、图片乃至视频的形式包装成“环境保护宣传单”，从而使得农业废弃物资源化生态彩票具有强化社会公众环境保护、资源节约意识的教育功能，进而有助于扩大农业废弃物资源化等环保产业的“内需”。从这一视角来看，本书认为，通过借鉴体育彩票、福利彩票的运作模式，结合农业废弃物资源化的特点，发行相关生态彩票，聚沙成塔、集腋成裘，不失为农业废弃物资源化生态补偿资金的一种有效来源。

（四）生态资本市场

生态资本市场日益受到社会公众的重视。通过发展与培育生态资本市场，可以为农业废弃物资源化生态补偿资金的筹集工作提供更多选择。在初级阶段，可通过发行债券的形式筹集资金。当涉农企业成为农业废弃物资源化的核心利益相关者之后，则可鼓励效益较好的企业上市，并以农业废弃物资源化企业、证券公司等作为发起人，设立产业投资基金，以获得长期稳定投资。由于农业废弃物资源化具有明显的正外部性，其相应的产业投资基金具有道德指数高的天然优势。因此，只要协调好产业投资基金在盈利性与环保性之间的矛盾，着力解决资金监管及其他关键性问题，这一手段将助力农业废弃物资源化走向康庄大道。除此之外，亦可利用国际信贷市场，寻求国际融资。

第三节 农业废弃物资源化生态补偿机制的保障措施

以保障农业废弃物资源化生态补偿机制的良好运行为核心，针对农业可持续发展与农业产业立体互动的挑战，采取科学性、合理性、可行性、有效性强的法律、经济、技术、教育、行政等手段，从完善农业政策法规体系、组织机构与管理体制、文化教育和社会监督、资金筹措与投资保障等方面提出有效措施，全面落实农业废弃物资源化生态补偿机制的目标与任务。

一、政策法规保障

一是科学制定农业废弃物资源化生态补偿规划。要在全国层面实现农业废弃物资源化，难以一蹴而就，需要长时间、阶段性地努力方能达成。与之相匹配的生态补偿制度亦需要随农业废弃物资源化推进阶段而动态调整。因此，只有将特定时期内生态补偿的思路、原则、目标、重点纳入运筹帷幄之中，方能在农业废弃物资源化的实践过程中秉要执本，避免进退失据。科学制定农业废弃物资源化生态补偿规划既需要中央政府相关部门从全国层面行针步线，也需要地方政府部门根据区域资源禀赋状况、经济发展水平、风俗习惯、农业特色等因素助画方略，制订适合当地的生态补偿规划。

二是国家应加快制定专门针对农业废弃物资源化及其生态补偿的法律法规，使农业废弃物污染防控有法可依，利益相关者的"权责利"分配有章可循。地方政府则需在遵循国家政策法令的前提下，结合区域发展目标，加快地方性农业废弃物资源化及其生态补偿的立法进程，努力将农业废弃物资源化纳入法治轨道，确保农村生态环境治理与保护的权威性、严肃性和延续性。在行政执法方面，应设立专门的针对农业废弃物资源化及其生态补偿的管理执法部门，健全满足规划实施不同阶段需要的行政管理制度。

二、组织机构与管理体制保障

一是强化组织机构建设。各级政府应设立农业废弃物资源化生态补偿管理机构，形成良性推进机制，以使国家的政策下达、利益相关者的诉求上传，均做到案无留牍、千里犹面。在部门机构建设上，应依据相关法律法规，加快建立行政责任制，保证各部门各司其职、齐心并力。

在非政府组织机构的建设方面，鼓励社会团体、学会开展相关知识普及、技能培训与环保道德教育，并将之作为与政府智力补偿的有益补充。

二是加强管理体制建设。一方面，建立农业废弃物资源化生态补偿目标责任制，将农业废弃物资源化及其生态补偿的阶段性目标纳入各级政府的年度计划，并实行考核制度，从管理层面保障环境有价、损害担责。另一方面，加强对各级相关部门的业务指导与考核，明确农业废弃物污染损害调查与修复方案编制、农业废弃物资源化直接投入成本与机会成本的鉴定评估等。

三、文化教育和社会监督保障

一是强化人力资本保障。将农村人力资源培训、人才引进与培养作为农业废弃物资源化智力（技术）补偿的重要内容与发展方向。持续开办专题培训班，分期培训农户、企业负责人、村干部、管理人员，提高责任主体的基本素质与环保意识。

二是重视宣传教育网络建设。一方面，通过张贴有关农业废弃物资源化生态补偿的广告、图画等宣传手段，增强利益相关者及社会公众的生态维权意识，力求生态补偿做到公开、公正、透明。另一方面，通过建立农业废弃物资源化信息网络，报告和表扬积极从事农业废弃物资源化的先进事例，公开曝光污染行为。

三是强化社会监督制度。设立农业废弃物资源化生态补偿投诉中心、举报热线，鼓励社会公众检举各种违反农业废弃物资源化生态补偿法律法规相关行为，扩大利益相关者与社会公众的知情权与监督权。

四、资金筹措与投资保障

一是坚持把以农业废弃物资源化为核心的循环农业建设投入置于公共财政的上上之选，重点用于示范性农业废弃物资源化项目建设与基础设施建设。优化资金投入结构，将生态补偿重点逐渐由“行为改变补偿”

向“产业发展补偿”转变，推动农业废弃物资源化与农业经济发展的深度融合。

二是引导和鼓励外资、民营企业、私人资本投入农业废弃物资源化。将 PPP、绿色保险、生态彩票、生态资本市场等融资方式作为农业废弃物资源化生态补偿资金的重要“源头活水”之一。积极探索住户付费、村集体“众筹”的方式，争取一定的专项资金，用于农业废弃物资源化基础设施建设、集体性农业废弃物资源化机械购置。表 6.1 报告了农业废弃物资源化生态补偿机制的基本框架与保障措施。

表 6.1　农业废弃物资源化生态补偿机制的基本框架与保障措施

类别	近期	中期	长期
补偿主体	政府为主，市场为辅，村集体“众筹”为补充	政府、市场	市场
补偿客体	农户、农民“自组织”	农户、农民“自组织”、新型农业经营主体	各类利益相关者
补偿模式	政府主导型	龙头企业 / 经济组织带动型	专业市场带动型
补偿标准	成本	效益	效益
补偿方式	资金、实物	资金补偿、实物补偿、政策补偿	资金补偿、实物补偿、政策补偿、智力（技术）补偿
补偿期限	农作物秸秆资源化生态补偿的期限相对较长；畜禽粪尿相对较短		
补偿支付模式	直接公共支付、排污权交易、环境标志、目标价格、村集体“众筹”		
补偿资金的融资方式	PPP、绿色保险、生态彩票、生态资本市场		
保障措施	政策法规保障、组织机构与管理体制保障、文化教育和社会监督保障、资金筹措与投资保障		

第七章　研究结论、不足与展望

前六章在明确选题缘起与构建理论分析框架的基础上，以“价值评估—利益博弈—补偿机制”为逻辑主线，系统研究了农业废弃物资源化的价值评估及其生态补偿机制。作为本书研究的终结，本章将对研究的基本结论进行归纳总结，提炼研究的核心论点；同时，指出研究的局限性，并展望下一步研究。

一、基本结论

第一，中国农作物秸秆资源量巨大，耕地单产、播面单产、人均单产表现出一定的区域差异特征，且具有较大的资源化潜在价值。

2014 年中国农作物秸秆理论资源量约为 9.89 亿吨，可收集利用量约为 7.58 亿吨。从全部农作物秸秆产量来看，西部 > 中部 > 东部 > 东北部；从粮食作物秸秆产量来看，东部 > 中部 > 东北部 > 西部。全国农作物秸秆的耕地单产为 7316.50 千克 / 公顷，东部和中部的耕地单产分别比全国平均水平高 26.16%、26.90%，西部、东北部分别比全国平均水平低 18.13%、21.43%；东部、中部、西部、东北部的农作物秸秆耕地单产之比约为 1.61 : 1.62 : 1.04 : 1。全国农作物秸秆的播面单产为 5977.29 千克 / 公顷，东部、西部的播面单产分别比全国平均水平高 5.02%、30.75%，中部、东北部分别比全国平均水平低 4.07%、45.93%；东部、中部、西部、东北部的农作物秸秆耕地单产之比约为 1.94 : 1.77 : 2.42 : 1。全国农作物秸秆人均单产为 722.99 千克 / 公顷，中部、西部、东北部的人均单产分别比全国平均水平高 8.24%、13.08%、100.98%，东部比全国平均水平低 35.69%；东部、中部、西部、东北部的农作物秸秆人均单产之比约为 0.32∶0.54∶0.56∶1。农作物秸秆蕴含了较高的价值。从肥料化来看，中国 2014 年可收集利用农作物秸秆中全氮、全磷、全钾的含量分别为 717.63 万吨、322.66 万吨、1160.46 万吨，分别达到了当年农用氮肥、磷肥、磷肥施用量（折纯量）的 30.09%、38.17%、180.79%；分区域来看，西部地区可收集利用农作物秸秆的全氮、全磷、全钾含量均最高，东北部地区最低。如果提高可收集利用系数至 1，这一数据可提升至 41.45%、38.17%、241.49%。能源化方面，中国 2014 年农作物秸秆资源可收集利用量的产沼气潜力约为 2832.18 亿立方米；东部、中部、西部、东北部产沼气潜力之比为 1.29∶1.52∶1.56∶1。如果提高可收集利用系数至 1，则产沼气潜力能提升至 3688.80 亿立方米。

第二，中国畜禽粪尿资源量巨大，耕地负荷不容乐观，降低化肥施用安全上限势在必行；同时，畜禽粪尿的肥料化、能源化潜在价值同样较为可观。

2014 年中国畜禽粪尿理论资源量（鲜重）约为 26.81 亿吨；分畜禽种类来看，牛粪尿总量最多，占全部畜禽粪尿的比例为 43.19%，排名第二的为猪粪尿，位居第三的为羊粪尿，三牲粪尿理论资源总量约占全部畜禽粪尿理论资源总量的七分之六；从全部粪尿的总量来看，西部 > 中部 > 东部 > 东北部。中国畜禽粪尿耕地负荷为 7.22 吨 / 公顷・年，其中，东部地区为 19.68 吨 / 公顷・年，中部地区为 17.83 吨 / 公顷・年，西部地区为 4.47 吨 / 公顷・年，东北部地区为 8.90 吨 / 公顷・年。若执行国家氮肥施用标准（225 千克 / 公顷），那么，全国畜禽粪尿耕地负荷对环境的影响将处于Ⅱ级。其中，东部、中部、西部的影响为Ⅳ级，东北部将达到Ⅴ级；若执行欧盟氮肥施用标准（170 千克 / 公顷），那么，全国畜禽粪尿耕地负荷对环境的影响将降至最安全的Ⅰ级。其中，东部、中部将降至Ⅲ级，东北部将降至Ⅱ级，西部将降至Ⅰ级。2014 年中国畜禽粪尿资源可收集利用量约为 15.51 亿吨，平均可收集利用系数约为 0.58，残留土地及收集过程中造成了浪费数量约为 42%。此外，畜禽粪尿同样具有较为可观的肥料化、能源化潜力。2014 年全国可收集利用畜禽粪尿中全氮、全磷、全钾的含量分别为 799.76 万吨、209.98 万吨、654.05 万吨，分别达到了当年农用氮肥、磷肥、磷肥施用量（折纯量）的 33.42%、24.84%、101.89%；分区域来看，西部地区可收集利用畜禽粪尿的全氮、全磷、全钾含量均最高，东北部地区最低；如果提高可收集利用系数至 1，这一数据可提升至 55.99%、39.11%、174.49%。能源化方面，中国 2014 年畜禽粪尿资源可收集利用量的产沼气潜力约为 126.35 亿立方米；分区域来看，西部 > 东部 > 中部 > 东北部；东部、中部、西部、东北部产沼气潜力之比为 2.73 : 2.19 : 3.99 : 1。如果提高可收集利用系数至 1，则产沼气潜力能提升至 194.56 亿立方米。

第三，农户对农业废弃物资源化的感知价值受到了感知服务质量、感知牺牲、人际信任、制度信任的共同影响，且存在较大的提升空间。农业废弃物资源化的理论“潜在价值”与市场“真实价值”（即农户感知价值）存在不相匹配的缺憾。

尽管影响农户对农作物秸秆能源化感知经济价值、感知生态价值与感知社会价值的关键因素略有差异，但总体上而言，感知服务质量越高、感知牺牲越大、信任程度（包括人际信任、制度信任）越高的农户，越能感知到农作物秸秆能源化的价值。从农业废弃物资源化的感知经济价值来看，农户的认可程度排序为：化肥节约（56.49%）> 生活用能节约（41.48%）> 生产能源节约（37.65%）> 收入增加（33.08%）> 农药节约（27.48%）；感知生态价值排序为：空气质量改善（58.78%）> 土壤肥力改善（57.00%）> 气候改善（50.63%）> 水土保持（45.03%）> 地表水质量改善（41.89%）> 地下水质量改善（38.68%）；感知社会价值排序则是：农村景观改善（68.45%）> 社会环保意识提高（67.18%）> 人体健康维护（61.84%）> 农村生产结构调整（59.29%）> 降低呼吸道 / 肠胃疾病发生率（51.15%）>降低疑难杂症发生率（50.12%）。由此可见，农户对农业废弃物资源化的感知经济价值存在较大的提升空间。这意味着，农业废弃物资源化的理论“潜在价值”与市场“真实价值”（即农户感知价值）存在不相匹配的缺憾。

第四，依据“紧密性—影响性—积极性”三维属性评价体系，现阶段，可以将利益相关者划分为核心、次级、边缘、潜在等四大类别。其中，目前中国农业废弃物资源化的核心利益相关者为中央政府、地方政府和农户。

本书尝试性地提出适用于生态环境治理领域的利益相关者“紧密性—影响性—积极性”三维属性评价体系。根据该体系，可以将利益相关者划分为四大类别：（1）核心利益相关者：此类利益相关者与农业废弃物资源化工程实施的紧密程度较高，对农业废弃物资源化工程的影响或被影响程度高，且具有较高的积极主动性。农业废弃物资源化工程若离开了核心利益相关者，将无法实施。（2）次级利益相关者：此类利益相关者的紧密性、影响性、积极性的平均得分中等。（3）边缘利益相关者：此类利益相关者的紧密性、影响性、积极性的平均得分较低。（4）潜在利益相关者：此类利益相关者的紧密性、影响性、积极性的平均得分非常低。现阶段，中国农业废弃物资源化的核心利益相关者为农户、中央政府、地方政府；次级利益相关者为处理设备供应商、加工服务供应商、运输服务供应商、农村中介组织、新闻媒体、社会公众、后几代人、专家、非政府组织、农村旅游产业；边缘利益相关者为仓储服务供应商、银行/信用社、农村非人物种。这一结果具有较强的合理性。从整体上看，除部分试点区域外，目前中国尚未建立起以涉农企业为龙头、农村中介组织为骨干、农户参与、政府引导的集“收集—储存—运输”于一体的多主体互动式农业废弃物资源化利用体系。在大多数农村地区，政府，尤其是地方政府与农户的直接互动，依旧是农业废弃物资源化利用系统得以运转的原动力。

第五，农业废弃物资源化潜在价值的顺利实现，离不开各类利益相关者之间的深度协作。构建科学合理的生态补偿机制，强化非正式制度的作用，推动农业废弃物资源化与农村产业联动发展，是协调利益相关者之间的利益冲突、解决农业废弃物资源化市场失灵的有效路径。

农业废弃物资源化是一个复杂的系统工程，其经济价值、生态价值和社会价值的顺利实现，离不开多个利益相关者的深度协作。当政府补偿无法弥补农户参与农业废弃物资源化的收益损失时的均衡解是中国实施农业废弃物资源化政策最无效率的解。这意味着，合理的生态补偿标准，是推动农户参与农业废弃物资源化利用的基础。无论是完全信息动态博弈，还是演化博弈都表明，农村社会内部非正式制度带来的隐性惩罚和隐性激励能够影响局中人的策略收益，使局中人在进行策略选择时会考虑公共收益和公共损失。然而，在一些具有“原子化社会”特征的农村中，“私人性”规则大行其道，“公共性”规则日薄西山，理性自利的农户在经过长期的比较、学习、模仿等过程之后倾向于成为严格的机会主义者，从而导致集体行动失效。这表明，通过培育以共同规范准则、信任为基础的非正式制度，强化村级组织和农民“自组织”在公共治理中累积的信任与影响力，将有助于推动农户作出如下转变：严格的机会主义者→相机抉择的机会主义者→相机抉择的互惠主义者→严格的互惠主义者。同时，演化博弈分析还表明，在经过长期的努力之后，农业废弃物资源化与产业经济发展融合与协调发展机制将实现常态化。在此境况下，即使不予监督，农户同样具有参与农业废弃物资源化的内在驱动。

第六，农业废弃物资源化生态补偿标准的制定，不仅需要考虑农户的个人禀赋特征，而且需要关注农户意愿支付水平 / 意愿受偿水平的不确定性。

以“农作物秸秆制沼气”这一能源化方式为例，运用条件价值评估法，测算了农业废弃物资源化生态补偿标准。从意愿支付水平来看，非参数估计下全样本生态补偿标准为 16.02—21.76 元 /（月・户），其中，东部地区约为 16.00—20.92 元 /（月 · 户），中部地区约为 19.95—26.37 元 /（月 · 户），西部地区约为 7.91—9.76 元 /（月 · 户），东北地区约为 14.52—30.00 元 /（月 · 户）；参数估计下的结果则分别为 22.21 元 /（月 · 户）、25.27 元 /（月 · 户）、9.61 元 /（月 · 户）、40.98 元 /（月 · 户）、21.20 元 /（月 · 户）。从意愿受偿水平来看，非参数估计下全样本生态补偿标准约为 54.85—58.10 元 /（月 · 户），其中，东部地区约为 60.50—63.49 元 /（月 · 户），中部地区约为 60.28—62.22 元 /（月 · 户），西部地区约为 45.26—46.00 元 /（月 · 户），东北地区约为 40.03—51.71 元 /（月 · 户）；参数估计下的结果则分别为 57.97 元 /（月 · 户）、66.68 元 /（月 · 户）、61.99 元 /（月 · 户）、42.83 元 /（月 · 户）、47.70 元 /（月 · 户）。通过考虑“不确定性”后，本书在一定程度上克服了单独测量支付意愿 / 受偿意愿作为补偿标准所引起的偏差，从而获得了较为准确的加权补偿标准：全国为 34.23—59.73 元 /（月 · 户），其中，东部地区为 32.08—66.12 元 /（月 · 户），中部地区为 35.83—61.30 元 /（月 · 户），西部地区为 30.72—51.69 元 /（月 · 户），东北地区为 39.15—53.71 元 /（月 · 户）。同时，有关影响因素的实证分析表明，农户支付意愿 / 意愿支付水平、受偿意愿 / 意愿受偿水平不仅受限于年龄、收入等个人或家庭禀赋，而且受到感知价值、社会影响、人际信任、制度信任等非经济因素的制约。

第七，农业废弃物资源化生态补偿机制亟待建立，以推动中国农业产业绿色转型，最终实现农业乃至整个经济社会的可持续发展。

农业废弃物资源化生态补偿的基本思路是：以公平性、广泛参与性、需求与现实相结合、政府引导与市场取向相适应、高端规划与试点先行相统筹为基本原则，以生态建设成果良性内化为农业经济绿色增值源泉，从而科学协调“效率”与“公平”两大理念、深度融合“农业经济发展”与“生态环境保护”两大体系，最终实现人与自然和谐发展。从近期目标来看，应通过坚持依法管理与政策激励相结合、政府推动与社会参与相适应的方式，保障核心利益相关者的“权责利”，逐步建立起以政府补偿为主、市场补偿并行、村集体“众筹”为辅的多样化补偿体系。从中期目标来看，补偿标准应逐渐由只补偿直接成本、机会成本，转变为全面补偿农业废弃物资源化的直接成本、机会成本与生态价值、社会价值；补偿方式应逐渐由以资金补偿为主，转变为资金、物质、技术、就业、政策补偿多管齐下的局面；补偿主体应逐渐由核心利益相关者之间的双向互动，转变为核心利益相关者、次级利益相关者、边缘利益相关者之间的立体交互；补偿推进手段应逐渐由以行政手段为主，转变为法律、经济、技术、行政手段齐头并进的格局。从长期目标来看，应着力推动农业废弃物资源化与农业经济发展全面融合与协调发展机制实现常态化、高效化与长效化，从而达到即使不予补偿，农业废弃物资源化系统亦能顺利运转的目的。为了保障农业废弃物资源化生态补偿机制的良好运行，政府部门应采取科学性、合理性、可行性、有效性强的法律、经济、技术、教育、行政等手段，构建和完善政策法规保障体系、组织机构与管理体制保障体系、文化教育和社会监督保障体系、资金筹措与投资保障体系，全面落实农业废弃物资源化生态补偿机制的目标与任务。

二、研究不足与展望

总体而言，笔者虽力求研究的深入、科学与严谨，但受限于数据可获取性及自身学术水平，本书仍存在一些不足，主要体现在以下五个方面：

一是在农作物草谷比体系的构建上，本书虽然通过梳理大田试验文献，较为科学地构建了兼具广度与精度的农作物草谷比体系，但仍有一些不尽如人意之处。例如，有关红小豆、扁豆、蚕豆、豌豆、马铃薯、红黄麻、亚麻、苎麻、大麻等农作物的大田试验文献较少，尤其是近五年的研究更为罕见。这使得可供参考的草谷比有效样本较少，在一定程度上影响了相应农作物草谷比的准确性。

二是在利益相关者“紧密性—影响性—积极性”三维属性评价的具

体应用之中，本书采取了类似文献中广泛应用的专家打分法。然而，有关专家打分法的合理性、科学性问题一直饱受学术界的质疑。尽管笔者通过比照相关文献、精心筛选适宜专家、课题组讨论等手段作为专家打分法的补充，从而识别出了现阶段中国农业废弃物资源化核心利益相关者，但在未来研究中，寻找出一种更为科学、更受认可、更加严谨的调查方法仍然不可忽视。

三是在农作物秸秆能源化生态补偿的条件价值评估调查中，可供选择的补偿支付单位有“元/（月・户）”“元/（亩・户）”。笔者经过多次思考与讨论之后，最终选择了“元/（月・户）”，这是因为，本书选取的农业废弃物资源化调查对象为农作物秸秆制沼气，这意味着，即使没有耕地的农户，只要其积极参与沼气建设、维护，同样应该获得补偿。从这一角度来看，以“元/（月・户）”作为补偿支付单位具有一定的合理性。然而，这种设置依然存在缺陷：拥有耕地的农户与没有耕地的农户由于成本投入不同，所获得的收益与补偿理应有所差异。因此，在未来的研究中，需探寻出一种更加合理的补偿支付单位，避免“一刀切”。

四是有关农业废弃物资源化的成本问题有待进一步探讨。本书基于大田试验文献与宏观统计数据，从理论上发现，无论是农作物秸秆，还是畜禽粪尿，其肥料化、能源化利用潜力巨大，具有良好的经济价值、生态价值与社会价值。同时，本书瞄准现阶段中国农业废弃物资源化最重要的利益相关者之一——农户，通过微观调查，探讨其对农业废弃物资源化的价值评估，从而在一定程度上明晰了农业废弃物资源化的市场“真实价值”。然而，成本效益理论表明，在市场经济条件下，唯有当农业废弃物资源化的总成本不高于总收益时，这一生产经营活动执行的结果才具有卡尔多—希克斯效率。这意味着，在未来的研究中，如能准确衡量农业废弃物资源化的成本，将有助于我们更好地理解农业废弃物资源化的市场“真实价值”。

五是有关农业废弃物资源化生态补偿的案例研究有待挖掘。公共物品的有效供给条件为社会边际收益等于社会边际成本。因而，农业废弃物资源化生态补偿的直接目的在于补偿农户的收益损失，使农业废弃物资源化实现“优质优价”。本书通过博弈分析发现，合理的生态补偿标准是推动农业废弃物资源化理论“潜在价值”顺利转化为市场“真实价值”的关键。在此基础上，本书考虑农户回答问卷时的“不确定性”，对资源环境与服务价值评估理论中广泛应用的条件价值评估法进行了改进，从而较为准确地测算出了农业废弃物资源化生态补偿标准。然而，条件价值评估法因其“假想市场”的设定而饱受学术界质疑依旧是一个不争的事实。故而，在未来研究中，随着农业废弃物资源化生态补偿政策的制定与实施，于试点区域挖掘典型案例，为“价值评估”与“补偿机制”之间的衔接提供案例支撑，对本书而言将是一种有益补充。

附录　中国农作物草谷比体系的考证与构建

受作物生长环境、播种面积、估算精度等因素影响，农作物秸秆资源量估算结果往往差异较大。例如，中国政府在官方文件《全国农村沼气发展"十三五"规划》中指出，中国每年产生农作物秸秆约10.4亿吨；[①]朱建春等（2012）的研究表明，2009年中国作物秸秆总量为6.98亿吨；[②]王艺鹏等（2017）的研究结果则是8.05亿吨。[③]这种差异一方面源于不同文献对农作物秸秆种类的统计不一致，另一方面则要归因于草谷比的取值。目前，大部分既有文献的草谷比取值主要来源于如下九个方面：（1）科技部星火计划；（2）可再生能源战略研究组；（3）中国农村能源行业协会；（4）牛若峰、刘天福（1984）主编的《农业技术经济手册（修订本）》一书；[④]（5）梁业森等（1996）编著的《非常规饲料资源的开发与利用》一书；[⑤]（6）《中国作物的收获指数》一文给出的草谷比体系；[⑥]（7）毕于运（2010）在其博士论文《秸秆资源评价与利用

① 国家发展改革委、农业部：《关于印发〈全国农村沼气发展"十三五"规划〉的通知》，2017年1月25日，见 http://www.ndrc.gov.cn/zcfb/zcfbghwb/201702/t20170210_837549.html。

② 朱建春、李荣华、杨香云等：《近30年来中国农作物秸秆资源量的时空分布》，《西北农林科技大学学报（自然科学版）》2012年第4期。

③ 王艺鹏、杨晓琳、谢光辉等：《1995—2014年中国农作物秸秆沼气化碳足迹分析》，《中国农业大学学报》2017年第5期。

④ 牛若峰、刘天福编著：《农业技术经济手册（修订本）》，农业出版社1984年版。

⑤ 梁业森、刘以连、周旭英等编著：《非常规饲料资源的开发与利用》，中国农业出版社1996年版。

⑥ 张福春、朱志辉：《中国作物的收获指数》，《中国农业科学》1990年第2期。

研究》中建立的草谷比体系；[①]（8）谢光辉等（2011）所撰写的《中国禾谷类大田作物收获指数和秸秆系数》《中国非禾谷类大田作物收获指数和秸秆系数》两篇论文中建立的草谷比体系；[②]（9）中国农业部、美国能源部项目专家组（1998）撰写的《中国生物质资源可获得性评价》[③]一书。

然而，随着育种技术的不断进步、农作物耕作条件的不断改善，草谷比亦随之发生了变化，如果依照旧的草谷比计算农作物秸秆资源量，势必会与实际相差巨大，重新考证农作物草谷比显得尤为必要。为此，本书以农作物大田试验数据为基础，建立中国农作物草谷比体系。本书所构建的草谷比体系中的农作物包括粮食作物、油料作物、棉花、麻类作物、糖料作物、烟类、蔬菜和瓜果等八大类别。具体而言，粮食作物包括谷类、豆类和薯类，其中谷类包括水稻（早稻、中晚稻、稻壳）、小麦（冬小麦、春小麦）、玉米（玉米、玉米芯）、谷子、高粱、大麦、燕麦、荞麦等；豆类包括大豆、绿豆、红小豆、扁豆、豌豆、蚕豆等；薯类包括马铃薯、甘薯。油料作物包括花生（花生、花生壳）、油菜、芝麻、胡麻、向日葵等。麻类作物包括红黄麻、苎麻、大麻、亚麻等。糖料作物包括甜菜、甘蔗。烟类包括烟杆、下等烟叶。需要指出的是，由于受到数据限制，笔者研究的蔬菜主要涉及结球甘蓝、紫甘蓝、花椰菜、黄瓜、南瓜、番茄、辣椒、茄子、西葫芦、菜豆、胡萝卜、马铃薯，瓜果主要涉及西瓜、甜瓜。在每种农作物草谷比的考证上，本书借鉴了毕于

① 毕于运：《秸秆资源评价与利用研究》，博士学位论文，中国农业科学院，2010 年。

② 谢光辉、韩东倩、王晓玉等：《中国禾谷类大田作物收获指数和秸秆系数》，《中国农业大学学报》2011 年第 1 期。谢光辉、王晓玉、韩东倩等：《中国非禾谷类大田作物收获指数和秸秆系数》，《中国农业大学学报》2011 年第 1 期。

③ 中国农业部、美国能源部项目专家组编撰：《中国生物质资源可获得性评价》，中国环境科学出版社 1998 年版。

运（2010）、谢光辉等（2011）的研究方法。[①] 具体而言，首先，在中国知网上通过检索"草谷比""谷草比""生物量""经济系数""收获指数"等关键词，获得有关农作物大田试验的文献；之后，仔细阅读下载后的文献，将不施肥、严重控制光照、过密种植或过疏种植等"非常态"条件下的研究论文予以剔除；最后，通过人工计算与转换，将每种农作物不同文献中的有效草谷比数据取平均值，从而确定各种农作物的最终草谷比。

一、稻类草谷比

《中国农村统计年鉴》中将稻谷分为早稻、中稻和一季晚稻、双季晚稻三类。一般地，早稻的生长期为 120 天以内，中稻为 120—150 天，晚稻则在 150 天以上。但是在统计数据中，难以严格区分中稻与晚稻（毕于运，2010）。[②] 因此，本书将中稻、一季晚稻、双季晚稻合并为一类，并将之命名为"中晚稻"。相应地，对稻类草谷比的考察也分为早稻草谷比与中晚稻草谷比。

（一）早稻草谷比

附表 1 报告了文献资料中的早稻草谷比。其中，王在满等（2016）于 2010 年针对"玉香油占"早稻的试验所获得的草谷比最高，达到了 1.033；杨彩玲等（2012）于 2011 年针对"特优 679"的试验所获得的草谷比最低，仅 0.709。综合 5 篇文献来看，草谷比的平均值为 0.852。

---

① 毕于运：《秸秆资源评价与利用研究》，博士学位论文，中国农业科学院，2010 年。谢光辉、韩东倩、王晓玉等：《中国禾谷类大田作物收获指数和秸秆系数》，《中国农业大学学报》2011 年第 1 期。

② 毕于运：《秸秆资源评价与利用研究》，博士学位论文，中国农业科学院，2010 年。

附表 1 早稻草谷比考证

文献来源	试验时间 / 地点	经济系数	经济系数平均值	草谷比
吴建华等（2016）①	2012 年 / 江西省吉安市峡江县水边镇	0.561、0.559、0.557	0.559	0.789
王在满等（2016）②	2010 年 / 广东省广州市华南农业大学校内试验基地	0.477、0.498、0.491、0.500	0.492	1.033
方宝华等（2015）③	湖南省	0.52、0.54、0.55	0.537	0.862
杨彩玲等（2012）④	2011 年 / 广西壮族自治区南宁市广西大学试验基地	0.530、0.578、0.646	0.585	0.709
霍中洋（2010）⑤	2005—2009 年 / 江西省赣州、袁州、鄱阳等地	0.585、0.563、0.515、0.534、0.514、0.499	0.535	0.869

（二）中晚稻草谷比

本书将非早稻试验均归入中晚稻。附表 2 报告了文献资料中的中晚稻草谷比。其中，王玉梅等（2016）于 2014 年针对超级稻“Y 两优 1 号”的试验所获得的草谷比最高，为 1.119；吴建华等（2016）于 2012 年针对“岳优 9113”的试验所获得的草谷比最低，为 0.808。综合 5 篇文献来看，草谷比的平均值约为 0.942。

① 吴建华、彭建勇、龙秋生等：《水稻应用水稻宝叶面肥对比试验》，《农业与技术》2016 年第 12 期。

② 王在满、张明华、王宝龙等：《机械穴播种植方式对华南双季稻的适应性研究》，《杂交水稻》2016 年第 4 期。

③ 方宝华、张玉烛、何超：《直播密度对常规早稻产量性状及冠层结构的影响》，《中国稻米》2015 年第 4 期。

④ 杨彩玲、杨培忠、刘丕庆等：《水稻新品种特优 679 的穗粒结构与物质生产特点及其高产栽培技术》，《热带作物学报》2012 年第 10 期。

⑤ 霍中洋：《长江中游地区双季早稻超高产形成特征及精确定量栽培关键技术研究》，博士学位论文，扬州大学，2010 年。

附表 2　中晚稻草谷比考证

文献来源	试验地点	经济系数	经济系数平均值	草谷比
王在满等（2016）[①]	2010 年 / 广东省广州市华南农业大学宁西试验基地	0.396、0.486、0.505、0.555	0.486	1.058
王玉梅等（2016）[②]	2014 年 / 湖南省长沙市湖南农业大学耘园试验基地	0.46、0.47、0.48、0.47、0.48	0.472	1.119
吴建华等（2016）[③]	2012 年 / 江西省吉安市峡江县水边镇	0.552、0.553、0.554	0.553	0.808
张鹏博等（2014）[④]	中国烟草中南试验站湖南农业大学基地	0.57、0.54、0.54、0.53、0.55、0.56、0.56、0.56、0.56、0.53、0.56、0.56、0.56	0.552	0.812
许少华等（2011）[⑤]	湖北省荆州市荆州区纪南镇 9 组	0.53、0.53、0.54、0.53、0.52、0.49	0.523	0.912

（三）水稻草谷比的加权计算

根据《中国农村统计年鉴 2015》可知，2014 年，中国稻谷总产量为 20650.7 万吨，其中，早稻 3401.2 万吨，中稻和一季晚稻 13453.6 万吨，双季晚稻 3795.5 万吨。由此，根据前文中得出的早稻、中晚稻草谷比，可计算出水稻平均草谷比为 $[0.852 \times 3401.2+0.942 \times (13453.6+3795.5)]/20650.7 \approx 0.927$。比较来看，该数据与牛若峰和刘天福（1984）的 0.9、农业部星火计划的 0.95、毕于运（2010）的 0.95、梁

① 王在满、张明华、王宝龙等：《机械穴播种植方式对华南双季稻的适应性研究》，《杂交水稻》2016 年第 4 期。

② 王玉梅、谢小兵、陈佳娜等：《施氮量与机插密度对超级稻 Y 两优 1 号产量和氮肥利用率的影响》，《杂交水稻》2016 年第 4 期。

③ 吴建华、彭建勇、龙秋生等：《水稻应用水稻宝叶面肥对比试验》，《农业与技术》2016 年第 12 期。

④ 张鹏博、张杨珠、李洪斌：《烟稻轮作系统中烟草和晚稻施肥效应的比较研究》，《湖南农业科学》2014 年第 13 期。

⑤ 许少华、邢丹英、李鹏飞等：《江汉平原中稻直播适宜播种量研究》，《安徽农业科学》2011 年第 20 期。

业森等（1996）的 0.966 较为接近，略低于谢光辉等（2011）的 1，远高于中国农村能源行业协会的 0.623。

（四）稻谷出壳率

谷壳是水稻除稻草之外的另一秸秆来源。附表 3 报告了文献资料中的稻谷出米率。不难发现，郑英杰（2015）针对 30 份粳稻新品系的研究所获得的平均出米率最高，达到了 80.08%；最低的为李世阳和潘建武（2015）报告的 65.83%。综合 9 篇文献来看，出米率的平均值约为 75%。因此，本书将稻谷出壳率设定为 25%。

附表 3 稻谷出米率考证

文献来源	试验时间 / 地点	出米率（%）	
		有效样本	平均值
洪国保等（2016）[①]	2015 年 / 江苏省淮安市盱眙县马坝镇万斛村试验基地	71.5、70.8、66.1、69.2、69.2、72.3、72.3、71.7、69.0、67.8、70.0	69.99
米长生等（2014）[②]	2013 年 / 江苏省淮安市盱眙县官滩镇新桥村	72.6、71.3、73.0、72.6、68.8、67.9	71.03
周昆等（2015）[③]	2014 年 / 湖南省长沙县高桥镇高桥村	79.7、80.0、79.7	79.80
郑英杰（2015）[④]	2014 年 / 辽宁省盐碱地利用研究所	74.12—83.34	80.08
彭廷等（2015）[⑤]	2012 年 / 河南省郑州市河南农业大学科教园区	84.17、84.24、84.38、72.10、76.32、76.34	79.59

① 洪国保、胡艳、胡俊海等：《江苏沿淮地区长粒型两系杂交籼稻新品种引进种植鉴定》，《中国种业》2016 年第 5 期。

② 米长生、陆海空、洪国保等：《钵苗机插与毯苗机插水稻生育特点及产量形成间的差异》，《北方水稻》2014 年第 4 期。

③ 周昆、常青、张勇：《美可特系列肥料在水稻生产中的应用效果》，《作物研究》2015 年第 5 期。

④ 郑英杰：《辽宁滨海稻区水稻新品系品质性状分析》，《中国农学通报》2015 年第 24 期。

⑤ 彭廷、万建伟、王琳琳等：《复配化学调节剂对水稻子粒灌浆充实和蔗糖—淀粉代谢关键基因表达的影响》，《河南农业大学学报》2015 年第 5 期。

续表

文献来源	试验时间 / 地点	出米率（%）	
		有效样本	平均值
段志坤等（2013）①	2011—2012 年 / 湖南省邵阳市隆回县西洋江镇张家村	72.9、70.3	71.60
李世阳和潘建武（2015）②	2013—2014 年 / 河北省唐山市曹妃甸八农场、河南省潢川县金林农民种植专业合作社、湖南省桃江县浮丘山西峰寺、四川省达州市桃花米业集团	64、64、64、70、70、68、65、65、65、66、66、63	65.83
王翠等（2009）③	—	78.5、79.9、80.3、78.4、79.9、80.8、77.6、80.3、80.9、77.8、79.0、80.8	79.52
徐海等（2016）④	2013 年 / 辽宁省沈阳市沈阳农业大学水稻研究所试验田	58.45—86.07	77.56

二、小麦草谷比

《中国农村统计年鉴》、国家统计局官方网站等资料中对小麦产量的统计分为冬小麦与春小麦两部分。为此，本书分别考证冬小麦、春小麦的草谷比。

（一）冬小麦草谷比

附表 4 报告了文献资料中的冬小麦草谷比概况。不难发现，张露雁等（2015）针对“新麦 26”“中育 9398”“泰山 28”的试验获得的经济系数最低，为 0.344；文廷刚等（2015）报告的“济麦 22”的经济系数最高，达到了 0.502。综合 13 篇文献来看，经济系数平均值为 0.420，由此计算

① 段志坤、李芳艳、钱小波等：《生物叶面肥中科绿宝一号在水稻上的应用效果研究》，《现代农业科技》2013 年第 16 期。

② 李世阳、潘建武：《水稻喷施硒肥与叶面肥效果对比研究》，《作物研究》2015 年第 7 期。

③ 王翠、赵海新、徐希德等：《增施氮肥对寒地水稻产量性状的影响》，《安徽农业科学》2009 年第 22 期。

④ 徐海、宫彦龙、夏原野等：《中日水稻品种杂交后代的株型性状与产量和品质的关系》，《中国水稻科学》2016 年第 3 期。

出冬小麦草谷比为 1.381。

附表 4 冬小麦草谷比考证

文献来源	试验时间 / 地点	经济系数		草谷比
		有效样本	平均值	
文廷刚等（2015）①	2014—2015 年 / 江苏省淮安市农业科学研究院现代农业高新科技园区	0.498、0.503、0.506	0.502	1.381
黄洁等（2016）②	2014—2015 年 / 山西省运城市山西水利职业技术学院实训基地	0.34、0.35	0.345	
马政华等（2016）③	2010—2011 年 / 陕西省中科院水利部水土保持研究所长武农业生态试验站	0.32、0.32、0.34、0.34、0.35、0.35、0.39、0.39	0.350	
龚月桦等（2016）④	2009—2011 年 / 陕西省西北农林科技大学农作一站	0.4546、0.4551、0.4752、0.4857、0.4711	0.468	
顾大路等（2016）⑤	2013—2015 年 / 江苏省淮安市农业科学研究院现代农业高新科技园区	0.472、0.488	0.480	
刘保华等（2016）⑥	2013—2014 年 / 河北省邯郸县苗庄农场	0.403、0.422、0.425	0.417	
姜自红等（2016）⑦	安徽省滁州实验基地	0.397、0.422、0.426、0.435、0.450、0.432	0.427	

① 文廷刚、杨文飞、王伟中等：《不同防冻剂处理对小麦生理特征和产量的影响》,《安徽农业科学》2015 年第 35 期。

② 黄洁、孙西欢、马娟娟等：《不同灌水深度对冬小麦生长及产量的影响》,《节水灌溉》2016 年第 7 期。

③ 马政华、寇长林、康利允：《不同水分条件下施磷位置对冬小麦生长发育及产量的影响》,《河南农业科学》2016 年第 6 期。

④ 龚月桦、林娜、石慧清等：《持绿型小麦冠温特性及其对低氮和高温的适应性》,《西北农林科技大学（自然科学版）》2016 年第 9 期。

⑤ 顾大路、杨文飞、文廷刚等：《冻害胁迫下防冻剂处理对小麦生理特征和产量的影响》,《江苏农业学报》2016 年第 3 期。

⑥ 刘保华、苏玉环、马永安等：《冀南麦区不同种植密度对小麦产量及主要农艺性状的影响》,《河北农业科学》2016 年第 2 期。

⑦ 姜自红、刘中良、江生泉：《秸秆还田与氮肥配施对小麦产量和收获指数的影响》,《天津农业科学》2016 年第 1 期。

续表

文献来源	试验时间 / 地点	经济系数		草谷比
		有效样本	平均值	
景东田（2016）[①]	2012—2014 年 / 甘肃省平凉市崆峒区草峰镇夏寨村	0.347、0.356、0.354、0.348、0.363、0.357、0.366、0.366	0.357	1.381
宋文品等（2016）[②]	2014—2015 年 / 北京市昌平区小汤山镇国家精准农业示范研究基地	0.48、0.49、0.49、0.50	0.490	
亓振等（2016）[③]	2014—2015 年 / 河北省任丘市中国农科院河北任丘试验基地	0.4941、0.5049、0.4973、0.4564、0.4309、0.4665、0.5122、0.4797、0.4292、0.4568、0.4854、0.5056、0.5093、0.4720、0.4631、0.4581、0.4824、0.5157、0.5000、0.499、0.5128、0.4665、0.4807	0.482	
董志强等（2015）[④]	2012—2013 年 / 河北省农林科学院粮油作物研究所藁城市堤上试验站	0.388、0.390、0.388、0.394、0.351、0.379、0.386、0.376	0.382	
王增丽等（2015）[⑤]	2011—2012 年 / 陕西省西北农林科技大学中国旱区节水农业研究院试验站	0.4211、0.3917、0.3996、0.4540	0.417	
张露雁等（2015）[⑥]	2013—2014 年 / 河南省新乡县国家小麦产业技术体系新乡综合试验站卫辉示范基地	0.344	0.344	

① 景东田：《陇东旱塬区冬小麦不同覆膜方式对土壤水热及产量的影响》，《干旱地区农业研究》2016 年第 4 期。

② 宋文品、王志敏、陈晓丽等：《深层渗灌对冬小麦蒸散动态及水分利用效率的影响》，《麦类作物学报》2016 年第 7 期。

③ 亓振、赵广才、常旭虹等：《小麦产量与农艺性状的相关分析和通径分析》，《作物杂志》2016 年第 3 期。

④ 董志强、张丽华、吕丽华等：《不同灌溉方式对冬小麦光合速率及产量的影响》，《干旱地区农业研究》2015 年第 6 期。

⑤ 王增丽、冯浩、温广贵：《不同预处理秸秆对土壤水分及冬小麦产量的影响》，《节水灌溉》2015 年第 4 期。

⑥ 张露雁、盛坤、乌云毕力格等：《种植密度对冬小麦产量及其构成因素的影响》，《山东农业科学》2015 年第 3 期。

（二）春小麦草谷比

附表 5 报告了文献资料中的春小麦草谷比概况。不难发现，何进智（2014）针对“红芒”春麦的试验获得的经济系数最低，仅为 0.320；安康等（2014）针对灌漠土春小麦获得的经济系数最高，达到了 0.478。综合 10 篇文献来看，春小麦经济系数平均值为 0.415，由此可计算出草谷比为 1.386。

附表 5　春小麦草谷比考证

文献来源	试验时间 / 地点	经济系数		草谷比
		有效样本	平均值	
文廷刚等（2015）①	2014—2015 年 / 江苏省淮安市农业科学研究院现代农业高新科技园区	0.470、0.473、0.479	0.474	1.386
顾大路等（2016）②	2013—2015 年 / 江苏省淮安市农业科学研究院现代农业高新科技园区	0.465、0.478	0.472	
虎芳芳等（2015）③	宁夏回族自治区银川市宁夏大学试验农场	0.38	0.380	
何进智（2014）④	宁夏灌区	0.3096、0.3367、0.3151	0.320	
侯慧芝等（2014）⑤	2011—2013 年 / 甘肃省农业科学院定西试验站	0.49、0.49、0.34、0.42、0.42、0.34、0.42、0.43、0.33	0.409	

① 文廷刚、杨文飞、王伟中等：《不同防冻剂处理对小麦生理特征和产量的影响》，《安徽农业科学》2015 年第 35 期。

② 顾大路、杨文飞、文廷刚等：《冻害胁迫下防冻剂处理对小麦生理特征和产量的影响》，《江苏农业学报》2016 年第 3 期。

③ 虎芳芳、康建宏、吴宏亮等：《宁夏灌区春小麦源库演变规律的研究》，《麦类作物学报》2015 年第 9 期。

④ 何进智：《宁夏灌区不同播种密度对春小麦物质形成及相关性状的影响》，《安徽农业科学》2014 年第 32 期。

⑤ 侯慧芝、吕军峰、郭天文等：《旱地全膜覆土穴播对春小麦耗水、产量和土壤水分平衡的影响》，《中国农业科学》2014 年第 22 期。

续表

文献来源	试验时间 / 地点	经济系数		草谷比
		有效样本	平均值	
丁亮等（2016）①	2015 年 / 甘肃省张掖市甘州区园艺场	0.397、0.381、0.377、0.406、0.397、0.395、0.381、0.376、0.399	0.390	1.386
陈翠贤等（2016）②	2012—2014 年 / 甘肃省景泰县灌区	0.491、0.519、0.467、0.473、0.439、0.454、0.466、0.482	0.474	
朱荣等（2015）③	2014 年 / 宁夏回族自治区银川市宁夏大学农学院试验农场	0.38、0.359、0.375、0.414	0.382	
安康等（2014）④	2010—2012 年 / 甘肃省农业科学院张掖节水农业试验站	0.46、0.49、0.46、0.47、0.49、0.49、0.50、0.46	0.478	
邹东月等（2015）⑤	—	0.375、0.393、0.356	0.375	

（三）小麦草谷比的加权计算

根据《中国农村统计年鉴 2015》可知，2014 年，中国小麦总产量为 12620.8 万吨，其中，冬小麦 12008.0 万吨，春小麦 612.8 万吨。由此，根据前文中得出的冬小麦、春小麦草谷比，可计算出小麦平均草谷比为（$1.381\times12008+1.386\times612.8$）/12620.8 $\approx$ 1.381。比较来看，该数据与中国农村能源协会的 1.366、毕于运（2010）的 1.30 较为接近，高于谢光辉等（2011）的 1.17、梁业森等（1996）的 1.03、牛若峰和刘天福（1984）的 1.1。

① 丁亮、马林、钟建龙：《河西灌溉地全膜覆土穴播小麦肥料效益研究》，《农业科技与信息》2016 年第 17 期。

② 陈翠贤、樊胜祖、刘广才等：《宽幅匀播与常规条播春小麦产量和农艺性状比较》，《甘肃农业科技》2016 年第 1 期。

③ 朱荣、虎芳芳、李亚婷等：《花后干旱对春小麦光合特性及产量的影响》，《广东农业科学》2015 年第 17 期。

④ 安康、俄胜哲、车宗贤等：《不同有机物料施用对灌漠土春小麦产量和土壤肥力的影响》，《中国农学通报》2014 年第 8 期。

⑤ 邹东月、邵立刚、王岩等：《施氮量与密度互作对春小麦生物性状和产量的影响》，《安徽农学通报》2015 年第 10 期。

三、玉米草谷比

（一）玉米草谷比

附表 6 报告了文献资料中的玉米草谷比概况。不难发现，经济系数最高的为杜鑫等（2016）针对“京科 25”玉米的试验，达到了 0.659；最低的为敬克农和郭满平（2016）针对“承单 20”玉米的试验，仅为 0.280。综合 8 篇文献来看，经济系数平均值为 0.460，由此计算出玉米草谷比为 1.174。比较来看，该数据与牛若峰和刘天福（1984）的 1.2、毕于运（2010）的 1.1、谢光辉等（2011）的 1.04 较为接近，但远低于中国农村能源协会的 2。

附表 6　玉米草谷比考证

文献来源	试验时间 / 地点	经济系数		草谷比
		有效样本	平均值	
刘海涛等（2016）[①]	2010—2012 年 / 山东省泰安市山东农业大学农学试验站	0.494、0.519、0.538、0.540、0.552、0.550、0.516、0.495、0.542、0.553、0.538、0.520、0.500	0.527	1.174
朱元刚和高凤菊（2016）[②]	2012 年 / 山东省德州市农业科学研究院科研试验基地	0.513	0.513	
朱从桦等（2016）[③]	2014—2015/ 四川省简阳市芦葭镇英明村	0.5009、0.4543、0.4864、0.4835、0.4382、0.3909、0.4360、0.4510、0.3299、0.3726、0.4727、0.4655、0.4209、0.4573、0.4372、0.4619	0.441	

① 刘海涛、李保国、任图生等：《不同肥力农田玉米产量构成差异及施肥弥补土壤肥力的可能性》，《植物营养与肥料学报》2016 年第 4 期。

② 朱元刚、高凤菊：《不同间作模式对鲁西北地区玉米—大豆群体光合物质生产特征的影响》，《核农学报》2016 年第 8 期。

③ 朱从桦、张嘉莉、王兴龙等：《硅磷配施对低磷土壤春玉米干物质积累、分配及产量的影响》，《中国生态农业学报》2016 年第 6 期。

续表

文献来源	试验时间 / 地点	经济系数		草谷比
		有效样本	平均值	
房琴等（2015）①	2013 年 / 河北省藁城市	0.584、0.598、0.589、0.587、0.592、0.599	0.592	1.174
郑立龙（2015）②	2014 年 / 甘肃省榆中县北部黄土丘陵区中连川流域	0.333、0.324、0.340、0.325、0.329、0.335、0.344、0.344、0.296	0.330	
张开乾和郑立龙（2016）③	2014 年 / 甘肃省榆中县北部黄土丘陵区中连川流域	0.3252、0.3329、0.3235、0.3397、0.3436、0.3293、0.3500、0.3439	0.336	
敬克农和郭满平（2016）④	2015 年 / 甘肃省环县中北部洪德乡许旗村三十里铺组	0.280、0.279、0.279、0.279、0.281	0.280	
杜鑫等（2016）⑤	2014 年 / 北京市中国农业大学北京通州实验站	0.654、0.686、0.657、0.677、0.630、0.648、0.643、0.663、0.676	0.659	

（二）玉米芯比例

附表 7 报告了文献资料中的玉米芯比例概况。综合 4 篇文献来看，玉米芯比例的平均值约为 22.34%。比较来看，该数据与梁业森等（1996）的 24%、毕于运（2010）的 21%、王红彦等（2016）的 21% 较为接近。

① 房琴、高影、王红光等：《新疆塔城地区旱田大麦新品系适应性研究间作对鲜食大豆生长发育及产量形成的影响密度和施氮量对超高产夏玉米干物质积累和产量形成的影响》，《华北农学报》2015 年第 S1 期。

② 郑立龙：《半干旱区地膜覆盖及补灌对玉米产量及干物质积累和分配的影响》，《节水灌溉》2015 年第 12 期。

③ 张开乾、郑立龙：《陇中半干旱地区地膜覆盖和补灌对玉米及土壤温湿度的影响》，《节水灌溉》2016 年第 2 期。

④ 敬克农、郭满平：《全膜双垄沟播栽培对土壤含水量·温度及玉米产量的影响》，《安徽农业科学》2016 年第 3 期。

⑤ 杜鑫、杨培岭、任树梅等：《适宜北京地区雨养春玉米的化控模式探究》，《中国农业大学学报》2016 年第 3 期。

附表 7　玉米芯比例考证

文献来源	试验时间 / 地点	玉米芯比例（%）	
		有效样本	平均值
陈远学等（2013）[①]	2010—2011 年 / 四川省雅安市四川农业大学雅安试验农场	22.74、25.40、22.76、30.27、24.64、25.18、24.10、25.01、23.37、25.43	24.89
郝荣琪（2011）[②]	2010 年 / 黑龙江省哈尔滨市阿城区蜚克图镇	24.0、19.3、25.1、29.8、22.1、26.1、19.6、19.8、19.0、17.0、17.8、17.9、19.1、20.6	21.23
陈龙（2016）[③]	2013 年 / 甘肃省武威市凉州区黄羊镇农垦农场甘肃农业大学试验站	25.28、21.85、19.27、19.41、17.04	20.57
李光鹏和程瑶（2016）[④]	2015 年 / 贵州省纳雍县龙场镇小营村	24、20、24	22.67

四、谷子草谷比

附表 8 报告了文献资料中的谷子草谷比考证结果。不难发现，侯贤清等（2012）2007 —2010 年于宁夏回族自治区彭阳县旱作农业试验站展开的试验获得的经济系数最低，为 0.312；最高的是郭秀卿等（2012）针对“TG1”谷子的研究，为 0.493。综合 7 篇文献来看，谷子经济系数平均值为 0.417，由此可计算出草谷比为 1.398。比较来看，这一数据与毕于运（2010）的 1.4、梁业森等（1996）的 1.51 较为接近。

① 陈远学、李汉邯、周涛等：《施磷对间套作玉米叶面积指数、干物质积累分配及磷肥利用效率的影响》，《应用生态学报》2013 年第 10 期。

② 郝荣琪：《黑龙江省玉米品种筛选试验》，《种子世界》2011 年第 8 期。

③ 陈龙：《菌肥对粮饲兼用型玉米生长和品质及土壤特性影响研究》，硕士学位论文，甘肃农业大学，2016 年。

④ 李光鹏、程瑶：《锌肥对玉米产量及品质的影响》，《河南农业》2016 年第 11 期。

附表 8　谷子草谷比考证

文献来源	试验时间 / 地点	经济系数		草谷比
		有效样本	平均值	
苏宸瑾等（2016）①	2015 年 / 山西省农业科学院旱地农业研究中心旱作节水试验基地阳曲县河村	0.43、0.42、0.41、0.41、0.42、0.42、0.40、0.41	0.415	1.398
任丽敏（2014）②	2013 年 / 山西省农业科学院旱地农业研究中心旱作节水试验基地阳曲县河村	0.45、0.44、0.44、0.47、0.39、0.40、0.42、0.46、0.46、0.47、0.48、0.48、0.49、0.48、0.49	0.455	
倪杏宇（2014）③	2012—2013 年 / 河北省张家口市农科院宣化沙岭子试验站	0.390、0.328、0.351、0.366、0.346、0.262	0.341	
张艳丽（2014）④	2012—2013 年 / 内蒙古自治区呼和浩特市清水河县农业局试验基地	0.41、0.42、0.45、0.46、0.46、0.46、0.46、0.46、0.47、0.40、0.41、0.43、0.44、0.45、0.45、0.45、0.46、0.45	0.444	
樊修武等（2010）⑤	2009 年 / 山西省农业科学院旱地农业研究中心河村旱作节水基地	0.4553、0.4489、0.4634、0.4637、0.4544	0.457	
郭秀卿等（2012）⑥	2001—2002 年 / 山西省太谷县山西农业大学农场试验田	0.474、0.487、0.513、0.465、0.556、0.464	0.493	
侯贤清等（2012）⑦	2007 —2010 年 / 宁夏回族自治区彭阳县旱作农业试验站	0.3214、0.3257、0.2967、0.3061	0.312	

① 苏宸瑾、黄学芳、王娟玲：《地膜穴播不同种植密度对杂交谷子产量及水分利用效率的影响》，《山西农业科学》2016 年第 4 期。

② 任丽敏：《基于农艺农机结合的谷子少（免）间苗播种试验研究》，硕士学位论文，山西农业大学，2014 年。

③ 倪杏宇：《种植密度对杂交谷子产量形成特征的影响》，硕士学位论文，河北农业大学，2014 年。

④ 张艳丽：《PGPR、PAA 对谷子抗旱保苗机制的研究》，硕士学位论文，内蒙古农业大学，2014 年。

⑤ 樊修武、池宝亮、张冬梅等：《不同水分梯度和种植密度对谷子杂交种产量及水分利用效率的影响》，《山西农业科学》2010 年第 8 期。

⑥ 郭秀卿、崔福柱、郝建平等：《渗水地膜覆盖对旱地谷子生育时期及产量的影响》，《山西农业大学学报（自然科学版）》2012 年第 2 期。

⑦ 侯贤清、李荣、贾志宽等：《条带休闲轮作对坡地土壤水分及作物产量的影响》，《农业工程学报》2012 年第 17 期。

五、高粱草谷比

附表 9 报告了文献资料中的高粱草谷比考证结果。不难发现，王劲松等（2013）针对“晋杂 23 号”高粱展开的试验获得的经济系数最低，仅为 0.325；最高的是马志远等（2013）针对“晋杂 18 号”高粱的研究，为 0.468。综合 6 篇文献来看，高粱经济系数平均值为 0.402，由此可计算出草谷比为 1.488。比较来看，这一数据与毕于运（2010）的 1.6、梁业森等（1996）的 1.44 较为接近。

附表 9　高粱草谷比考证

文献来源	试验时间 / 地点	经济系数		草谷比
		有效样本	平均值	
郭秀卿等（2015）[1]	2011 年 / 山西省太谷县山西农业大学农场试验田	0.431、0.433、0.249、0.468、0.385、0.450、0.234、0.451	0.388	1.488
张恩艳（2015）[2]	2013 年 / 山西省太谷县山西农业大学农学院试验基地	0.448、0.450、0.458	0.452	
王劲松等（2013）[3]	2012 年 / 山西省农业科学院东阳试验基地	0.32、0.33	0.325	
马志远等（2013）[4]	2010 年、2012 年 / 山西省晋中市榆次区修文镇	0.47、0.45、0.47、0.48	0.468	
李宏（2013）[5]	2011 年 / 山西省太谷县山西农业大学农场试验田	0.429、0.409、0.322、0.379	0.385	
刘天朋等（2016）[6]	2014 年 / 四川省农业科学院水稻高粱研究所泸县实验基地	0.4150、0.4034、0.3853、0.3875、0.3938、0.3851	0.395	

① 郭秀卿、崔福柱、杜天庆等：《4 种甜秆饲草高粱对密度与刈割次数的响应》，《山西农业大学学报（自然科学版）》2015 年第 6 期。

② 张恩艳：《播期、密度对夏播高粱生长发育及产量的影响》，硕士学位论文，山西农业大学，2015 年。

③ 王劲松、杨楠、董二伟等：《不同种植密度对高粱生长、产量及养分吸收的影响》，《中国农学通报》2013 年第 36 期。

④ 马志远、曹昌林、史丽娟等：《水地粒用高粱节水灌溉模式研究》，《山西农业科学》2013 年第 8 期。

⑤ 李宏：《刈割次数、密度对饲用甜高粱生育与产量的影响》，硕士学位论文，山西农业大学，2013 年。

⑥ 刘天朋、丁国祥、汪小楷等：《种植密度对杂交糯高粱群体库源关系的影响》，《作物杂志》2016 年第 1 期。

六、其他谷物草谷比

其他谷物主要包括大麦、燕麦、荞麦等。附表 10、附表 11、附表 12 分别报告了文献资料中的大麦、燕麦、荞麦草谷比考证结果。从结果来看，大麦的草谷比为 0.988、燕麦草谷比为 2.041、荞麦草谷比为 2.175。余下谷物参照大麦、燕麦、荞麦的草谷比，取平均值为 1.735。根据《中国农村统计年鉴 2015》的相关数据统计显示，2014 年其他谷物产量为 435.1 万吨，其中，大麦 181.2 万吨，燕麦 18.9 万吨，荞麦 30.0 万吨。由此可计算出其他谷物草谷比为（0.988×181.2+2.041×18.9+2.175×30+1.735×205）/435.1 ≈ 1.468。

附表 10　大麦草谷比考证

文献来源	试验时间 / 地点	经济系数		草谷比
		有效样本	平均值	
张艳华（2016）①	甘肃省山丹县清泉镇北湾村二社	0.540、0.532、0.512	0.528	0.988
张连瑞等（2013）②	2012 年 / 甘肃省山丹县清泉镇北湾村二社	0.507、0.532、0.569、0.511、0.588、0.573、0.512、0.595、0.577、0.513、0.598、0.549	0.552	
包奇军等（2013）③	2009 年 / 甘肃省武威市凉州区黄羊镇	0.56、0.51、0.55、0.53、0.52、0.54、0.54、0.49、0.55	0.532	
潘永东等（2014）④	2008—2009 年 / 甘肃省武威市凉州区黄羊镇	0.51、0.56、0.52、0.53、0.53、0.54	0.532	
方伏荣等（2012）⑤	2011 年 / 新疆维吾尔自治区塔城市阿不都拉乡龙口村	0.35、0.41、0.31、0.35、0.40、0.39、0.35、0.39、0.39	0.371	

① 张艳华：《不同覆膜模式对大麦增产机理的试验报告》，《农业科技与信息》2016 年第 14 期。

② 张连瑞、张忠福、宋金凤等：《不同灌水次数及灌水量对大麦的影响》，《农业科技与信息》2013 年第 11 期。

③ 包奇军、徐银萍、张华瑜等：《不同垄作沟灌模式对啤酒大麦产量和品质的影响》，《中国种业》2013 年第 8 期。

④ 潘永东、包奇军、徐银萍等：《垄作栽培对啤酒大麦产量和品质的影响》，《中国农学通报》2014 年第 12 期。

⑤ 方伏荣、董庆国、张建平等：《新疆塔城地区旱田大麦新品系适应性研究》，《大麦与谷类科学》2012 年第 2 期。

附表 11 燕麦草谷比考证

文献来源	试验时间 / 地点	经济系数		草谷比
		有效样本	平均值	
王林（2009）[①]	内蒙古自治区呼和浩特市武川县	0.31、0.34、0.33、0.32、0.32、0.30、0.31、0.31、0.27	0.312	2.041
胡廷会（2014）[②]	2013 年 / 内蒙古呼和浩特市 / 内蒙古农业大学燕麦良种繁育基地	0.33、0.32、0.32、0.34、0.36、0.34	0.335	
叶雪松（2015）[③]	内蒙古自治区呼和浩特市武川县上充亥乡	0.27、0.26、0.27、0.26	0.265	
程玉臣等（2013）[④]	内蒙古自治区呼和浩特市武川县上窦亥乡	0.35、0.38、0.41、0.36、0.34	0.368	
刘慧军等（2012）[⑤]	2011 年 / 内蒙古自治区呼和浩特市武川县大豆铺乡	0.35、0.36、0.38、0.37、0.36	0.364	

附表 12 荞麦草谷比考证

文献来源	试验时间 / 地点	经济系数		草谷比
		有效样本	平均值	
侯迷红等（2013a）[⑥]	2009—2010 年 / 内蒙古自治区通辽市库伦旗中南部	0.31、0.32、0.33、0.33	0.323	2.175
侯迷红等（2013b）[⑦]	2009—2010 年 / 内蒙古自治区通辽市库伦旗扣河子镇	0.27、0.28、0.29、0.27、0.27、0.28、0.29、0.27	0.278	

① 王林：《不同栽培措施对燕麦生长发育及产量影响》，硕士学位论文，内蒙古农业大学，2009 年。

② 胡廷会：《干旱胁迫下 LCO 和 TH17 对燕麦形态、生理指标及根际土壤环境的影响》，硕士学位论文，内蒙古农业大学，2014 年。

③ 叶雪松：《耕作方式对土壤物理性状、酶活性以及燕麦产量的影响》，硕士学位论文，内蒙古大学生物工程，2015 年。

④ 程玉臣、路战远、张向前等：《旱作雨养条件下 5 种燕麦品种的生态适应性分析》，《安徽农业科学》2013 年第 18 期。

⑤ 刘慧军、刘景辉、徐胜涛等：《沙地改良剂对土壤水分及燕麦产量和品质的影响》，《干旱地区农业研究》2012 年第 6 期。

⑥ 侯迷红、范富、宋桂云等：《氮肥用量对甜荞麦产量和氮素利用率的影响》，《作物杂志》2013 年第 1 期。

⑦ 侯迷红、范富、宋桂云等：《钾肥用量对甜荞麦产量和钾素利用效率的影响》，《植物营养与肥料学报》2013 年第 2 期。

续表

文献来源	试验时间 / 地点	经济系数		草谷比
		有效样本	平均值	
姚银安等（2008）[①]	2005 年 / 云南省	0.36、0.36、0.34、0.33、0.34、0.33	0.343	2.175

七、豆类草谷比

（一）大豆草谷比

附表 13 报告了文献资料中的大豆草谷比考证结果。不难发现，卜伟召等（2015）针对近百个大豆品种的试验所获得的经济系数最高，为 0.544；最低的是何进尚等（2014）针对“沈农 99-11-1”“K 丰 73-2”等 21 个大豆品种的试验，其获得的经济系数仅为 0.278。最低值与最高值之间相差近两倍。综合 10 篇文献来看，大豆草谷比平均值为 1.508。比较来看，该数据与牛若峰和刘天福（1984）的 1.6、毕于运（2010）的 1.6 较为接近，略低于梁业森等（1996）的 1.71。

附表 13　大豆草谷比考证

文献来源	试验时间 / 地点	经济系数		草谷比
		有效样本	平均值	
徐婷（2014）[②]	2012—2013 年 / 四川省现代粮食产业（仁寿）示范基地	0.35、0.36、0.38、0.38、0.36、0.38、0.41、0.42、0.45、0.46、0.40、0.43	0.398	1.508
卜伟召等（2015）[③]	2013—2014 年 / 山东省菏泽市牡丹区原种场	0.54、0.53、0.60、0.58、0.56、0.56、0.49、0.49、0.53、0.56、0.57、0.56、0.52、0.53	0.544	

① 姚银安、杨爱华、徐刚：《两种栽培荞麦对日光 UV-B 辐射的响应》，《作物杂志》2008 年第 6 期。

② 徐婷：《播期和密度对套作大豆光合特性、干物质积累及产量的影响》，硕士学位论文，四川农业大学农业推广，2014 年。

③ 卜伟召、刘鑫、武晓玲等：《黄淮海带状间作大豆品种的筛选与鉴定》，《大豆科学》2015 年第 2 期。

续表

文献来源	试验时间 / 地点	经济系数		草谷比
		有效样本	平均值	
高淑芹等（2013）①	—	0.4965、0.4403、0.4964、0.4777、0.4754、0.4696、0.3806、0.4419、0.4254、0.3542、0.3300、0.3699	0.430	1.508
王维俊和章建新（2015）②	2013 年 / 新疆维吾尔自治区伊宁县农业科技示范园区	0.39	0.390	
田平等（2015）③	2013 年 / 辽宁省沈阳市沈阳农业大学试验基地	0.38、0.38、0.39	0.383	
冷玲和张文成（2014）④	2007 年 / 新疆维吾尔自治区乌鲁木齐市新疆农业大学实验农场	0.38、0.39、0.41	0.393	
方萍等（2015）⑤	2014 年 / 四川省雅安市四川农业大学教学科研园区	0.476、0.514、0.449、0.473	0.478	
蒋利（2015）⑥	2013—2014 年 / 四川现代粮食产业仁寿示范基地	0.37、0.42、0.37、0.45、0.30、0.44	0.392	
何进尚等（2014）⑦	宁夏引黄灌区	0.2712、0.2770、0.2860	0.278	
车艳朋和魏永霞（2016）⑧	2013—2014 年 / 黑龙江省北安市红星农场	0.27、0.28、0.30、0.33、0.33、0.30	0.302	

① 高淑芹、孙星邈、侯云龙等：《大豆干物质积累、分配与收获指数研究》，《大豆科技》2013 年第 6 期。

② 王维俊、章建新：《滴水量对中熟大豆超高产田干物质积累和产量的影响》，《大豆科学》2015 年第 1 期。

③ 田平、马立婷、逄焕成等：《硅肥对玉米和大豆光合特性及产量形成的影响》，《作物杂志》2015 年第 6 期。

④ 冷玲、张文成：《玉米 110 厘米大垄密植栽培试验》，《种子世界》2014 年第 2 期。

⑤ 方萍、刘卫国、邹俊林等：《新疆塔城地区旱田大麦新品系适应性研究间作对鲜食大豆生长发育及产量形成的影响》，《大豆科学》2015 年第 4 期。

⑥ 蒋利：《净套作条件下不同施 N 量对大豆植株形态、花荚脱落和产量的影响》，硕士学位论文，四川农业大学，2015 年。

⑦ 何进尚、袁汉民、陈东升等：《宁夏引黄灌区大豆农艺及产量性状分析》，《西北农业学报》2014 年第 7 期。

⑧ 车艳朋、魏永霞：《生物炭对黑土区大豆节水增产及土壤肥力影响研究》，《中国农村水利水电》2016 年第 1 期。

（二）绿豆草谷比

附表 14 报告了文献资料中的绿豆草谷比考证结果。就经济系数而言，杨宗鹏（2013）的试验最低，仅为 0.205；顾和平等（2010）针对“苏绿 1 号”“江浦永宁”绿豆品种的试验获得的经济系数最高，达到了 0.325。综合 3 篇文献，可计算出绿豆的草谷比为 2.559。

附表 14　绿豆草谷比考证

文献来源	试验时间 / 地点	经济系数		草谷比
		有效样本	平均值	
顾和平等（2010）①	2008 年 / 江苏省农业科学院六合基地	0.28、0.30、0.36、0.41、0.22、0.31、0.30、0.42	0.325	2.559
杨宗鹏（2013）②	2011 年 / 中国农科院实验站	0.20、0.21	0.205	
高小丽等（2009）③	2003—2005 年 / 陕西省西北农林科技大学农作一站	0.3083—0.3197	0.314	

（三）红小豆草谷比

附表 15 报告了文献资料中的红小豆草谷比考证结果。从仅有的 1 篇文献来看，红小豆草谷比为 3.854。

附表 15　红小豆草谷比考证

文献来源	试验时间 / 地点	经济系数		草谷比
		有效样本	平均值	
贾月慧等（2004）④	北京市	0.268、0.218、0.131	0.206	3.854

① 顾和平、陈新、陈华涛等:《两个绿豆品种根系发育生物学特性的比较》,《江苏农业学报》2010 年第 1 期。

② 杨宗鹏:《大气 CO_2 浓度升高对绿豆生理生态的影响研究》，硕士学位论文，山西农业大学，2013 年。

③ 高小丽、孙健敏、高金锋等:《不同绿豆品种花后干物质积累与转运特性》,《作物学报》2009 年第 9 期。

④ 贾月慧、金文林、张颖等:《红小豆不同品种养分效率的差异及其机理研究》,《北京农学院学报》2004 年第 1 期。

(四)其他豆类草谷比

其他豆类包括扁豆、蚕豆、豌豆等。附表16、附表17、附表18分别报告了文献资料中的扁豆、蚕豆、豌豆草谷比考证结果。从结果来看，扁豆草谷比为2.407、蚕豆草谷比为1.114、豌豆草谷比为1.455。为了方便计算，本书将其他豆类草谷比设定为扁豆、蚕豆、豌豆草谷比的平均值，即1.659。

附表16 扁豆草谷比考证

文献来源	试验时间/地点	经济系数		草谷比
		有效样本	平均值	
胡燕琳(2012)[①]	2010年/上海市上海交通大学七宝农业工程训练中心	0.388、0.220、0.257	0.288	2.407
张玉梅等(2013)[②]	2010年/上海市上海交通大学；2011年/黑龙江省安达市第一原种场	0.405、0.216、0.275	0.299	

附表17 蚕豆草谷比考证

文献来源	试验时间/地点	经济系数		草谷比
		有效样本	平均值	
潘文远等(2012)[③]	2011年/新疆维吾尔自治区乌鲁木齐市达坂城区西沟乡水磨村	0.51、0.38	0.445	1.114
郭兴莲和刘玉皎(2015)[④]	青海省海东市互助土族自治县旱作农业区	0.48、0.51	0.495	
刘玉皎等(2011)[⑤]	2007—2008年/青海省早熟组蚕豆区域试验	0.48	0.480	

① 胡燕琳:《扁豆密植与掐尖栽培技术研究及干扰黄酮合成酶基因对异黄酮含量的影响》，硕士学位论文，上海交通大学，2012年。

② 张玉梅、胡燕琳、顾大国等:《掐尖对扁豆主要农艺性状和产量的影响》,《上海农业学报》2013年第6期。

③ 潘文远、田新平、苏英福:《蚕豆—青海12号引种试验初报》,《新疆农垦科技》2012年第10期。

④ 郭兴莲、刘玉皎:《高海拔旱作农业区地膜种植蚕豆增产效应分析》,《中国农村小康科技》2015年第2期。

⑤ 刘玉皎、张小田、李萍等:《早熟蚕豆品种青海13号的选育及应用前景》,《江苏农业科学》2011年第2期。

附表 18　豌豆草谷比考证

文献来源	试验时间 / 地点	经济系数		草谷比
		有效样本	平均值	
郑甲成等（2012）①	2010 年 / 甘肃省兰州市甘肃农业大学定西旱农综合试验站	0.2398、0.2465、0.2362、0.2131、0.2661、0.2812	0.247	1.455
张红萍（2008）②	2007 年 / 甘肃省兰州市甘肃农业大学试验网室前空地	0.51、0.48、0.55	0.513	
谢奎忠等（2007）③	2006 年甘肃省兰州市 / 甘肃农业大学定西旱农综合试验站	0.29、0.34、0.35、0.31、0.32	0.322	
高小丽（2016）④	2014 年 / 西藏自治区农牧科学院农业研究所四号实验地	0.579、0.526、0.535、0.548	0.547	

（五）豆类草谷比加权计算

由《中国农村统计年鉴 2015》可知，2014 年，中国豆类总产量为 1625.5 万吨，其中，大豆 1215.4 万吨，绿豆 68.9 万吨，红小豆 24.2 万吨，其他豆类 317 万吨。根据前文中得出的大豆、绿豆、红小豆、其他豆类草谷比，可计算出豆类平均草谷比为（1.508 × 1215.4+2.559 × 68.9+3.854 × 24.2+1.659 × 317）/1625.5 ≈ 1.617。比较来看，该数据与中国农村能源行业协会的 1.5 较为接近。

八、薯类草谷比

（一）马铃薯草谷比

附表 19 报告了文献资料中的马铃薯草谷比考证结果。中国农产品统

① 郑甲成、刘婷、洪安喜等：《保护性耕作措施对豌豆和春小麦生长及产量的影响》，《灌溉排水学报》2012 年第 1 期。

② 张红萍：《干旱胁迫对豌豆冠层生长及叶片生理生化指标的影响》，硕士学位论文，甘肃农业大学，2008 年。

③ 谢奎忠、黄高宝、李玲玲等：《施钾对旱地豌豆产量、水分效应及土壤钾素的影响》，《干旱地区农业研究》2007 年第 5 期。

④ 高小丽：《施磷对豌豆产量及其构成因素的影响》，《作物杂志》2016 年第 1 期。

计中，马铃薯产量是指其干重产量，而许多文献在计算经济系数或收获指数时，并未明确指出在称量根、茎、叶和块茎时是否经过了脱水处理。因此，本书针对马铃薯草谷比的考证主要参考何万春等（2016）的试验结果。[①] 需要说明的是，何万春等（2016）报告的经济系数是指为块茎干重与植株整株的干重比值，其在测算植株干物质量时考虑了根系。因此，本书根据其提供的经济系数计算的草谷比方法为：（1–经济系数–马铃薯根部生物量比重）/ 经济系数，由此得到马铃薯草谷比有效样本为 0.420、0.376、0.389、0.417、0.430、0.448，即平均草谷比约为 0.413。而在农业部发起的农作物秸秆资源调查和评价工作中，甘肃省给定的马铃薯草谷比为 0.48，内蒙古自治区、黑龙江省均为 0.5，安徽省为 0.59，新疆维吾尔自治区为 1.09（毕于运，2010）。综合考虑上述结果，本书将马铃薯草谷比设定为 0.596。

附表 19　马铃薯草谷比考证

文献来源	试验时间 / 地点	经济系数	草谷比	
			有效样本	平均值
李梦龙等（2016）[②]	2014 年 / 甘肃省定西市香泉乡	0.6659、0.6647、0.6435、0.6657、0.6031、0.6130	0.420、0.376、0.389、0.417、0.430、0.448	0.413

（二）甘薯草谷比

附表 20 报告了文献资料中的甘薯草谷比考证结果。不难发现，就经济系数而言，柳洪鹃（2014）的试验结果最高，达到了 0.793；最低的是林亮亮等（2014）针对“天峰薯 1 号”“金山 57”甘薯展开的试验，为 0.705。综合 6 篇文献来看，甘薯经济系数平均值为 0.753，由此可计算出甘薯草

① 何万春、何昌福、邱慧珍等：《不同氮水平对旱地覆膜马铃薯干物质积累与分配的影响》，《干旱地区农业研究》2016 年第 4 期。

② 李梦龙、何万春、何昌福等：《氮肥施用量对水浇地覆膜马铃薯土壤矿质氮含量及马铃薯产量的影响》，《甘肃农大学报》2016 年第 3 期。

谷比约为 0.328。

附表 20　甘薯草谷比考证

文献来源	试验时间 / 地点	经济系数		草谷比
		有效样本	平均值	
谢一芝等（2014）①	2012 年 / 江苏省连云港市东海县双店镇季岭村试验地	0.81、0.72	0.765	0.328
贾赵东等（2015）②	2010 年 / 上海市上海交通大学；2011 年 / 黑龙江安达市第一原种场	0.74、0.55、0.89、0.70	0.720	
柳洪鹃（2014）③	2012—2013 年 / 山东省泰安市山东农业大学农学实验站	0.90、0.78、0.72、0.93、0.71、0.66、0.87、0.91、0.91、0.89、0.78、0.84、0.82、0.84、0.72、0.78、0.76、0.68、0.93、0.95、0.93、0.94、0.71、0.74、0.70、0.64、0.66、0.73、0.71、0.66	0.793	
林亮亮等（2014）④	2013 年 / 福建省福州市福清市城头镇峰前村	0.73、0.68	0.705	
兰孟焦等（2015）⑤	2012—2013 年 / 江西省南昌市周边区域	0.84、0.74	0.790	
任国博（2015）⑥	2013—2014 年 / 山东省泰安市山东农业大学农学试验站	0.59、0.72、0.61、0.66、0.79、0.88、0.84、0.86	0.744	

（三）薯类草谷比加权计算

由《中国农村统计年鉴 2015》可知，2014 年，中国薯类总产量为

① 谢一芝、贾赵东、郭小丁等：《“苏薯 11 号”的高产生理及栽培技术研究》，《上海农业学报》2014 年第 6 期。

② 贾赵东、边小峰、马佩勇等：《不同土壤肥力对甘薯干物质积累与分配的影响》，《西南农业学报》2015 年第 3 期。

③ 柳洪鹃、姚海兰、史春余等：《施钾时期对甘薯济徐 23 块根淀粉积累与品质的影响及酶学生理机制》，《中国农业科学》2014 年第 1 期。

④ 林亮亮、林洪、钟昌穗等：《甘薯天峰薯 1 号的生长与产量构成分析》，《浙江农业科学》2014 年第 6 期。

⑤ 兰孟焦、吴问胜、傅玉凡等：《甘薯新品种赣渝 3 号的选育及产量和生理特性研究》，《天津农业科学》2015 年第 12 期。

⑥ 任国博：《钾肥运筹对甘薯光合产物积累分配和产量的影响》，硕士学位论文，山东农业大学，2015 年。

3336.4 万吨，其中，马铃薯 1910.3 万吨，其余薯类 1426.1 万吨。由于中国针对薯类的官方统计数据主要涵盖了马铃薯、甘薯两类。因此，本书以甘薯的草谷比作为其他薯类的草谷比。由此，可计算出薯类平均草谷比为（$0.596 \times 1910.3+0.328 \times 1426.1$）$/3336.4 \approx 0.481$。比较来看，该数据与中国农村能源行业协会的 0.5、牛若峰和刘天福（1984）的 0.5 较为接近，略低于梁业森等（1996）的 0.61。

九、花生草谷比

（一）花生草谷比

附表 21 报告了文献资料中的花生草谷比考证结果。不难发现，就经济系数而言，成艳红等（2014）2012 年于江西开展的试验最高，达到了 0.743；最低的是杨富军等（2015）在吉林展开的研究，为 0.400。最高值与最低值相差近 2 倍。综合 8 篇文献来看，花生经济系数平均值为 0.522，由此可计算出草谷比约为 0.916。比较来看，该数据与牛若峰和刘天福（1984）的 0.8 较为接近，但远低于梁业森等（1996）的 1.52。

附表 21　花生草谷比考证

文献来源	试验时间 / 地点	经济系数		草谷比
		有效样本	平均值	
梁晓艳等（2016）[①]	2013—2014 年 / 山东省济南市山东省农业科学院饮马泉试验基地	0.49、0.51、0.52、0.48	0.500	0.916
殷君华等（2014）[②]	河南省开封市通许县	0.494、0.385、0.455、0.390、0.457、0.432	0.436	
梁晓艳等（2015）[③]	2013—2014 年 / 山东省济南市山东省农业科学院饮马泉试验基地	0.50、0.52、0.52、0.47	0.503	

① 梁晓艳、郭峰、张佳蕾等：《适宜密度单粒精播提高花生碳氮代谢酶活性及荚果产量与籽仁品质》，《中国油料作物学报》2016 年第 3 期。

② 殷君华、任丽、李阳等：《不同药剂对花生叶斑病防效及其性状影响研究》，《陕西农业科学》2014 年第 10 期。

③ 梁晓艳、郭峰、张佳蕾等：《单粒精播对花生冠层微环境、光合特性及产量的影响》，《应用生态学报》2015 年第 12 期。

续表

文献来源	试验时间 / 地点	经济系数		草谷比
		有效样本	平均值	
张佳蕾等（2014）[①]	2014 年 / 山东省青岛市平度市古岘镇、莒南县板泉镇、冠县梁堂乡和宁阳县葛石镇	0.65、0.51、0.57、0.59	0.580	
杨富军等（2015）[②]	吉林省扶余市三井子镇八井子村	0.46、0.34	0.400	
成艳红等（2014）[③]	2012 年 / 江西省红壤研究所旱作物良种引育中心基地	0.7379、0.7149、0.7696、0.7845、0.8029、0.6476	0.743	0.916
梁晓艳等（2016）[④]	2013—2014 年 / 山东省济南市山东省农业科学院饮马泉试验基地	0.48、0.49、0.51、0.52、0.49、0.50、0.52、0.53	0.505	
张艳君等（2016）[⑤]	2014 年 / 辽宁省农业科学院风沙研究所章古台试验站基地	0.526、0.557、0.532、0.568、0.451、0.488、0.437	0.506	

（二）花生壳重占花生产量的比重

附表 22 报告了文献资料中的花生出仁率考证结果。综合 7 篇文献来看，花生平均出仁率约为 72%，即花生壳重占花生产量的比重为 28%。比较来看，该数据与毕于运（2010）的研究结果一致。

① 张佳蕾、郭峰、李新国等：《花生单粒精播单产 11250kg/hM^2 高产栽培技术》，《花生学报》2014 年第 4 期。

② 杨富军、王绍伦、高华援等：《吉花 3 号对四粒红衰老特性与产量性状改良研究》，《花生学报》2015 年第 4 期。

③ 成艳红、武琳、黄欠如等：《控释肥配施比例对稻草覆盖红壤旱地花生产量的影响》，《土壤通报》2014 年第 5 期。

④ 梁晓艳、郭峰、张佳蕾等：《适宜密度单粒精播提高花生碳氮代谢酶活性及荚果产量与籽仁品质》，《中国油料作物学报》2016 年第 3 期。

⑤ 张艳君、郭丽华、张海楼：《增密栽培对花生生长发育的影响》，《辽宁农业科学》2016 年第 3 期。

附表 22 花生出仁率考证

文献来源	试验时间 / 地点	出仁率（%）	平均值
殷君华等（2014）①	河南省开封市通许县	67.5、66.6、67.3、66.5、66.6、67.0	66.92
王信宏等（2015）②	2011—2012 年 / 山东省青岛农业大学胶州科技示范园试验田	67.9 67.7、69.2、70.4、68.9、68.7	68.80
梁晓艳等（2015）③	2013—2014 年 / 山东省济南市山东省农业科学院饮马泉试验基地	74、77、78、72	75.25
司贤宗等（2016）④	2014 年 / 河南省正阳县兰青乡大余庄花生试验田	69.9、70.2、70.9、72.9、69.1、70.1	70.52
杨富军等（2015）⑤	吉林省扶余市三井子镇八井子村	71.50、75.44	73.47
成艳红等（2014）⑥	2012 年 / 江西省红壤研究所旱作物良种引育中心基地	78.6、73.1、74.2、82.3 77.9、64.0	75.02
杨吉顺等（2014）⑦	山东省花生研究所莱西试验站	73.3、76.2、76.4、75.6、75.0、72.1、72.9、72.9、73.4、72.5	74.03

十、油菜草谷比

附表 23 报告了文献资料中的油菜草谷比考证结果。综合 7 篇文献来看，油菜经济系数平均值为 0.305，由此可计算出草谷比约为 2.279。比较来看，该数据介于牛若峰和刘天福（1984）的 1.5 与梁业森等（1996）的 3 之间。

① 殷君华、任丽、李阳等：《不同药剂对花生叶斑病防效及其性状影响研究》，《陕西农业科学》2014 年第 10 期。

② 王信宏、王月福、赵长星等：《不同生育时期断根对花生光合特性及产量的影响》，《生态学报》2015 年第 5 期。

③ 梁晓艳、郭峰、张佳蕾等：《单粒精播对花生冠层微环境、光合特性及产量的影响》，《应用生态学报》2015 年第 12 期。

④ 司贤宗、张翔、毛家伟等：《耕作方式与秸秆覆盖对花生产量和品质的影响》，《中国油料作物学报》2016 年第 3 期。

⑤ 杨富军、王绍伦、高华援等：《吉花 3 号对四粒红衰老特性与产量性状改良研究》，《花生学报》2015 年第 4 期。

⑥ 成艳红、武琳、黄欠如等：《控释肥配施比例对稻草覆盖红壤旱地花生产量的影响》，《土壤通报》2014 年第 5 期。

⑦ 杨吉顺、李尚霞、张智猛等：《施氮对不同花生品种光合特性及干物质积累的影响》，《核农学报》2014 年第 1 期。

附表 23　油菜草谷比考证

文献来源	试验时间 / 地点	经济系数		草谷比
		有效样本	平均值	
刘海卿（2016）①	2013 年 / 甘肃省上川试验基地	0.23、0.25、0.28、0.29、0.30、0.34	0.282	2.279
郑红裕（2015）②	2010—2014 年 / 湖北省武汉市华中农业大学试验田	0.279、0.289、0.303、0.300、0.319、0.312、0.278、0.304、0.295、0.349、0.335、0.348、0.352、0.359、0.348、0.314、0.340、0.328	0.320	
邹小云等（2015）③	2010—2011 年 / 江西省农业科学院作物研究所试验基地	0.314、0.313、0.284、0.317、0.306、0.277、0.272、0.270、0.313、0.269	0.294	
曹石（2015）④	2012—2014 年 / 湖北省武汉市华中农业大学试验场	0.235、0.232、0.238、0.241、0.245、0.249、0.257、0.226、0.219、0.231、0.235、0.238、0.241、0.244	0.238	
刘宝林等（2015）⑤	2011—2012 年 / 江西省南昌县良种场试验基地、引育中心试验基地	0.33、0.32、0.34、0.36、0.37	0.344	
冯梁杰（2015）⑥	—	0.32、0.32、0.32、0.30、0.31、0.33、0.33、0.32、0.29、0.31、0.30、0.31、0.33、0.31、0.31、0.29	0.323	
吴崇友等（2014）⑦	2011—2013 年 / 安徽省合肥市巢湖市农科院试验田	0.3351、0.3363、0.3323、0.3331、0.3384、0.3281、0.3313、0.3373、0.3371、0.3366	0.335	

① 刘海卿：《ABA（脱落酸）对北方白菜型冬油菜抗寒性影响研究》，硕士学位论文，甘肃农业大学，2016 年。

② 郑红裕：《播期、密度与施氮量对油菜收获指数的影响研究》，硕士学位论文，华中农业大学，2015 年。

③ 邹小云、熊洁、宋来强等：《不同甘蓝型油菜基因型氮营养效率差异的研究》，《江西农业学报》2015 年第 12 期。

④ 曹石：《不同栽培措施对机械收获油菜的影响》，硕士学位论文，华中农业大学，2015 年。

⑤ 刘宝林、邹小云、宋来强等：《氮肥用量对稻田迟直播油菜产量、效益及氮素吸收和利用的影响》，《江西农业大学学报》2015 年第 3 期。

⑥ 冯梁杰：《植物生长调节物质对油菜萌发出苗及生长发育的影响》，硕士学位论文，2015 年。

⑦ 吴崇友、肖圣元、金梅：《油菜联合收获与分段收获效果比较》，《农业工程学报》2014 年第 17 期。

十一、其他油料作物草谷比

其他油料作物主要包括芝麻、胡麻、向日葵。附表24、附表25、附表26分别报告了文献资料中的芝麻、胡麻、向日葵草谷比考证结果。不难发现，芝麻、胡麻、向日葵的平均经济系数分别为0.214、0.317、0.335，由此可计算出芝麻、胡麻、向日葵的草谷比分别为3.673、2.157、1.985。至于余下油料作物，本书用上述3种作物的平均值代替，即2.605。由国家统计局官方网站相关数据可知，2014年中国油料总产量为3507.43万吨，其中，花生1648.17万吨、油菜1477.22万吨，芝麻62.99万吨，胡麻38.70万吨，向日葵249.20万吨，余下油料作物为31.15万吨。据此，可计算出其他油料作物草谷比平均值为（$3.673 \times 62.99+2.157 \times 38.7+1.985 \times 249.2+2.605 \times 31.15$）/382.04 $\approx$ 2.331，进一步可计算出油料作物的加权草谷比为1.644。

附表24 芝麻草谷比考证

文献来源	试验时间/地点	经济系数		草谷比
		有效样本	平均值	
卫双玲等（2010）[①]	2008年/河南省农业科学院东试验地	0.1393、0.1597、0.1316、0.1848、0.1348、0.1943、0.1629	0.158	3.673
任果香等（2014）[②]	山西省农业科学院经济作物研究所试验地	0.036、0.152、0.200、0.227、0.211、0.164、0.108	0.157	
祝飞等（2012）[③]	2011—2013年/江西省南昌市新建县	0.260、0.265、0.293、0.275、0.302、0.279	0.279	
柳开楼等（2015）[④]	江西省南昌市进贤县	0.223、0.248、0.288、0.270、0.281、0.276、0.250	0.262	

① 卫双玲、高桐梅、张海洋等：《NEB肥对芝麻干物质积累及物质转化能力的研究》，《中国农学通报》2010年第5期。

② 任果香、文飞、吕伟等：《高芝麻素芝麻品种在西北地区的适应性研究》，《农业科技通讯》2014年第9期。

③ 祝飞、乐美旺、胡金和等：《芝麻不同时期打顶对种子产量和光合速率的影响》，《江西农业学报》2012年第6期。

④ 柳开楼、胡惠文、周利军等：《等氮条件下双氰胺添加量对江西红壤芝麻产量和硝态氮的影响》，《土壤与作物》2015年第4期。

附表 25　胡麻草谷比考证

文献来源	试验时间 / 地点	经济系数		草谷比
		有效样本	平均值	
李文婷（2011）①	甘肃省白银市乌兰镇河靖坪	0.347、0.341、0.343	0.344	2.157
李雨阳（2015a）②	2012 年 / 甘肃省白银市农业科学研究所试验场	0.2735、0.3120、0.2488、0.2739、0.2793、0.2658、0.2633、0.2801、0.2701、0.2733、0.2735、0.2828、0.2586	0.273	
李雨阳（2015b）③	2013 年 / 甘肃省白银市农业科学研究所试验场	0.319、0.335、0.335、0.341、0.330、0.330、0.322	0.331	
吴瑞香和杨建春（2011）④	2008—2010 年 / 河北省高寒作物研究所试验场	0.305、0.301、0.286	0.297	
高小丽等（2010）⑤	甘肃省兰州秦王川灌区永登县中川镇赖家坡村	0.292、0.333、0.323、0.362、0.368、0.334、0.366、0.327、0.342、0.345	0.339	

附表 26　向日葵草谷比考证

文献来源	试验时间 / 地点	经济系数		草谷比
		有效样本	平均值	
崔良基等（2011）⑥	2008—2009 年 / 辽宁省农业科学院试验基地	0.345、0.272、0.273、0.388、0.400、0.334	0.335	1.985

① 李文婷：《白银市水地胡麻播种密度试验结果简介》，《甘肃农业》2011 年第 11 期。

② 李雨阳：《白银市沿黄灌区胡麻 3414 肥效试验研究》，《甘肃农业科技》2015 年第 7 期。

③ 李雨阳：《白银市沿黄灌区胡麻适宜种植密度试验》，《甘肃农业科技》2015 年第 11 期。

④ 吴瑞香、杨建春：《不同密度对晋亚 9 号旱作产量及其相关性状的影响》，《山西农业科学》2011 年第 7 期。

⑤ 高小丽、刘淑英、王平等：《西北半干旱地区有机无机肥配施对胡麻养分吸收及产量构成的影响》，《西北农业学报》2010 年第 2 期。

⑥ 崔良基、王德兴、宋殿秀等：《不同向日葵品种群体光合生理参数及产量比较》，《中国油料作物学报》2011 年第 2 期。

续表

文献来源	试验时间 / 地点	经济系数		草谷比
		有效样本	平均值	
赵超（2015）[①]	2014 年 / 内蒙古自治区巴彦淖尔市五原县八里巧镇试验地	0.28、0.28、0.26、0.29、0.28、0.29、0.30、0.28、0.29、0.30、0.28	0.285	1.985
唐兴举（2012）[②]	宁夏回族自治区固原市原州区彭堡镇别庄村一组	0.38	0.380	
朱统国等（2015）[③]	2014 年 / 吉林省双辽、洮南试验基地	0.285、0.300、0.332、0.292、0.305、0.319、0.347、0.313	0.312	
董学等（2015）[④]	河北省承德市隆化县中关镇	0.325、0.307、0.297、0.321、0.275	0.305	
胡树平等（2013）[⑤]	2009—2010 年 / 内蒙古自治区巴彦淖尔市农科院科技园区	0.46、0.34、0.33、0.42、0.40、0.38、0.44、0.42、0.32、0.38、0.43、0.38、0.36、0.43	0.392	

十二、棉花草谷比

附表 27 报告了棉花草谷比考证概况。不难发现，籽棉经济系数平均值为 0.371，由此可计算出籽棉草谷比约为 1.695。皮棉草谷比约为籽棉的 3 倍，从而可计算出皮棉草谷比约为 5.085。该数据与毕于运（2010）的 5 基本一致。

① 赵超：《施肥对食用向日葵产量及相关性状的影响》，硕士学位论文，内蒙古农业大学，2015 年。

② 唐兴举：《双垄全膜覆盖种植食用向日葵"一膜两年用"后作效益试验》，《内蒙古农业科技》2012 年第 5 期。

③ 朱统国、王佰众、李玉发等：《向日葵二比空立体通透栽培模式的应用研究》，《宁夏农林科技》2015 年第 7 期。

④ 董学、邢占民、许利平等：《油用向日葵 NH2202 栽培密度研究》，《农业科技通讯》2015 年第 7 期。

⑤ 胡树平、高聚林、吕佳雯等：《源库调节对向日葵产量及其构成的影响》，《西北农业学报》2013 年第 8 期。

附表 27　籽棉草谷比考证

文献来源	试验时间 / 地点	经济系数		草谷比
		有效样本	平均值	
邢小宁等（2016）[①]	2013 年 / 新疆维吾尔自治区阿拉尔市塔里木大学水利与建筑工程学院试验基地	0.28、0.31、0.28、0.29、0.32、0.30	0.297	1.695
夏冰等（2016）[②]	2013—2014 年 / 河北省河间市瀛洲镇国欣科技园西区	0.457、0.453、0.437、0.473、0.458、0.456、0.463、0.444、0.235、0.165、0.161、0.239、0.202、0.205、0.198、0.194	0.328	
刘素华等（2016）[③]	2014 年 / 新疆维吾尔自治区南疆图木舒克市南部	0.350、0.365、0.410、0.399、0.432、0.433、0.442、0.419、0.437	0.410	
李志军等（2015）[④]	2014 年 / 新疆维吾尔自治区石河子市农业部作物高效用水野外观测实验站	0.36、0.37、0.36、0.42、0.42、0.38、0.38、0.40、0.41、0.41、0.37、0.40、0.39、0.38、0.36	0.387	
谢志华等（2014）[⑤]	2013 年 / 山东省济宁市农业科学研究院实验农场、金乡县润丰试验站、鱼台县罗屯试验田	0.502、0.427、0.349、0.506、0.469、0.384、0.498、0.492、0.486、0.502、0.394、0.387、0.479、0.427、0.323、0.332、0.383、0.349、0.497、0.405、0.498、0.506、0.451、0.437、0.483、0.469、0.363、0.369、0.409、0.384	0.432	

① 邢小宁、姚宝林、孙三民：《不同灌溉制度对南疆绿洲区膜下滴灌棉花生长及产量的影响》，《西北农业学报》2016 年第 2 期。

② 夏冰、任晓明、杜明伟等：《黄河流域棉区秸秆还田下机采棉的氮肥用量和利用率研究》，《棉花学报》2016 年第 4 期。

③ 刘素华、彭延、彭小峰等：《调亏灌溉与合理密植对旱区棉花生长发育及产量与品质的影响》，《棉花学报》2016 年第 2 期。

④ 李志军、王海东、张富仓等：《新疆滴灌施肥棉花生长和产量的水肥耦合效应》，《排灌机械工程学报》2015 年第 12 期。

⑤ 谢志华、李维江、苏敏等：《整枝方式与种植密度对蒜套棉产量和品质的效应》，《棉花学报》2014 年第 5 期。

十三、麻类草谷比

麻类主要包括红黄麻、亚麻、苎麻、大麻等。该类试验文献较少，尤其是近 5 年来的文献更是历历可数。附表 28 为检索到的文献资料中亚麻原茎草谷比概况。不难发现，亚麻原茎草谷比为 0.765，加上亚麻叶梢占亚麻产量的比重为 0.325，由此可计算出亚麻草谷比为 1.090。同时，本书借鉴牛若峰和刘天福（1984）、毕于运（2010）、谢光辉等（2011）等学者的研究[①]，将红黄麻草谷比设定为 1.900，苎麻草谷比设定为 6.500，大麻草谷比设定为 3.000，其他麻类草谷比设定为 1.900。

根据国家统计局官方网站的相关数据，2014 年，中国麻类产量为 23.09 万吨，其中，红黄麻产量 5.6 万吨，亚麻产量 2.3 万吨，大麻产量 3.2 万吨，苎麻产量 11.6 万吨，其他麻类产量 0.39 万吨。据此，可计算出麻类的平均草谷比为（$1.9\times5.6+1.09\times2.3+3\times3.2+6.5\times11.6+1.9\times0.39$）$/23.09\approx4.283$。

附表 28 亚麻原茎草谷比考证

文献来源	试验时间 / 地点	原茎平均草谷比	平均值
魏国江等（2008）[②]	—	0.77	0.765
肖伏等（2008）[③]	云南省	0.76	

十四、糖料草谷比

（一）甜菜草谷比

甜菜秸秆主要包括两部分：一是甜菜渣；二是甜菜的茎叶干重与块

① 牛若峰、刘天福编著：《农业技术经济手册（修订本）》，农业出版社 1984 年版。毕于运：《秸秆资源评价与利用研究》，博士学位论文，中国农业科学院，2010 年。谢光辉、王晓玉、韩东倩等：《中国非禾谷类大田作物收获指数和秸秆系数》，《中国农业大学学报》2011 年第 1 期。

② 魏国江、李振伟、韩喜财等：《微生物菌肥对纤维用亚麻产量影响的研究》，《中国麻业科学》2008 年第 3 期。

③ 肖伏、杨建兵、皮海良等：《配合施肥对云南冬季亚麻纤维产量与品质的影响》，《中国麻业科学》2008 年第 1 期。

根重之比。从甜菜渣来看，其产量通常是甜菜产量的 0.04 倍，而茎叶则可通过冠根比来推算。附表 29 报告了文献资料中的甜菜冠根比概况。不难发现，甜菜冠根比约为 0.260。按甜菜茎叶干物质含量为 30% 折算，可得到甜菜茎叶干重与块根重之比为 0.078。

附表 29　甜菜冠根比考证

文献来源	试验时间 / 地点	冠根比（%）	
		有效样本	平均值
李庆会等（2016）①	2013 年 / 内蒙古自治区通辽市	0.25、0.26、0.29、0.24、0.28、0.17、0.28、0.30、0.25、0.28、	0.260

（二）甘蔗草谷比

甘蔗秸秆主要包括两部分：一是甘蔗渣；二是甘蔗的叶梢。从甘蔗渣来看，其产量通常是甘蔗产量的 0.24 倍（毕于运，2010）。从甘蔗叶梢来看（见附表 30），甘蔗叶梢的干重相当于其产量的 0.176 倍。

附表 30　甘蔗叶梢考证

文献来源	试验时间 / 地点	叶梢干重与甘蔗产量之比	
		有效样本	平均值
许红（2007）②	2006 年 / 广西壮族自治区玉林市博白县径口镇茶根村	0.153、0.199	0.176

十五、烟叶草谷比

中国农产品统计中，烟叶产量为脱水后的产量。烟叶秸秆通常分为两部分：一是烟秆产量与烟叶产量之比；二是下等烟叶的比例。

（一）烟秆产量与烟叶产量之比

附表 31 报告了烟秆产量与烟叶产量之比考证概况。综合 3 篇文献来

① 李庆会、李志刚、智燕凤：《专用肥与种植密度对甜菜的影响》，《中国糖料》2016 年第 1 期。

② 许红：《不同类型甘蔗品种的叶梢产量及其养牛效益比较》，硕士学位论文，广西大学，2007 年。

看，烟秆产量与烟叶产量之比为0.631。

附表31 烟秆产量与烟叶产量之比考证

文献来源	试验时间 / 地点	烟秆产量与烟叶产量之比	
		有效样本	平均值
蒋文昊（2011）①	2010年 / 陕西省西北农林科技大学	0.616、0.746、0.467、0.485、0.484、0.696、0.486、0.461	0.555
杨琼（2011）②	2010年 / 湖南省长沙市湖南农业大学耘园	0.580、0.743、0.787、0.825、0.862、0.766、0.450、0.443、0.411、0.469、0.474、0.435	0.604
谢志坚等（2013）③	2007年 / 湖北省襄阳市保康县	0.819、0.667、0.716	0.734

（二）下等烟叶比重

附表32报告了文献资料中上等烟叶比例概况。综合7篇文献来看，烤烟的中上等烟比例的平均值为89.44%，即下等烟叶占全部烟叶的比重约为0.106。

附表32 中上等烟比例考证

文献来源	试验时间 / 地点	中上等烟比例	
		有效样本	平均值
田卫霞（2013）④	2010—2011年 / 福建省龙岩市永定县湖雷镇白崇村	88.44、84.51、91.82、92.14	89.23
邵惠芳等（2016）⑤	2013年 / 河南省洛阳市洛宁县浙江中烟罗岭基地	91	91.00

① 蒋文昊：《不同灌水量对起垄覆膜烤烟生长发育及其产量影响的研究》，硕士学位论文，西北农林科技大学，2011年。

② 杨琼：《不同钾基因型烤烟（株系）的表型差异及钾素营养特性研究》，硕士学位论文，湖南农业大学，2011年。

③ 谢志坚、涂书新、张嵌等：《烤烟基肥施用时间与氮肥利用的相关性研究》，《中国生态农业学报》2013年第11期。

④ 田卫霞：《不同移栽期对烤烟品质的影响》，硕士学位论文，福建农林大学，2013年。

⑤ 邵惠芳、张慢慢、周子方等：《旱作雨养土壤水库储水模式对烤烟品质及产量的影响》，《干旱地区农业研究》2016年第4期。

续表

文献来源	试验时间 / 地点	中上等烟比例	
		有效样本	平均值
刘卉等（2016）[①]	2014 年 / 湖南省湘西州凤凰县千工坪基地	91.87、93.62、86.67、86.36	89.63
梁伟等（2016）[②]	广西壮族自治区河池市罗城县龙岸镇榕山村白牛屯	84.2、87.7、90.6、86.3、84.9	86.74
田维华（2016）[③]	2015 年 / 重庆市彭水县润溪白果坪	96.9、96.1、96.1、96.6、96.9	96.52
崔志燕等（2016）[④]	2015 年 / 陕西省商洛市洛南县城关镇	91.43、93.26、93.16、94.39	93.06
姚莉等（2016）[⑤]	2014 年 / 四川省泸州市古蔺县烟科所箭竹试验基地	74.2、79.3、80.6、86.3、79.1	79.90

十六、蔬菜残体干物质比重

蔬菜可分为叶菜类、瓜果类、根茎类三种类型。不同类型的蔬菜残体干物质比重差异较大。韩雪等（2015）通过实地调查与文献查阅相结合的方式，发现叶菜类、瓜果类、根茎类蔬菜的产废系数分别为 0.097、0.038、0.047（见附表 33）。[⑥] 据中国种植业信息网蔬菜数据库的相关信息显示，2014 年，中国蔬菜产量为 76005.48 万吨，其中，胡萝卜 1787.01 万吨，大蒜 1924.43 万吨，大葱 2196.33 万吨，蕃茄 5329.89

① 刘卉、周清明、黎娟等：《生物炭施用量对土壤改良及烤烟生长的影响》，《核农学报》2016 年第 7 期。

② 梁伟、胡亚杰、王卫峰等：《不同有机肥用量对龙岸烟区烤烟产质量的影响》，《湖南农业科学》2016 年第 6 期。

③ 田维华：《不同农家肥施用量对彭水烟区烟叶产质量的影响》，《安徽农业科学》2016 年第 18 期。

④ 崔志燕、张立新、金保锋等：《高碳基土壤修复一体肥对烤烟氮钾含量、生长发育及产质量的影响》，《安徽农学通报》2016 年第 12 期。

⑤ 姚莉、庞良玉、林超文等：《不同施镁水平对泸州地区烤烟烟叶产量和品质的影响》，《四川农业大学学报》2016 年第 2 期。

⑥ 韩雪、常瑞雪、杜鹏祥等：《不同蔬菜种类的产废比例及性状分析》，《农业资源与环境学报》2015 年第 4 期。

万吨，茄子 2916.47 万吨，豇豆 1405.1 万吨，黄瓜 5571.6 万吨，大白菜 11036.82 万吨，芹菜 2973.24 万吨，菠菜 2194.38 万吨。该统计中，共有叶菜类蔬菜（大葱、大白菜、芹菜、菠菜）18400.77 万吨，瓜果类蔬菜（番茄、茄子、豇豆、黄瓜）15223.06 万吨，根茎类蔬菜（胡萝卜、大蒜）3711.44 万吨。由此可计算出蔬菜残体比例为（$0.097\times18400.77+0.038\times15223.06+0.047\times3711.44$）/37335.27 ≈ 0.068。

附表 33　蔬菜残体产废系数

类别	蔬菜名称	产废系数	产废系数平均值
叶菜类蔬菜	结球甘蓝	0.094	0.097
	紫甘蓝	0.165	
	花椰菜	0.032	
瓜果类蔬菜	黄瓜	0.025	0.038
	南瓜	0.009	
	番茄	0.022	
	辣椒	0.015	
	茄子	0.032	
	西葫芦	0.009	
	菜豆	0.076	
根茎类蔬菜	胡萝卜	0.042	0.047
	马铃薯	0.052	

同时，本书进一步对蔬菜经济系数进行了考证，结果如附表 34 所示。依据 2014 年蔬菜产量数据，对蔬菜草谷比进行加权计算。从结果来看，蔬菜平均草谷比为 0.646。由于蔬菜含水量较高，而许多文献对蔬菜经济系数的计算采用的是“经济系数 = 果实干质量 / 植株干质量的比重”这一公式（张晓英等，2014；郭晓静，2012）。[①] 因此，需要考虑蔬菜的干物

① 张晓英、梁新书、张振贤等：《异根嫁接对黄瓜适度水分亏缺下营养生长和养分吸收的影响》，《中国农业大学学报》2014 年第 3 期。郭晓静：《镉污染土壤上六种种植模式蔬菜产量和镉积累的差异》，硕士学位论文，华中农业大学，2012 年。

质含量，才能得到有效的草谷比。贾月慧等（2014）通过对 13 种蔬菜采后残体的研究，发现蔬菜残体平均干物质含量约为 11.4%。[1] 由此，可计算出蔬菜残体干物质比重为 $0.646 \times 0.114 \approx 0.074$。

综上所述，本书将蔬菜草谷比取值为 0.071。

附表 34　蔬菜草谷比考证

文献来源	试验时间 / 地点	经济系数		草谷比
		有效样本	平均值	
许清楷和黄美玲（2015）[2]	福建省晋江市东石镇东呈绿兴综合农场	白菜：0.833、0.817、0.724	0.791	0.264
郭晓静（2012）[3]	2010—2011 年 / 湖北省大冶市程法村	胡萝卜：0.68、0.68、0.68	0.680	0.471
刘正兴（2009）[4]	2008 年 / 新疆维吾尔自治区阿合奇县库兰萨日克乡	大蒜：0.858、0.863、0.869、0.870、0.858	0.864	0.157
张晓英等（2014）[5]	2011—2012 年 / 北京市房山区良乡龙人藤业设施农业生态园	黄瓜：0.487、0.497、0.488、0.498、0.402、0.401、0.407、0.392	0.447	1.237
郭晓静（2012）[6]	2010—2011 年 / 湖北省大冶市程法村	番茄：0.76	0.741	0.350
蔡军（2015）[7]	甘肃省榆中县	番茄：0.7225		

① 贾月慧、高凡、杜景东等：《不同蔬菜残体化学组分含量特征》，《中国农学通报》2014 年第 10 期。

② 许清楷、黄美玲：《结球白菜施用“福佳”有机肥试验初报》，《现代农业》2015 年第 7 期。

③ 郭晓静：《镉污染土壤上六种种植模式蔬菜产量和镉积累的差异》，硕士学位论文，华中农业大学，2012 年。

④ 刘正兴：《不同氮肥处理对新疆白皮大蒜生长发育、品质及产量的影响》，硕士学位论文，新疆农业大学，2009 年。

⑤ 张晓英、梁新书、张振贤等：《异根嫁接对黄瓜适度水分亏缺下营养生长和养分吸收的影响》，《中国农业大学学报》2014 年第 3 期。

⑥ 郭晓静：《镉污染土壤上六种种植模式蔬菜产量和镉积累的差异》，硕士学位论文，华中农业大学，2012 年。

⑦ 蔡军：《茄果类蔬菜废弃物资源养分研究》，《北方园艺》2015 年第 7 期。

续表

文献来源	试验时间 / 地点	经济系数		草谷比
		有效样本	平均值	
蔡军（2015）①	甘肃省榆中县	茄子：0.8259	0.795	0.258
郝旺林等（2011）②	2008—2009 年 / 陕西省杨凌示范区水土保持研究所试验场	茄子：0.75、0.81		
郝旺林等（2011）③	2008—2009 年 / 陕西省杨凌示范区水土保持研究所试验场	芹菜：0.54	0.54	0.852
郭晓静（2012）④	2010—2011 年 / 湖北省大冶市程法村	菠菜：0.48、0.48	0.48	1.080
刘厚诚等（1999）⑤	广东省广州市华南农业大学蔬菜试验地	豇豆：0.5、0.3	0.25	3.000
郭晓静（2012）⑥	2010—2011 年 / 湖北省大冶市程法村	豇豆：0.1		

十七、瓜果草谷比

《中国农村统计年鉴 2015》对瓜果数据的主要统计种类为西瓜、甜瓜与草莓。附表 35 报告了文献资料中西瓜、甜瓜的草谷比考证结果。由于井大炜（2009）对西瓜经济系数的计算为“果实鲜质量 / 植株干质量的比

① 蔡军：《茄果类蔬菜废弃物资源养分研究》，《北方园艺》2015 年第 7 期。

② 郝旺林、梁银丽、朱艳丽等：《农田粮—菜轮作体系的生产效益与土壤养分特征》，《水土保持通报》2011 年第 2 期。

③ 郝旺林、梁银丽、朱艳丽等：《农田粮—菜轮作体系的生产效益与土壤养分特征》，《水土保持通报》2011 年第 2 期。

④ 郭晓静：《镉污染土壤上六种种植模式蔬菜产量和镉积累的差异》，硕士学位论文，华中农业大学，2012 年。

⑤ 刘厚诚、关佩聪、陈玉娣：《蔓生和矮生长豇豆器官生长相关与生产力研究》，《华南农业大学学报》1999 年第 3 期。

⑥ 郭晓静：《镉污染土壤上六种种植模式蔬菜产量和镉积累的差异》，硕士学位论文，华中农业大学，2012 年。

重”，因此，由该经济系数计算的西瓜草谷比可作为有效草谷比，即西瓜的草谷比为0.112；而陆雪锦（2012）在其论文中给出的甜瓜叶、茎、瓜、籽数据均为干物质产量，由此计算出的草谷比为“甜瓜藤蔓及其残留物的干重占果实干重的比例”，因此，需考虑甜瓜的干物质含量才能得到有效草谷比。曾春芝（2009）比较了不同灌水量对甜瓜果实含水量的影响，发现当蒸发皿系数分别为1.2、1.0、0.8、0.6时，甜瓜的平均含水量分别为92.43%、91.81%、90.54%、90.85%，即平均值约91.41%。[①] 由此，可得出甜瓜的平均干物质含量为8.59%，进一步计算出甜瓜有效草谷比约为0.114。对于其他瓜果的草谷比，本书取西瓜与甜瓜的平均值0.113代替。由《中国农村统计年鉴2015》可知，2014年中国瓜果总产量为2491.3万吨，其中西瓜1852.3万吨，甜瓜438.9万吨，其他瓜果200.1万吨，由此可计算出瓜果平均草谷比约为0.112。

附表35　瓜果草谷比考证

文献来源	试验时间 / 地点	经济系数		草谷比
		有效样本	平均值	
井大炜（2009）[②]	山东省泰安市岱岳区马庄镇夏马村	西瓜：0.8983、0.8916、0.9035、0.9017、0.8977	0.899	0.112
陆雪锦（2012）[③]	2011年 / 新疆维吾尔自治区吐鲁番市亚尔乡新疆农科院哈密瓜研究中心试验基地	甜瓜：0.414、0.419、0.423、0.464	0.430	1.326

十八、农作物秸秆草谷比体系

综合前文研究结论，得到农作物秸秆草谷比概况，如附表36所示。

① 曾春芝：《不同水分处理对大棚滴灌甜瓜产量与品质的影响》，硕士学位论文，华中农业大学，2009年。

② 井大炜：《控释BB肥对西瓜生长发育及其对土壤环境影响的研究》，硕士学位论文，山东农业大学，2009年。

③ 陆雪锦：《施钾对露地甜瓜养分吸收及产量品质的影响》，硕士学位论文，新疆农业大学，2012年。

附表 36 农作物秸秆草谷比体系

类别	草谷比	类别	草谷比
1 粮食作物		1.3.2 甘薯	0.328
1.1 谷物		2 油料作物	
1.1.1 稻类		2.1 花生	
1.1.1.1 水稻	0.927	2.1.1 花生	0.916
1.1.1.1.1 早稻	0.852	2.1.2 花生壳	0.280
1.1.1.1.2 中晚稻	0.942	2.2 油菜	2.279
1.1.1.2 稻壳	0.250	2.3 其他油料作物	2.331
1.1.2 小麦	1.381	2.3.1 芝麻	3.673
1.1.2.1 冬小麦	1.381	2.3.2 胡麻	2.157
1.1.2.2 春小麦	1.386	2.3.3 向日葵	1.985
1.1.3 玉米		3 棉花	5.085
1.1.3.1 玉米	1.174	4 麻类作物	4.283
1.1.3.2 玉米芯比例	0.223	4.1 红黄麻	1.900
1.1.4 谷子	1.398	4.2 苎麻	6.500
1.1.5 高粱	1.488	4.3 大麻	3.000
1.1.6 其他谷物	1.468	4.4 亚麻	1.090
1.1.6.1 大麦	0.988	4.5 其他麻类	1.900
1.1.6.2 燕麦	2.041	5 糖料作物	
1.1.6.3 荞麦	2.175	5.1 甜菜	
1.2 豆类	1.617	5.1.1 甜菜渣产量 / 甜菜产量	0.040
1.2.1 大豆	1.508	5.1.2 甜菜冠根比	0.078
1.2.2 绿豆	2.559	5.2 甘蔗	
1.2.3 红小豆	3.854	5.2.1 甘蔗渣产量 / 甘蔗产量	0.240
1.2.4 其他豆类	1.659	5.2.2 甘蔗叶梢产量 / 甘蔗产量	0.176
1.2.4.1 扁豆	2.407	6 烟类	
1.2.4.2 豌豆	1.114	6.1 烟秆产量 / 烟叶产量	0.631
1.2.4.3 蚕豆	1.455	6.2 下等烟比重	0.106
1.3 薯类	0.481	7 蔬菜	0.071
1.3.1 马铃薯	0.596	8 瓜果	0.112

参考文献

1. 阿马蒂亚·森:《伦理学与经济学》,商务印书馆 2014 年版。

2. 安康、俄胜哲、车宗贤等:《不同有机物料施用对灌漠土春小麦产量和土壤肥力的影响》,《中国农学通报》2014 年第 8 期。

3. 巴泽尔:《战略与绩效》,华夏出版社 2000 年版。

4. 白琳:《顾客感知价值驱动因素识别与评价方法研究——以手机为例》,博士学位论文,南京航空航天大学,2007 年。

5. 白娜:《种植业有机废弃物厌氧发酵产气特性及动态工艺学研究》,硕士学位论文,中国农业科学院,2011 年。

6. 包奇军、徐银萍、张华瑜等:《不同垄作沟灌模式对啤酒大麦产量和品质的影响》,《中国种业》2013 年第 8 期。

7. 毕于运:《秸秆资源评价与利用研究》,博士学位论文,中国农业科学院,2010 年。

8. 边淑娟、黄民生、李娟等:《基于能值生态足迹理论的福建省农业废弃物再利用方式评估》,《生态学报》2010 年第 10 期。

9. 卞有生:《生态农业中废弃物的处理与再生利用》,化学工业出版社 2001 年版。

10. 卜伟召:《不同大豆品种对间作荫蔽的形态响应及干物质积累差异研究》,硕士学位论文,四川农业大学,2015 年。

11. 蔡军:《茄果类蔬菜废弃物资源养分研究》,《北方园艺》2015 年第 7 期。

12. 蔡银莺、张安录:《武汉市农地非市场价值评估》,《生态学报》2007 年第 2 期。

13. 蔡银莺、陈莹、任艳胜等:《都市休闲农业中农地的非市场价值估算》,《资源科学》2008 年第 2 期。

14. 蔡银莺、张安录:《武汉市石榴红农场休闲景观的游憩价值和存在价值估算》,《生态学报》2008 年第 3 期。

15. 蔡银莺、张安录:《农地生态与农地价值关系》, 科学出版社 2010 年版。

16. 曹石:《不同栽培措施对机械收获油菜的影响》, 硕士学位论文, 华中农业大学, 2015 年。

17. 常泽军:《发展优质肉牛推行肉乳复合经营》,《中国畜牧杂志》2001 年第 2 期。

18. 车艳朋、魏永霞:《生物炭对黑土区大豆节水增产及土壤肥力影响研究》,《中国农村水利水电》2016 年第 1 期。

19. 车长波、袁际华:《世界生物质能源发展现状及方向》,《天然气工业》2011 年第 1 期。

20. 陈柏峰:《富人治村的类型与机制研究》,《北京社会科学》2016 年第 9 期。

21. 陈柏峰:《熟人社会与乡土逻辑》, 贺雪峰编:《华中村治研究(2016 卷)》, 社会科学文献出版社 2016 年版。

22. 陈翠贤、樊胜祖、刘广才等:《宽幅匀播与常规条播春小麦产量和农艺性状比较》,《甘肃农业科技》2016 年第 1 期。

23. 陈龙:《菌肥对粮饲兼用型玉米生长和品质及土壤特性影响研究》, 硕士学位论文, 甘肃农业大学, 2016 年。

24. 陈悟、曾庆福、潘飞等:《不同叶面肥对苎麻生理生化性质的影响研究》,《安徽农业科学》2009 年第 4 期。

25. 陈远学、李汉邯、周涛等:《施磷对间套作玉米叶面积指数、干物质积累分配及磷肥利用效率的影响》,《应用生态学报》2013 年第 10 期。

26. 陈智远、石东伟、王恩学等:《农业废弃物资源化利用技术的应用进展》,《中国人口·资源与环境》2010 年第 12 期。

27. 成艳红、武琳、黄欠如等:《控释肥配施比例对稻草覆盖红壤旱地花生产量的影响》,《土壤通报》2014 年第 5 期。

28. 程玉臣、路战远、张向前等:《旱作雨养条件下 5 种燕麦品种的生态适应性分析》,《安徽农业科学》2013 年第 18 期。

29. 崔红艳、方子森:《水氮互作对胡麻干物质生产和产量的影响》,《西北植物学报》2016 年第 1 期。

30. 崔良基、王德兴、宋殿秀等:《不同向日葵品种群体光合生理参数及产量比较》,《中国油料作物学报》2011 年第 2 期。

31. 崔志燕、张立新、金保锋等:《高碳基土壤修复一体肥对烤烟氮钾含量、生长发育及产质量的影响》,《安徽农学通报》2016 年第 12 期。

32. 蒂坦伯格、刘易斯:《环境与自然资源经济学》,中国人民大学出版社 2011 年版。

33. 丁亮、马林、钟建龙:《河西灌溉地全膜覆土穴播小麦肥料效益研究》,《农业科技与信息》2016 年第 17 期。

34. 董学、邢占民、许利平等:《油用向日葵 NH2202 栽培密度研究》,《农业科技通讯》2015 年第 7 期。

35. 董志强、张丽华、吕丽华等:《不同灌溉方式对冬小麦光合速率及产量的影响》,《干旱地区农业研究》2015 年第 6 期。

36. 杜鑫、杨培岭、任树梅等:《适宜北京地区雨养春玉米的化控模式探究》,《中国农业大学学报》2016 年第 3 期。

37. 段锦波:《不同肥料在滴灌棉花上的应用效果研究》,硕士学位论文,石河子大学,2014 年。

38. 段志坤、李芳艳、钱小波等:《生物叶面肥中科绿宝一号在水稻上的应用效果研究》,《现代农业科技》2013 年第 16 期。

39. 樊修武、池宝亮、张冬梅等:《不同水分梯度和种植密度对谷子杂交种产量及水分利用效率的影响》,《山西农业科学》2010 年第 8 期。

40. 方宝华、张玉烛、何超:《直播密度对常规早稻产量性状及冠层结构的影响》,《中国稻米》2015 年第 4 期。

41. 方伏荣、董庆国、张建平等:《新疆塔城地区旱田大麦新品系适应性研究》,《大麦与谷类科学》2012 年第 2 期。

42. 方萍、刘卫国、邹俊林等:《新疆塔城地区旱田大麦新品系适应性研究间作对鲜食大豆生长发育及产量形成的影响》,《大豆科学》2015 年第 4 期。

43. 房琴、高影、王红光等:《新疆塔城地区旱田大麦新品系适应性研究间作对鲜食大豆生长发育及产量形成的影响密度和施氮量对超高产夏玉米干物质积累和产量形成的影响》,《华北农学报》2015 年第 S1 期。

44. 费孝通:《乡土中国・生育制度・乡土重建》,商务印书馆 2017 年版。

45. 丰军辉、何可、张俊飚:《家庭禀赋约束下农户作物秸秆能源化需求实证分析——湖北省的经验数据》,《资源科学》2014 年第 3 期。

46. 冯梁杰:《植物生长调节物质对油菜萌发出苗及生长发育的影响》,硕士学位论文,华中农业大学,2015 年。

47. 高江波、周巧富、常青等:《基于 GIS 和土壤侵蚀方程的农业生态系统土壤保持价值评估——以京津冀地区为例》,《北京大学学报(自然科学版)》2009 年第 1 期。

48. 高庆鹏、胡拥军:《集体行动逻辑、乡土社会嵌入与农村社区公共产品供给——基于演化博弈的分析框架》,《经济问题探索》2013 年第 1 期。

49. 高尚宾、张克强、方放等:《农业可持续发展与生态补偿》,中国农业出版社 2011 年版。

50. 高淑芹、孙星邈、侯云龙等:《大豆干物质积累、分配与收获指数研究》,《大豆科技》2013 年第 6 期。

51. 高小丽、刘淑英、王平等:《西北半干旱地区有机无机肥配施对胡麻养分吸收及产量构成的影响》,《西北农业学报》2010 年第 2 期。

52. 高小丽、孙健敏、高金锋等:《不同绿豆品种花后干物质积累与转运特性》,《作物学报》2009 年第 9 期。

53. 高小丽:《施磷对豌豆产量及其构成因素的影响》,《作物杂志》2016 年第 1 期。

54. 耿龙玺:《甘肃省健全农业生态环境补偿制度研究》,《甘肃农业》2010 年第 8 期。

55. 耿维、胡林、崔建宇等:《中国区域畜禽粪便能源潜力及总量控制研究》,《农业工程学报》2013 年第 1 期。

56. 龚月桦、林娜、石慧清等:《持绿型小麦冠温特性及其对低氮和高温的适应性》,《西北农林科技大学(自然科学版)》2016 年第 9 期。

57. 顾大路、杨文飞、文廷刚等:《冻害胁迫下防冻剂处理对小麦生理特征和产量的影响》,《江苏农业学报》2016 年第 3 期。

58. 顾和平、陈新、陈华涛等:《两个绿豆品种根系发育生物学特性的比较》,《江苏农业学报》2010 年第 1 期。

59. 郭峰、石庆玲:《官员更替、合谋震慑与空气质量的临时性改善》,《经济研究》2017 年第 7 期。

60. 郭索彦:《基于生态文明理念的水土流失补偿制度研究》,《中国水利》2010 年第 4 期。

61. 郭晓静:《镉污染土壤上六种种植模式蔬菜产量和镉积累的差异》,硕士学位论文,华中农业大学,2012 年。

62. 郭兴莲、刘玉皎:《高海拔旱作农业区地膜种植蚕豆增产效应分析》,《中国农村小康科技》2015 年第 2 期。

63. 郭秀卿、崔福柱、杜天庆等:《4 种甜秆饲草高粱对密度与刈割次数的响应》,《山西农业大学学报(自然科学版)》2015 年第 6 期。

64. 郭秀卿、崔福柱、郝建平等:《渗水地膜覆盖对旱地谷子生育时期及产量的影响》,《山西农业大学学报(自然科学版)》2012 年第 2 期。

65. 国家发展改革委、农业部:《关于印发〈全国农村沼气发展“十三五”规划〉的通知》,2017 年 1 月 25 日,见 http://www.ndrc.gov.cn/zcfb/zcfbghwb/201702/t20170210_837549.html。

66. 韩雪、常瑞雪、杜鹏祥等:《不同蔬菜种类的产废比例及性状分析》,《农业资源与环境学报》2015 年第 4 期。

67. 郝荣琪:《黑龙江省玉米品种筛选试验》,《种子世界》2011 年第 8 期。

68. 郝旺林、梁银丽、朱艳丽等:《农田粮—菜轮作体系的生产效益与土壤养分特征》,《水土保持通报》2011 年第 2 期。

69. 何昌福:《连续施氮对旱地覆膜马铃薯干物质积累与分配以及对根系生长的影响》,硕士学位论文,甘肃农业大学,2016 年。

70. 何进尚、袁汉民、陈东升等:《宁夏引黄灌区大豆农艺及产量性状分析》,《西北农业学报》2014 年第 7 期。

71. 何进智:《宁夏灌区不同播种密度对春小麦物质形成及相关性状的影响》,《安徽农业科学》2014 年第 32 期。

72. 何可、张俊飚、丰军辉:《基于条件价值评估法(CVM)的农业废弃物污染防控非市场价值研究》,《长江流域资源与环境》2014 年第 2 期。

73. 何可、张俊飚、丰军辉:《农业废弃物基质化管理创新的扩散困境——基于自我雇佣型女性农民视角的实证分析》,《华中农业大学学报(社会科学版)》2014 年第 4 期。

74. 何可、张俊飚、丰军辉:《自我雇佣型农村妇女的农业技术需求意愿及其影响因素分析——以农业废弃物基质产业技术为例》,《中国农村观察》2014 年第 4 期。

75. 何可、张俊飚、田云:《农业废弃物资源化生态补偿支付意愿的影响因素及其差异性分析——基于湖北省农户调查的实证研究》,《资源科学》2013 年第 3 期。

76. 何可、张俊飚、张露等:《人际信任、制度信任与农民环境治理参与意愿——以农业废弃物资源化为例》,《管理世界》2015 年第 5 期。

77. 何可、张俊飚:《基于农户 WTA 的农业废弃物资源化补偿标准研究——以湖北省为例》,《中国农村观察》2013 年第 5 期。

78. 何可、张俊飚:《农民对资源性农业废弃物循环利用的价值感知及其影响因素》,《中国人口·资源与环境》2014 年第 10 期。

79. 何可、张俊飚:《农业废弃物资源化的生态价值——基于新生代农民与上一代农民支付意愿的比较分析》,《中国农村经济》2014 年第 5 期。

80. 何品晶、胡洁、吕凡等:《含固率和接种比对叶菜类蔬菜垃圾厌氧消化的影响》,《中国环境科学》2014 年第 1 期。

81. 何万春、何昌福、邱慧珍等:《不同氮水平对旱地覆膜马铃薯干物质积累与分配的影响》,《干旱地区农业研究》2016 年第 4 期。

82. 贺雪峰:《论熟人社会的竞选——以广东 L 镇调查为例》,《广东社会科学》2011 年第 5 期。

83. 贺雪峰:《新乡土中国(修订版)》, 北京大学出版社 2013 年版。

84. 赫伯特·西蒙:《管理行为》, 机械工业出版社 2013 年版。

85. 洪国保、胡艳、胡俊海等:《江苏沿淮地区长粒型两系杂交籼稻新品种引进种植鉴定》,《中国种业》2016 年第 5 期。

86. 侯慧芝、吕军峰、郭天文等:《旱地全膜覆土穴播对春小麦耗水、产量和土壤水分平衡的影响》,《中国农业科学》2014 年第 22 期。

87. 侯迷红、范富、宋桂云等:《氮肥用量对甜荞麦产量和氮素利用率的影响》,《作物杂志》2013 年第 1 期。

88. 侯迷红、范富、宋桂云等:《钾肥用量对甜荞麦产量和钾素利用效率的影响》,《植物营养与肥料学报》2013 年第 2 期。

89. 侯贤清、李荣、贾志宽等:《条带休闲轮作对坡地土壤水分及作物产量的影响》,《农业工程学报》2012 年第 17 期。

90. 胡浩、郭利京:《农区畜牧业发展的环境制约及评价——基于江苏省的实证分析》,《农业技术经济》2011 年第 6 期。

91. 胡树平、高聚林、吕佳雯等:《源库调节对向日葵产量及其构成的影响》,《西北农业学报》2013 年第 8 期。

92. 胡廷会:《干旱胁迫下 LCO 和 TH17 对燕麦形态、生理指标及根际土壤环境的影响》,硕士学位论文,内蒙古农业大学,2014 年。

93. 胡燕琳:《扁豆密植与掐尖栽培技术研究及干扰黄酮合成酶基因对异黄酮含量的影响》,硕士学位论文,上海交通大学,2012 年。

94. 虎芳芳、康建宏、吴宏亮等:《宁夏灌区春小麦源库演变规律的研究》,《麦类作物学报》2015 年第 9 期。

95. 黄洁、孙西欢、马娟娟等:《不同灌水深度对冬小麦生长及产量的影响》,《节水灌溉》2016 年第 7 期。

96. 黄秀声、黄勤楼、翁伯琦等:《畜牧业发展与低碳经济》,《中国农学通报》2010 年第 24 期。

97. 霍中洋:《长江中游地区双季早稻超高产形成特征及精确定量栽培关键技术研究》,博士学位论文,扬州大学,2010 年。

98. 贾珂珂:《不同大豆品种株型结构、花荚形成及产量对密度的响应》,硕士学位论文,新疆农业大学,2015 年。

99. 贾月慧、高凡、杜景东等:《不同蔬菜残体化学组分含量特征》,《中国农学通报》2014 年第 10 期。

100. 贾月慧、金文林、张颖等:《红小豆不同品种养分效率的差异及其机理研究》,《北京农学院学报》2004 年第 1 期。

101. 贾赵东:《不同土壤肥力对甘薯干物质积累与分配的影响》,《西南农业学报》2015 年第 3 期。

102. 姜春云:《中国生态演变与治理方略》,中国农业出版社 2004

年版。

103. 姜珂、游达明:《基于央地分权视角的环境规制策略演化博弈分析》,《中国人口·资源与环境》2016 年第 9 期。

104. 姜自红、刘中良、江生泉:《秸秆还田与氮肥配施对小麦产量和收获指数的影响》,《天津农业科学》2016 年第 1 期。

105. 蒋利:《净套作条件下不同施 N 量对大豆植株形态、花荚脱落和产量的影响》,硕士学位论文,四川农业大学,2015 年。

106. 蒋文昊:《不同灌水量对起垄覆膜烤烟生长发育及其产量影响的研究》,硕士学位论文,西北农林科技大学,2011 年。

107. 井大炜:《控释 BB 肥对西瓜生长发育及其对土壤环境影响的研究》,硕士学位论文,山东农业大学,2009 年。

108. 景东田:《陇东旱塬区冬小麦不同覆膜方式对土壤水热及产量的影响》,《干旱地区农业研究》2016 年第 4 期。

109. 景栋林、严有福、陈希萍:《番禺区畜禽粪便产生量估算及其环境效应分析》,《广东农业科学》2011 年第 23 期。

110. 敬克农、郭满平:《全膜双垄沟播栽培对土壤含水量·温度及玉米产量的影响》,《安徽农业科学》2016 年第 3 期。

111. 兰孟焦、吴问胜、傅玉凡等:《甘薯新品种赣渝 3 号的选育及产量和生理特性研究》,《天津农业科学》2015 年第 12 期。

112. 冷玲、张文成:《玉米 110 厘米大垄密植栽培试验》,《种子世界》2014 年第 2 期。

113. 李芬、甄霖、黄河清等:《鄱阳湖区农户生态补偿意愿影响因素实证研究》,《资源科学》2010 年第 5 期。

114. 李谷成、冯中朝、范丽霞:《教育、健康与农民收入增长——来自转型期湖北省农村的证据》,《中国农村经济》2006 年第 1 期。

115. 李光鹏、程瑶:《锌肥对玉米产量及品质的影响》,《河南农业》2016 年第 11 期。

116. 李国平、张文彬：《地方政府环境保护激励模型设计——基于博弈和合谋的视角》，《中国地质大学学报（社会科学版）》2013 年第 6 期。

117. 李宏：《刈割次数、密度对饲用甜高粱生育与产量的影响》，硕士学位论文，山西农业大学，2013 年。

118. 李杰、陈超美：《CiteSpace：科技文本挖掘及可视化》，首都经济贸易大学出版社 2016 年版。

119. 李靖、于敏：《美国农业资源和环境保护项目投入研究》，《世界农业》2015 年第 9 期。

120. 李静：《2 种生态条件下栽培密度对水稻干物质积累与转运的影响》，《西安农业学报》2016 年第 7 期。

121. 李梦龙、何万春、何昌福等：《氮肥施用量对水浇地覆膜马铃薯土壤矿质氮含量及马铃薯产量的影响》，《甘肃农大学报》2016 年第 3 期。

122. 李鹏、张俊飚、颜廷武：《农业废弃物循环利用参与主体的合作博弈及协同创新绩效研究——基于 DEA—HR 模型的 16 省份农业废弃物基质化数据验证》，《管理世界》2014 年第 1 期。

123. 李庆会、李志刚、智燕凤：《专用肥与种植密度对甜菜的影响》，《中国糖料》2016 年第 1 期。

124. 李世阳、潘建武：《水稻喷施硒肥与叶面肥效果对比研究》，《作物研究》2015 年第 7 期。

125. 李思忠、章建新、李春艳等：《滴灌大豆干物质积累、分配及产量分布特性研究》，《中国农业大学学报》2016 年第 7 期。

126. 李淑芹、胡玖坤：《畜禽粪便污染及治理技术》，《可再生能源》2003 年第 1 期。

127. 李文婷：《白银市水地胡麻播种密度试验结果简介》，《甘肃农业》2011 年第 11 期。

128. 李亚纯、朱红根、彭桃军等：《烤烟废弃鲜叶作为沼气发酵原料的适用性研究》，《湖南农业科学》2014 年第 17 期。

129. 李雨阳：《白银市沿黄灌区胡麻 3414 肥效试验研究》，《甘肃农业科技》2015 年第 7 期。

130. 李雨阳：《白银市沿黄灌区胡麻适宜种植密度试验》，《甘肃农业科技》2015 年第 11 期。

131. 李志军、王海东、张富仓等：《新疆滴灌施肥棉花生长和产量的水肥耦合效应》，《排灌机械工程学报》2015 年第 12 期。

132. 黎运红：《畜禽粪便资源化利用潜力研究》，硕士学位论文，华中农业大学，2015 年。

133. 梁伟、胡亚杰、王卫峰等：《不同有机肥用量对龙岸烟区烤烟产质量的影响》，《湖南农业科学》2016 年第 6 期。

134. 梁晓艳、郭峰、张佳蕾等：《单粒精播对花生冠层微环境、光合特性及产量的影响》，《应用生态学报》2015 年第 12 期。

135. 梁晓艳、郭峰、张佳蕾等：《适宜密度单粒精播提高花生碳氮代谢酶活性及荚果产量与籽仁品质》，《中国油料作物学报》2016 年第 3 期。

136. 梁业森、刘以连、周旭英等编著：《非常规饲料资源的开发与利用》，中国农业出版社 1996 年版。

137. 廖娜、侯振安、李琦等：《不同施氮水平下生物碳提高棉花产量及氮肥利用率的作用》，《植物营养与肥料学报》2015 年第 3 期。

138. 廖青、韦广泼、江泽普等：《畜禽粪便资源化利用研究进展》，《南方农业学报》2013 年第 2 期。

139. 林聪：《养殖场沼气工程实用技术》，化学工业出版社 2010 年版。

140. 林亮亮、林洪、钟昌穗等：《甘薯天峰薯 1 号高产机理的研究》，《江西农业学报》2014 年第 6 期。

141. 林语堂：《吾国与吾民》，湖南文艺出版社 2018 年版。

142. 凌丽君：《美国乡村旅游发展研究》，《世界农业》2015 年第 10 期。

143. 刘宝林、邹小云、宋来强等:《氮肥用量对稻田迟直播油菜产量、效益及氮素吸收和利用的影响》,《江西农业大学学报》2015 年第 3 期。

144. 刘保华、苏玉环、马永安等:《冀南麦区不同种植密度对小麦产量及主要农艺性状的影响》,《河北农业科学》2016 年第 2 期。

145. 刘本洪、甘炳成、黄忠乾:《露地双孢蘑菇大棚高产栽培技术要点》,《食用菌》2006 年第 S1 期。

146. 刘光栋、吴文良、彭光华:《华北高产农区公众对农业面源污染的环境保护意识及支付意愿调查》,《生态与农村环境学报》2004 年第 2 期。

147. 刘海卿:《ABA(脱落酸)对北方白菜型冬油菜抗寒性影响研究》,硕士学位论文,甘肃农业大学,2016 年。

148. 刘海涛、李保国、任图生等:《不同肥力农田玉米产量构成差异及施肥弥补土壤肥力的可能性》,《植物营养与肥料学报》2016 年第 4 期。

149. 刘厚诚、关佩聪、陈玉娣:《蔓生和矮生长虹豆器官生长相关与生产力研究》,《华南农业大学学报》1999 年第 3 期。

150. 刘辉、王凌云、刘忠珍等:《我国畜禽粪便污染现状与治理对策》,《广东农业科学》2010 年第 6 期。

151. 刘卉、周清明、黎娟等:《生物炭施用量对土壤改良及烤烟生长的影响》,《核农学报》2016 年第 7 期。

152. 刘慧军、刘景辉、徐胜涛等:《沙地改良剂对土壤水分及燕麦产量和品质的影响》,《干旱地区农业研究》2012 年第 6 期。

153. 刘某承、熊英、伦飞等:《欧盟农业生态补偿对中国 GIAHS 保护的启示》,《世界农业》2014 年第 6 期。

154. 刘培芳、陈振楼、许世远:《长江三角洲城郊畜禽粪便的污染负荷及其防治对策》,《长江流域资源与环境》2002 年第 5 期。

155. 刘平养:《发达国家和发展中国家生态补偿机制比较分析》,《干旱区资源与环境》2010 年第 9 期。

156. 刘奇华、孙召文、信彩云等:《孕穗期施硅对高温下扬花灌浆期水稻干物质转运及产量的影响》,《浙江农业学报》2016 年第 9 期。

157. 刘启:《集雨种植模式下密度对谷子产量及水分利用效率的影响》,硕士毕业论文,西北农林科技大学,2015 年。

158. 刘圣欢、杨砚池:《现代农业与旅游业协同发展机制研究——以大理市银桥镇为例》,《华中师范大学学报(人文社会科学版)》2015 年第 3 期。

159. 刘素华、彭延、彭小峰等:《调亏灌溉与合理密植对旱区棉花生长发育及产量与品质的影响》,《棉花学报》2016 年第 2 期。

160. 刘天朋、丁国祥、汪小楷等:《种植密度对杂交糯高粱群体库源关系的影响》,《作物杂志》2016 年第 1 期。

161. 刘宪、王国占:《农村废弃物及可再生能源开发利用是农机化发展的新方向》,《中国农机化学报》2010 年第 6 期。

162. 刘亚萍、李罡、陈训等:《运用 WTP 值与 WTA 值对游憩资源非使用价值的货币估价——以黄果树风景区为例进行实证分析》,《资源科学》2008 年第 3 期。

163. 刘益军、张素强、王小屈等:《3S 技术在自然保护区生态补偿管理中的应用》,《北京林业大学学报》2011 年第 2 期。

164. 刘玉皎、张小田、李萍等:《早熟蚕豆品种青海 13 号的选育及应用前景》,《江苏农业科学》2011 年第 2 期。

165. 刘正兴:《不同氮肥处理对新疆白皮大蒜生长发育、品质及产量的影响》,硕士学位论文,新疆农业大学,2009 年。

166. 刘忠、段增强:《中国主要农区畜禽粪尿资源分布及其环境负荷》,《资源科学》2010 年第 5 期。

167. 柳洪鹃:《甘薯不同品种块根产量差异的光合产物卸载机制及钾肥调控效应》,博士学位论文,山东农业大学,2014 年。

168. 柳开楼、胡惠文、周利军等:《等氮条件下双氰胺添加量对江西红壤芝麻产量和硝态氮的影响》,《土壤与作物》2015 年第 4 期。

169. 龙硕、胡军:《政企合谋视角下的环境污染:理论与实证研究》,《财经研究》2014 年第 10 期。

170. 陆铭、蒋仕卿、陈钊等:《摆脱城市化的低水平均衡——制度推动、社会互动与劳动力流动》,《复旦学报(社会科学版)》2013 年第 3 期。

171. 陆雪锦:《施钾对露地甜瓜养分吸收及产量品质的影响》,硕士学位论文,新疆农业大学,2012 年。

172. 路景兰:《别欠下耕地的生态债——浅论我国耕地的生态补偿制度》,《中国土地》2011 年第 8 期。

173. 鲁如坤、刘鸿翔、闻大中等:《我国典型地区农业生态系统养分循环和平衡研究 I. 农田养分支出参数》,《土壤通报》1996 年第 4 期。

174. 罗娟、李秀金、袁海荣:《不同预处理对甘蔗叶厌氧消化性能的影响》,《中国沼气》2016 年第 1 期。

175. 骆世明:《构建我国农业生态转型的政策法规体系》,《生态学报》2015 年第 6 期。

176. 骆宗强、石春林、江敏等:《孕穗期高温对水稻物质分配及产量结构的影响》,《中国农业气象》2006 年第 2 期。

177. 马政华、寇长林、康利允:《不同水分条件下施磷位置对冬小麦生长发育及产量的影响》,《河南农业科学》2016 年第 6 期。

178. 马志远、曹昌林、史丽娟等:《水地粒用高粱节水灌溉模式研究》,《山西农业科学》2013 年第 8 期。

179. 马中:《环境与自然资源经济学概论》,高等教育出版社 2006 年版。

180. 孟曰、彭光芒:《新农村建设背景下农村社区意见领袖的特点和作用》,《华中农业大学学报(社会科学版)》2009 年第 2 期。

181. 米长生、陆海空、洪国保等:《钵苗机插与毯苗机插水稻生育特点及产量形成间的差异》,《北方水稻》2014 年第 4 期。

182. 倪杏宇:《种植密度对杂交谷子产量形成特征的影响》，硕士学位论文，河北农业大学，2014 年。

183. 聂勋载:《合理利用胡麻杆制浆造纸的突破口在备料》,《湖北造纸》2012 年第 3 期。

184. 牛若峰、刘天福编著:《农业技术经济手册》(修订本)，农业出版社 1984 年版。

185. 潘峰、西宝、王琳:《环境规制中地方政府与中央政府的演化博弈分析》,《运筹与管理》2015 年第 3 期。

186. 潘理虎、黄河清、姜鲁光等:《基于人工社会模型的退田还湖生态补偿机制实例研究》,《自然资源学报》2010 年第 12 期。

187. 潘文远、田新平、苏英福:《蚕豆—“青海 12 号”引种试验初报》,《新疆农垦科技》2012 年第 10 期。

188. 潘永东、包奇军、徐银萍等:《垄作栽培对啤酒大麦产量和品质的影响》,《中国农学通报》2014 年第 12 期。

189. 彭廷、万建伟、王琳琳等:《复配化学调节剂对水稻子粒灌浆充实和蔗糖—淀粉代谢关键基因表达的影响》,《河南农业大学学报》2015 年第 5 期。

190. 亓振、赵广才、常旭虹等:《小麦产量与农艺性状的相关分析和通径分析》,《作物杂志》2016 年第 3 期。

191. 齐振宏、王培成:《博弈互动机理下的低碳农业生态产业链共生耦合机制研究》,《中国科技论坛》2010 年第 11 期。

192. 钱寅:《施肥对宁夏盐化土壤油用向日葵产量与品质的影响》，硕士学位论文，宁夏大学，2015 年。

193. 邱君:《我国化肥施用对水污染的影响及其调控措施》,《农业经济问题》2007 年第 1 期。

194. 邱杏琳:《1994 年世界重大气候》,《世界农业》1995 年第 5 期。

195. 任国博：《钾肥运筹对甘薯光合产物积累分配和产量的影响》，硕士学位论文，山东农业大学，2015 年。

196. 任果香、文飞、吕伟等：《高芝麻素芝麻品种在西北地区的适应性研究》，《农业科技通讯》2014 年第 9 期。

197. 任丽敏：《基于农艺农机结合的谷子少（免）间苗播种试验研究》，硕士学位论文，山西农业大学，2014 年。

198. 荣敬本：《从压力型体制向民主体制的转变》，中央编译出版社 1998 年版。

199. 邵惠芳、张慢慢、周子方等：《旱作雨养土壤水库储水模式对烤烟品质及产量的影响》，《干旱地区农业研究》2016 年第 4 期。

200. 邵艳秋、邱凌、石勇等：《NaOH 预处理花生壳厌氧发酵制取沼气的试验研究》，《农业环境科学学报》2011 年第 3 期。

201. 宋丽娜：《农村人情的区域差异》，《华中科技大学学报（社会科学版）》2013 年第 3 期。

202. 宋马林、金培振：《地方保护、资源错配与环境福利绩效》，《经济研究》2016 年第 12 期。

203. 宋明芝、缪则学、刘淑环等：《吉林省农村常用沼气发酵原料产气潜力及特性研究》，《吉林农业科学》1986 年第 3 期。

204. 宋淑贤、田伯红、王建广等：《不同施钾量对谷子干物质及产量的影响》，《现代农业科技》2015 年第 19 期。

205. 宋文品、王志敏、陈晓丽等：《深层渗灌对冬小麦蒸散动态及水分利用效率的影响》，《麦类作物学报》2016 年第 7 期。

206. 苏宸瑾、黄学芳、王娟玲：《地膜穴播不同种植密度对杂交谷子产量及水分利用效率的影响》，《山西农业科学》2016 年第 4 期。

207. 苏勤：《乡村旅游与我国乡村旅游发展研究》，《安徽师范大学学报（自然科学版）》2007 年第 3 期。

208. 孙冬岩、温俊、孙笑非：《促进畜牧业与生态环境的和谐发展》，

《饲料研究》2010 年第 8 期。

209. 谭祖雪、周炎炎:《社会调查研究方法》，清华大学出版社 2013 年版。

210. 檀学文:《时间利用对个人福祉的影响初探——基于中国农民福祉抽样调查数据的经验分析》,《中国农村经济》2013 年第 10 期。

211. 唐兴举:《双垄全膜覆盖种植食用向日葵“一膜两年用”后作效益试验》,《内蒙古农业科技》2012 年第 5 期。

212. 唐学玉、张海鹏、李世平:《农业面源污染防控的经济价值——基于安全农产品生产户视角的支付意愿分析》,《中国农村经济》2012 年第 3 期。

213. 田平、马立婷、逄焕成等:《硅肥对玉米和大豆光合特性及产量形成的影响》,《作物杂志》2015 年第 6 期。

214. 田维华:《不同农家肥施用量对彭水烟区烟叶产质量的影响》,《安徽农业科学》2016 年第 18 期。

215. 田卫霞:《不同移栽期对烤烟品质的影响》，硕士学位论文，福建农林大学，2013 年。

216. 汪汇、陈钊、陆铭:《户籍、社会分割与信任：来自上海的经验研究》,《世界经济》2009 年第 10 期。

217. 王翠、赵海新、徐希德等:《增施氮肥对寒地水稻产量性状的影响》,《安徽农业科学》2009 年第 22 期。

218. 王存同:《进阶回归分析》，高等教育出版社 2017 年版。

219. 王红彦、张轩铭、王道龙等:《中国玉米芯资源量估算及其开发利用》,《中国农业资源与区划》2016 年第 1 期。

220. 王劲松、杨楠、董二伟等:《不同种植密度对高粱生长、产量及养分吸收的影响》,《中国农学通报》2013 年第 36 期。

221. 王林:《不同栽培措施对燕麦生长发育及产量影响》，硕士学位论文，内蒙古农业大学，2009 年。

222. 王维俊、章建新：《滴水量对中熟大豆超高产田干物质积累和产量的影响》，《大豆科学》2015 年第 1 期。

223. 王效华、冯祯民：《中国农村生物质能源消费及其对环境的影响》，《南京农业大学学报》2004 年第 1 期。

224. 王艺鹏、杨晓琳、谢光辉等：《1995—2014 年中国农作物秸秆沼气化碳足迹分析》，《中国农业大学学报》2017 年第 5 期。

225. 王玉梅、谢小兵、陈佳娜等：《施氮量与机插密度对超级稻 Y 两优 1 号产量和氮肥利用率的影响》，《杂交水稻》2016 年第 4 期。

226. 王在满、张明华、王宝龙等：《机械穴播种植方式对华南双季稻的适应性研究》，《杂交水稻》2016 年第 4 期。

227. 王增丽、冯浩、温广贵：《不同预处理秸秆对土壤水分及冬小麦产量的影响》，《节水灌溉》2015 年第 4 期。

228. 韦苇、杨卫军：《农业的外部性及补偿研究》，《西北大学学报（哲学社会科学版）》2004 年第 1 期。

229. 卫双玲、高桐梅、张海洋等：《NEB 肥对芝麻干物质积累及物质转化能力的研究》，《中国农学通报》2010 年第 5 期。

230. 魏国江、李振伟、韩喜财等：《微生物菌肥对纤维用亚麻产量影响的研究》，《中国麻业科学》2008 年第 3 期。

231. 温铁军、董筱丹、石嫣：《中国农业发展方向的转变和政策导向：基于国际比较研究的视角》，《农业经济问题》2010 年第 10 期。

232. 文廷刚、杨文飞、王伟中等：《不同防冻剂处理对小麦生理特征和产量的影响》，《安徽农业科学》2015 年第 35 期。

233. 吴崇友、肖圣元、金梅：《油菜联合收获与分段收获效果比较》，《农业工程学报》2014 年第 17 期。

234. 吴建华、彭建勇、龙秋生等：《水稻应用水稻宝叶面肥对比试验》，《农业与技术》2016 年第 12 期。

235. 吴瑞香、杨建春：《不同密度对晋亚 9 号旱作产量及其相关性状的影响》,《山西农业科学》2011 年第 7 期。

236. 吴重庆:《从熟人社会到“无主体熟人社会”》,《党政干部参考》2011 年第 2 期。

237. 夏蓓、蒋乃华:《种粮大户需要农业社会化服务吗——基于江苏省扬州地区 264 个样本农户的调查》,《农业技术经济》2016 年第 8 期。

238. 夏冰、任晓明、杜明伟等:《黄河流域棉区秸秆还田下机采棉的氮肥用量和利用率研究》,《棉花学报》2016 年第 4 期。

239. 肖伏、杨建兵、皮海良等:《配合施肥对云南冬季亚麻纤维产量与品质的影响》,《中国麻业科学》2008 年第 1 期。

240. 谢光辉、韩东倩、王晓玉等:《中国禾谷类大田作物收获指数和秸秆系数》,《中国农业大学学报》2011 年第 1 期。

241. 谢光辉、王晓玉、韩东倩等:《中国非禾谷类大田作物收获指数和秸秆系数》,《中国农业大学学报》2011 年第 1 期。

242. 谢奎忠、黄高宝、李玲玲等:《施钾对旱地豌豆产量、水分效应及土壤钾素的影响》,《干旱地区农业研究》2007 年第 5 期。

243. 谢一芝、贾赵东、郭小丁等:《苏薯 11 号’的高产生理及栽培技术研究》,《上海农业学报》2014 年第 6 期。

244. 谢志华、李维江、苏敏等:《整枝方式与种植密度对蒜套棉产量和品质的效应》,《棉花学报》2014 年第 5 期。

245. 谢志坚、涂书新、张嵌等:《烤烟基肥施用时间与氮肥利用的相关性研究》,《中国生态农业学报》2013 年第 11 期。

246. 邢小宁、姚宝林、孙三民:《不同灌溉制度对南疆绿洲区膜下滴灌棉花生长及产量的影响》,《西北农业学报》2016 年第 2 期。

247. 熊承永、李健、黄利宏:《户用沼气池秸秆利用浅析》,《可再生能源》2003 年第 3 期。

248. 徐大伟、常亮、侯铁珊等:《基于 WTP 和 WTA 的流域生态补偿标准测算——以辽河为例》,《资源科学》2012 年第 7 期。

249. 徐海、宫彦龙、夏原野等:《中日水稻品种杂交后代的株型性状与产量和品质的关系》,《中国水稻科学》2016 年第 3 期。

250. 徐婷:《播期和密度对套作大豆光合特性、干物质积累及产量的影响》,硕士学位论文,四川农业大学,2014 年。

251. 徐勇峰、阮子学、吴翼等:《环洪泽湖地区耕地养殖污染负荷估算及其风险评价》,《南京林业大学学报(自然科学版)》2016 年第 4 期。

252. 许红:《不同类型甘蔗品种的叶梢产量及其养牛效益比较》,硕士学位论文,广西大学,2007 年。

253. 许清楷、黄美玲:《结球白菜施用"福佳"有机肥试验初报》,《现代农业》2015 年第 7 期。

254. 许少华、邢丹英、李鹏飞等:《江汉平原中稻直播适宜播种量研究》,《安徽农业科学》2011 年第 20 期。

255. 颜廷武、何可、崔蜜蜜等:《农民对作物秸秆资源化利用的福利响应分析——以湖北省为例》,《农业技术经济》2016 年第 4 期。

256. 颜廷武、何可、张俊飚:《社会资本对农民环保投资意愿的影响分析》,《中国人口·资源与环境》2016 年第 1 期。

257. 晏水平、高鑫、艾平等:《发酵条件对典型木质纤维素原料产沼气影响实验》,《农业机械学报》2013 年第 2 期。

258. 燕鹏:《水氮耦合对胡麻干物质积累和水分有效利用的研究》,硕士学位论文,甘肃农业大学,2016 年。

259. 杨欢、赵浚宇、施凯等:《磷素施用对鲜食糯玉米养分积累分配和产量的影响》,《玉米科学》2016 年第 1 期。

260. 杨吉顺、李尚霞、张智猛等:《施氮对不同花生品种光合特性及干物质积累的影响》,《核农学报》2014 年第 1 期。

261. 杨璐、于书霞、李夏菲等:《湖北省畜禽粪便温室气体减排潜力分析》,《环境科学学报》2016 年第 7 期。

262. 杨琼:《不同钾基因型烤烟(株系)的表型差异及钾素营养特性

研究》，硕士学位论文，湖南农业大学，2011 年。

263. 杨伟强、秦晓春、张吉民等:《花生壳在食品工业中的综合开发与利用》,《花生学报》2003 年第 1 期。

264. 杨小凯、张永生:《新兴古典经济学与超边际分析》(修订版),社会科学文献出版社 2003 年版。

265. 杨宗鹏:《大气 CO_2 浓度升高对绿豆生理生态的影响研究》，硕士学位论文，山西农业大学，2013 年。

266. 姚莉、庞良玉、林超文等:《不同施镁水平对泸州地区烤烟烟叶产量和品质的影响》,《四川农业大学学报》2016 年第 2 期。

267. 姚玮玮、储金宇、张波等:《乳业循环经济模式探讨与实践》,《广东农业科学》2010 年第 1 期。

268. 姚洋、张牧扬:《官员绩效与晋升锦标赛——来自城市数据的证据》,《经济研究》2013 年第 1 期。

269. 姚银安、杨爱华、徐刚:《两种栽培荞麦对日光 UV-B 辐射的响应》,《作物杂志》2008 年第 6 期。

270. 叶厚专、范业成:《我省农田养分平衡和循环基本参数》,《城乡致富》1999 年第 2 期。

271. 叶节连、苏有勇、张京景等:《玉米芯发酵产沼气潜力的实验研究》,《化学与生物工程》2011 年第 4 期。

272. 叶雪松:《耕作方式对土壤物理性状、酶活性以及燕麦产量的影响》，硕士学位论文，内蒙古大学，2015 年。

273. 殷君华、任丽、李阳等:《不同药剂对花生叶斑病防效及其性状影响研究》,《陕西农业科学》2014 年第 10 期。

274. 应星:《农户、集体与国家——国家与农民关系的六十年变迁》,中国社会科学出版社 2014 年版。

275. 余敏江、刘超:《生态治理中地方与中央政府的“智猪博弈”》,《江苏社会科学》2011 年第 2 期。

276. 袁海荣、王立平、曹景平等：《稻壳中温厌氧消化产沼气试验研究》,《太阳能》2009 年第 6 期。

277. 曾春芝：《不同水分处理对大棚滴灌甜瓜产量与品质的影响》，硕士学位论文，华中农业大学，2009 年。

278. 曾锐：《成都市种养废弃物资源量调查及利用途径研究》，硕士学位论文，四川农业大学，2013 年。

279. 张存根、史照林：《秸秆养牛经济效益的初步分析》,《农业技术经济》1994 年第 1 期。

280. 张丹、闵庆文、成升魁等：《传统农业地区生态系统服务功能价值评估——以贵州省从江县为例》,《资源科学》2009 年第 1 期。

281. 张恩艳：《播期、密度对夏播高粱生长发育及产量的影响》，硕士学位论文，山西农业大学，2015 年。

282. 张福春、朱志辉：《中国作物的收获指数》,《中国农业科学》1990 年第 2 期。

283. 张红萍：《干旱胁迫对豌豆冠层生长及叶片生理生化指标的影响》，硕士学位论文，甘肃农业大学，2008 年。

284. 张宏天、张吉立、王宁等：《不同施氮方式对玉米各器官养分含量的影响》,《黑龙江八一农垦大学学报》2014 年第 1 期。

285. 张敬昇、李冰、王昌全等：《控释掺混氮肥对稻麦作物生长和产量的影响》,《浙江农业学报》2016 年第 8 期。

286. 张俊、汤丰收、刘娟等：《不同种植方式生育后期湿涝胁迫对花生生物量、根系形态及产量的影响》,《花生学报》2015 年第 4 期。

287. 张俊飚：《农业资源环境安全与利用问题研究》，中国农业出版社 2008 年版。

288. 张开乾、郑立龙：《陇中半干旱地区地膜覆盖和补灌对玉米及土壤温湿度的影响》,《节水灌溉》2016 年第 2 期。

289. 张苙云、谭康荣：《制度信任的趋势与结构：“多重等级评量”

的分析策略》,《台湾社会学刊》2005 年第 35 期。

290. 张连瑞、张忠福、宋金凤等:《不同灌水次数及灌水量对大麦的影响》,《农业科技与信息》2013 年第 11 期。

291. 张露雁、盛坤、乌云毕力格等:《种植密度对冬小麦产量及其构成因素的影响》,《山东农业科学》2015 年第 3 期。

292. 张明军、孙美平、姚晓军等:《不确定性影响下的平均支付意愿参数估计》,《生态学报》2007 年第 9 期。

293. 张鹏博、张杨珠、李洪斌:《烟稻轮作系统中烟草和晚稻施肥效应的比较研究》,《湖南农业科学》2014 年第 13 期。

294. 张全国:《沼气技术及其应用》,化学工业出版社 2005 年版。

295. 张曙光:《市场主导与政府诱导——评林毅夫的〈新结构经济学〉》,《经济学(季刊)》2013 年第 3 期。

296. 张田、卜美东、耿维:《中国畜禽粪便污染现状及产沼气潜力》,《生态学杂志》2012 年第 5 期。

297. 张婷婷、冯永忠、李昌珍等:《2011 年我国秸秆沼气化的碳足迹分析》,《西北农林科技大学学报(自然科学版)》2014 年第 3 期。

298. 张维迎:《博弈论与信息经济学》,上海人民出版社 1996 年版。

299. 张维迎:《博弈与社会》,北京大学出版社 2013 年版。

300. 张文彬、李国平:《环境保护与经济发展的利益冲突分析——基于各级政府博弈视角》,《中国经济问题》2014 年第 6 期。

301. 张晓英、梁新书、张振贤等:《异根嫁接对黄瓜适度水分亏缺下营养生长和养分吸收的影响》,《中国农业大学学报》2014 年第 3 期。

302. 张学昕、刘淑英、王平等:《不同氮磷钾配施对棉花干物质积累、养分吸收及产量的影响》,《西北农业学报》2012 年第 8 期。

303. 张艳华:《不同覆膜模式对大麦增产机理的试验报告》,《农业科技与信息》2016 年第 14 期。

304. 张艳丽:《PGPR、PAA 对谷子抗旱保苗机制的研究》,硕士学位论文，内蒙古农业大学，2014年。

305. 张玉梅、胡燕琳、顾大国等:《掐尖对扁豆主要农艺性状和产量的影响》,《上海农业学报》2013年第6期。

306. 赵超:《施肥对食用向日葵产量及相关性状的影响》，硕士学位论文，内蒙古农业大学，2015年。

307. 张志强、徐中民、程国栋:《条件价值评估法的发展与应用》,《地球科学进展》2003年第3期。

308. 赵九红:《句容市五种农田生态系统的养分平衡研究》，硕士学位论文，南京农业大学，2006年。

309. 赵黎明、陈喆芝、刘嘉玥:《低碳经济下地方政府和旅游企业的演化博弈》,《旅游学刊》2015年第1期。

310. 郑红裕:《播期、密度与施氮量对油菜收获指数的影响研究》，硕士学位论文，华中农业大学，2015年。

311. 郑甲成、刘婷、洪安喜等:《保护性耕作措施对豌豆和春小麦生长及产量的影响》,《灌溉排水学报》2012年第1期。

312. 郑立龙:《半干旱区地膜覆盖及补灌对玉米产量及干物质积累和分配的影响》,《节水灌溉》2015年第12期。

313. 郑英杰:《辽宁滨海稻区水稻新品系品质性状分析》,《中国农学通报》2015年第24期。

314. 中国农业部/美国能源部项目专家组编撰:《中国生物质资源可获得性评价》，中国环境科学出版社1998年版。

315. 周昆、常青、张勇:《美可特系列肥料在水稻生产中的应用效果》,《作物研究》2015年第5期。

316. 周黎安:《转型中的地方政府：官员激励与治理》，格致出版社2008年版。

317. 周志明、张立平、曹卫东等:《冬绿肥—春玉米农田生态系统服务功能价值评估》,《生态环境学报》2016年第4期。

318. 朱从桦、张嘉莉、王兴龙等:《硅磷配施对低磷土壤春玉米干物质积累、分配及产量的影响》,《中国生态农业学报》2016 年第 6 期。

319. 朱建春、李荣华、杨香云等:《近 30 年来中国农作物秸秆资源量的时空分布》,《西北农林科技大学学报(自然科学版)》2012 年第 4 期。

320. 朱立志、章力建、李红康:《农业污染防治的财政与市场补偿机制》,《财贸研究》2007 年第 4 期。

321. 朱荣、虎芳芳、李亚婷等:《花后干旱对春小麦光合特性及产量的影响》,《广东农业科学》2015 年第 17 期。

322. 朱统国、王佰众、李玉发等:《向日葵二比空立体通透栽培模式的应用研究》,《宁夏农林科技》2015 年第 7 期。

323. 朱元刚、高凤菊:《不同间作模式对鲁西北地区玉米—大豆群体光合物质生产特征的影响》,《核农学报》2016 年第 8 期。

324. 祝飞、乐美旺、胡金和等:《芝麻不同时期打顶对种子产量和光合速率的影响》,《江西农业学报》2012 年第 6 期。

325. 庄锦英:《决策心理学》,上海教育出版社 2006 年版。

326. 邹东月、邵立刚、王岩等:《施氮量与密度互作对春小麦生物性状和产量的影响》,《安徽农学通报》2015 年第 10 期。

327. 邹小云、熊洁、宋来强等:《不同甘蓝型油菜基因型氮营养效率差异的研究》,《江西农业学报》2015 年第 12 期。

328. 邹宇春、敖丹:《自雇者与受雇者的社会资本差异研究》,《社会学研究》2011 年第 5 期。

329. 邹昭晞:《北京农业生态服务价值与生态补偿机制研究》,《北京社会科学》2010 年第 3 期。

330.Adams D. C., Salois M. J., "Local versus Organic: A Turn in Consumer Preferences and Willingness-to-Pay", *Renewable Agriculture & Food Systems*,Vol.25, No.4, 2010.

331.Andeson J. C., Jam D. C., Chintagunta P. K., "Customer Value

Assessment in Business Markets: A State-of-Practice Study" , *Journal of Business-to-Business Marketing*, Vol.1, No.1, 1993.

332.Asrat S., Yesuf M., Carlsson F., et al., "Farmers' Preferences for Crop Variety Traits: Lessons for on-Farm Conservation and Technology Adoption" , *Ecological Economics*,Vol.69, No.12, 2010.

333.Ayres R. U., Kneese A. V., "Production, Consumption, and Externalities" , *American Economic Review*, Vol.59, No.3, 2001.

334.Baek Y. M., Chan, S. J., "Focusing the Mediating Role of Institutional Trust: How does Interpersonal Trust Promote Organizational Commitment?" , *Social Science Journal*, Vol.52, No.4, 2014.

335.Banerji A., Chowdhury S., De Groote H., et al., "Eliciting Willingness-to-Pay through Multiple Experimental Procedures: Evidence from Lab-in-the-Field in Rural Ghana" , *Canadian Journal of Agricultural Economics*, Vol.66, No.2, 2018.

336.Banzhaf H. S., "Economics at the Fringe: Non-Market Valuation Studies and Their Role in Land Use Plans in the United States" , *Journal of Environmental Management*,Vol.91, No.3, 2010.

337.Becker G. S., "A Theory of the Allocation of Time" , *Economic Journal*, Vol.75, No.299, 1965.

338.Bervell B., Umar I., "Validation of the UTAUT Model: Re-Considering Non-Linear Relationships of Exogeneous Variables in Higher Education Technology Acceptance Research" , *EURASIA Journal of Mathematics Science and Technology Education*, Vol.13, No.10, 2017.

339.Brady M. K., Robertson C. J., "An Exploratory Study of Service Value in the USA and Ecuador" , *International Journal of Service Industry Management*, Vol.10, No.5, 1999.

340.Briassoulis D., Hiskakis M., BabouE., et al., "Experimental

Investigation of the Quality Characteristics of Agricultural Plastic Wastes regarding Their Recycling and Energy Recovery Potential” , *Waste Management*, Vol.32, No.6, 2012.

341. Brock B. W. A., Durlauf S. N., “Discrete Choice with Social Interactions” , *Review of Economic Studies*, Vol.68, No.2, 2001.

342.Butz H. E., Goodstein L. D., “Measuring Customer Value: Gaining the Strategic Advantage” , *Organizational Dynamics*, Vol.24, No.3, 1996.

343.Calabresi G., Melamed A. D., “Property Rules, Liability Rules, and Inalienability: One View of the Cathedral” , *Harvard Law Review*, Vol.85, No.6, 1972.

344.Campbell D., Erdem S., “Position Bias in Best–Worst Scaling Surveys: A Case Study on Trust in Institutions” , *American Journal of Agricultural Economics*, Vol.97, No.4, 2015.

345.Carlin R. E., Love G. J., “Political Competition, Partisanship and Interpersonal Trust in Electoral Democracies” , *British Journal of Political Science*, No.48, 2016.

346.Castellanos–Verdugo M., Vega–Vázquez M., Oviedo–García M. Á., et al., “The Relevance of Psychological Factors in the Ecotourist Experience Satisfaction through Ecotourist Site Perceived Value” , *Journal of Cleaner Production*, Vol.124, No.6, 2016.

347.Ceglarz A., Beneking A., Ellenbeck S., et al., “Understanding the Role of Trust in Power Line Development Projects: Evidence from Two Case Studies in Norway” , *Energy Policy*, Vol.110, 2017.

348.Centner T. J., “Animal Feeding Operations: Encouraging Sustainable Nutrient Usage rather than Restraining and Proscribing Activities” , *Land Use Policy*, Vol.17, No.3, 2000.

349.Chan K. K., Misra S., “Characteristics of the Opinion Leader: A New

Dimension", *Journal of Advertising*, Vol.19, No.3, 1990.

350.Charkham J., "Corporate Governance: Lessons from Abroad", *European Business Journal*, Vol.2, No.4, 1992.

351.Cheng Y. H., Tseng W. C., "Exploring the Effects of Perceived Values, Free Bus Transfer, and Penalties on Intermodal Metro - Bus Transfer Users' Intention", *Transport Policy*, Vol.47, No.4, 2016.

352.Cimperman M., Makovec B. M., Trkman, P., "Analyzing Older Users' Home Telehealth Services Acceptance Behavior–Applying an Extended UTAUT Model", *International Journal of Medical Informatics*, Vol.90, 2016.

353.Clarkson M. B. E., "A Stakeholder Framework for Analysing and Evaluating Corporate Social Performance", *Academy of Management Review*, Vol.20, No.1, 1995.

354.Clarkson M. B. E., *A Risk Based Model of Stakeholder Theory*, Proceedings of Second Toronto Conference on Stakeholder Theory, 1994.

355.Clarkson M. B. E., *The Corporation and its Stakeholders: Classic and Contemporary Readings*. University of Toronto Press, 1998.

356.Cole R. J., "Social and Environmental Impacts of Payments for Environmental Services for Agroforestry on Small–Scale Farms in Southern Costa Rica", *International Journal of Sustainable Development & World Ecology*, Vol.3 No. 17, 2010.

357.Coleman J. S., "Social Capital in the Creation of Human Capital", *American Journal of Sociology*, Vol.94, No.S1, 1988.

358.Cuss ó X., Garrabou R., Tello E., "Social Metabolism in an Agrarian Region of Catalonia (Spain) in 1860–1870: Flows, Energy Balance and Land Use", *Ecological Economics*, Vol.58, No.1, 2006.

359.Demi Rbas T., Demi Rbas A. H., "Bioenergy, Green Energy. Biomass and Biofuels", *Energy Sources*, Vol.32, No.12, 2010.

360.Ding W., Niu H., Chen J., et al., "Influence of Household Biogas Digester Use on Household Energy Consumption in a Semi-rid Rural Region of Northwest China", *Applied Energy*, Vol.97, No.9, 2012.

361.Dodds W., Monroe K., "The Effect of Brand and Price Information on Subjective Product Evaluations", *Advances in Consumer Research*, Vol.12, No.3, 1985.

362.Egbendewe-Mondzozo A., Swinton S. M., Izaurralde C. R., et al., "Biomass Supply from Alternative Cellulosic Crops and Crop Residues: A Spatially Explicit Bioeconomic Modeling Approach", *Biomass and Bioenergy*, Vol.35, No.11, 2011.

363.Eggert A., Ulaga W., "Customer Perceived Value: A Substitute for Satisfaction in Business Markets?", *Journal of Business & Industrial Marketing*, Vol.17, No.2/3, 2002.

364.Elster J., "Social Norms and Economic Theory", *Journal of Economic Perspectives*, Vol.3, No.4, 1989.

365.Fabusuyi T., "Is Crime a Real Estate Problem? A Case Study of the Neighborhood of East Liberty, Pittsburgh, Pennsylvania", *European Journal of Operational Research*, Vol.268, No.3, 2018.

366.Fang J., George B., Wen C., et al., "Consumer Heterogeneity, Perceived Value, and Repurchase Decision-Making in Online Shopping: The Role of Gender, Age, and Shopping Motives", *Journal of Electronic Commerce Research*, Vol.17, No.2, 2016.

367.Fischel W. A ., "The Economics of Land Use Exactions: A Property Rights Analysis", *Law & Contemporary Problems*, Vol.50, No.1, 1987.

368.Fleischer A., Tsur Y., "Measuring the Recreational Value of Agricultural Landscape", *European Review of Agricultural Economics*,Vol.27, No.3, 2000.

369.Flint D. J., Woodruff R. B., Gardial S. F., "Customer Value Change in Industrial Marketing Relationships: A Call for New Strategies and Research", *Industrial Marketing Management*, Vol.26, No.2, 1997.

370.Foley J. A., Ramankutty N., Brauman K. A., et al., "Solutions for a Cultivated Planet", *Nature*, Vol.478, No.7369, 2011.

371.Freeman R. E., *Strategic Management: A Stakeholder Approach*, Cambridge University Press, 1984.

372.Gale B. T., *Managing Customer Value: Creating Quality and Service that Customers can See*, New York Free Press, 1994.

373.Gaunt J., "The Feasibility and Costs of Biochar Deployment in the UK", *Carbon Management*, Vol.2, No.3, 2014.

374.Gava O., Favilli E., Bartolini F., et al., "Knowledge Networks and Their Role in Shaping the Relations within the Agricultural Knowledge and Innovation System in the Agroenergy Sector. The Case of Biogas in Tuscany (Italy)", *Journal of Rural Studies*, Vol.56, 2017.

375.Gloy B. A., "The Potential Supply of Carbon Dioxide Offsets from the Anaerobic Digestion of Dairy Waste in the United States", *Applied Economic Perspectives and Policy*, Vol.33, No.1, 2011.

376.Godfray H. C., Beddington J. R., Crute I. R., et al., "Food Security: The Challenge of Feeding 9 Billion People", *Science*, Vol.327, No.5967, 2010.

377.He K., Zhang J. B., Feng J. H., et al., "The Impact of Social Capital on Farmers' Willingness to Reuse Agricultural Waste for Sustainable Development", *Sustainable Development*, Vol. 24, No.2, 2016.

378.He K., Zhang J. B., Zeng Y. M., et al., "Households' Willingness to Accept Compensation for Agricultural Waste Recycling", *Journal of Cleaner Production*, Vol.131, 2016.

379.Hecken G. V., Bastiaensen J., "Payments for Ecosystem Services:

Justified or not? APolitical View" , *Environmental Science & Policy*, Vol.13, No.8, 2010.

380.Heckman J. J., "China's Investment in Human Capital" , *Economic Development & Cultural Change*, Vol.51, No.4, 2003.

381.Heckman J.J., "Sample Selection Bias as a Specification Error" , *Econometrica*, Vol.47, No.1, 1979.

382.Herrero M., Henderson B., Havlík P., et al., "Greenhouse Gas Mitigation Potentials in the Livestock Sector" , *Nature Climate Change*, Vol.6, No.5, 2016.

383.Ho D. Y. F., "Toward an Asian Social Psychology: Relational Orientation" , in Kim U., J. Berry J. W. (Eds.), *Indigenous Psychologies: Experience and Research in Cultural Context*, Sage Publications, 1991.

384.Holloway G., Lapar M. L. A., "How Big is Your Neighbourhood? Spatial Implications of Market Participation Among Filipino Smallholders" , *Journal of Agricultural Economics*, Vol. 58, No.1, 2007.

385.Hsu C. L., Lin C. C., "Effect of Perceived Value and Social Influences on Mobile App Stickiness and In-pp Purchase Intention" , *Technological Forecasting & Social Change*, Vol.108, No.7, 2016.

386.Hsu F. L. K., *American and Chinese: Passage to Differences*, University of Hawaii Press, 1981.

387.Ivey M. L. L., Lejeune J. T., Miller S. A., "Vegetable Producers' Perceptions of Food Safety Hazards in the Midwestern USA" , *Food Control*, Vol.26, No.2, 2012.

388.Iyengar R., Bulte C. V. D., Valente T. W., "Opinion Leadership and Social Contagion in New Product Diffusion" , *Informs*, Vol.30, No.2, 2011.

389.Jin H., Qian Y., Weingast B. R., "Regional Decentralization and Fiscal Incentives: Federalism, Chinese Style" , *Journal of Public Economics*,

Vol.89, No.9, 2005.

390.Jones G. R., George J. M., “The Experience and Evolution of Trust: Implications for Cooperation and Teamwork” , *Academy of Management Review*, Vol.23, No.3, 1998.

391.Khorasanizadeh H., Honarpour A., Park S. A., et al., “Adoption Factors of Cleaner Production Technology in a Developing Country: Energy Efficient Lighting in Malaysia” , *Journal of Cleaner Production*, Vol.131, 2016.

392.Knetsch J. L., Sinden J. A., “Willingness to Pay and Compensation Demanded: Experimental Evidence of an Unexpected Disparity in Measures of Value” , *Quarterly Journal of Economics*, Vol.99, No.3, 1984.

393.Kohnke A., Cole M. L., Bush R., “Incorporating UTAUT Predictors for Understanding Home Care Patients' and Clinician's Acceptance of Healthcare Telemedicine Equipment” , *Journal of Technology Management & Innovation*, Vol.9, No.2, 2014.

394.Kusiima J. M., Powers S. E., “Monetary Value of the Environmental and Health Externalities Associated with Production of Ethanol from Biomass Feedstocks” , *Energy Policy*, Vol.38, No.6, 2010.

395.Lee Y. K., Kim S. Y., Chung, N., et al., “When Social Media Met Commerce: A Model of Perceived Customer Value in Group-buying” , *Journal of Services Marketing*, Vol.30, No.4, 2016.

396.Lenton T. M., “The Potential for Land-Based Biological CO_2 Removal to Lower Future Atmospheric CO_2 Concentration” , *Carbon Management*, Vol.1 No.1, 2010.

397.Li, Y., Mu X., Schiller A. R., et al., “Willingness-to-Pay for Climate Change Mitigation: Evidence from China” , *Energy Journal*, Vol.37, No.1, 2016.

398.Lima., Marshall., "Utilization of Turkey Manure as Granular Activated Carbon: Physical, Chemical and Adsorptive Properties" , *Waste Management*, Vol.25, No.7, 2005.

399.Lin T. T. C., Paragas F., Bautista J. R., "Determinants of Mobile Consumers' Perceived Value of Location-Based Advertising and User Responses" , *International Journal of Mobile Communications*, Vol.14, No.2, 2016.

400.Luhmann N., *Trust and Power*, John Wiley and Sons, 1979.

401.Ma D., Hu S., Chen D., et al., "Substance Flow Analysis as a Tool for the Elucidation of Anthropogenic Phosphorus Metabolism in China" , *Journal of Cleaner Production*, Vol.29–30, No.10, 2012.

402.Mcfadden D., Leonard G. K., "Chapter IV–Issues in the Contingent Valuation of Environmental Goods: Methodologies for Data Collection and Analysis" , *Contributions to Economic Analysis*, Vol.220, 1993.

403.McFadden D., Leonard G. K., "Issues in the Contingent Valuation of Environmental Goods: Methodologies for Data Collection and Analysis" in Hausman, J. A.(Eds.), *Contingent Valuation: A Critical Assessment*, North-Holland Press, 1993.

404.Mcmanus M. C., "Life Cycle Impacts of Waste Wood Biomass Heating Systems: A Case Study of Three UK Based Systems" , *Energy*, Vol. 35, No.10, 2010.

405.Medeiros J. F. D., Ribeiro J. L. D., Cortimiglia M. N., "Influence of Perceived Value on Purchasing Decisions of Green Products in Brazil" , *Journal of Cleaner Production*, Vol.110, No.1, 2016.

406.Meeussen L., Dijk H. V., "The Perceived Value of Team Players: A Longitudinal Study of How Group Identification Affects Status in Work Groups" , *European Journal of Work & Organizational Psychology*, Vol.25,

No.2, 2015.

407.Milder J. C., Scherr S. J., Bracer C., “Trends and Future Potential of Payment for Ecosystem Services to Alleviate Rural Poverty in Developing Countries” , *Ecology & Society*, Vol.15, No.2, 2010.

408.Mitchell R. K., Agle B R., Wood D J., “Toward a Theory of Stakeholder Identification and Salience: Defining the Principle of who and what really Counts” , *Academy of Management Review*, Vol.22, No.4, 1997.

409.Mittal S., Ahlgren E. O., Shukla P. R., “Barriers to Biogas Dissemination in India: A Review” , *Energy Policy*, Vol.112, 2018.

410.Monroe K. B., *Pricing: Making Profitable Decisions*, New York McGraw–Hill, 1990.

411.Mulu G. M., Belay S., Getachew E., et al., “Factors Affecting Households’ Decisions in Biogas Technology Adoption, the Case of Ofla and Mecha Districts, Northern Ethiopia” , *Renewable Energy*, Vol.93, 2016.

412.Naganathan G., Kuluski K., Gill A., et al., “Perceived Value of Support for Older Adults Coping with Multi–orbidity: Patient, Informal Care–Giver and Family Physician Perspectives” , *Ageing & Society*, Vol.36, No.9, 2016.

413.Narloch U., “Cost–Effectiveness Targeting under Multiple Conservation Goals and Equity Considerations in the Andes” , *Environmental Conservation*,Vol.38, No.4, 2011.

414.Nelson F., Foley C., Foley L. S., et al., “Payments for Ecosystem Services as a Framework for Community–Based Conservation in Northern Tanzania” , *Conservation Biology*, Vol.24, No.1, 2010.

415.Nisbet M. C., Kotcher J. E., “A Two–Step Flow of Influence?: Opinion–Leader Campaigns on Climate Change” , *Science Communication*, Vol.30, No.3, 2009.

416.Nysveen H., Pedersen P. E., "Consumer Adoption of RFID-Enabled Services. Applying an Extended UTAUT Model" , *Information Systems Frontiers*, Vol.18, No.2, 2016.

417.Olson M., *The Logic of Collective Action*, Harvard University Press, 1965.

418.Ostrom E., *Governing he Commons: The Evolution of Institutions for Collective Action*, Cambridge University Press, 1990.

419.Parker D., "Controlling Agricultural Nonpoint Water Pollution: Costs of Implementing the Maryland Water Quality Improvement Act of 1998" , *Agricultural Economics*, Vol.24, No.1, 2000.

420.Peter N. W., Johnny M., Lars D., "Biogas Energy from Family-Sized Digesters in Uganda: Critical Factors and Policy Implications" , *Energy Policy*, Vol.37, 2009.

421.Pigou A. C., *The Economics of Welfare*, Palgrave MacMillan, 1920.

422.Portes A., Sensenbrenner J., "Embeddedness and Immigration: Notes on the Social Determinants of Economic Action" , *American Journal of Sociology*, Vol.98, No.6, 1993.

423.Procaccia U., Segal U., "Super Majoritarianism and the Endowment Effect" , *Theory and Decision*, Vol.55, No.33, 2003.

424.Putnam R. D., *Making Democracy Work: Civic Traditions in Modern Italy*, Princeton University Press, 1993.

425.Pyburn M., Puzacke K., Halstead J. M., et al., "Sustaining and Enhancing Local and Organic Agriculture: Assessing Consumer Issues in New Hampshire" , *Agroecology & Sustainable Food Systems*, Vol.10, No.2, 2014.

426.Pynnönen M., Ritala P., Hallikas J., "The New Meaning of Customer Value: A Systemic Perspective" , *Journal of Business Strategy*, Vol.32 No.1, 2011.

427.Qian Y., Roland G., "Federalism and the Soft Budget Constraint" , *American Economic Review*, Vol.88, No.5, 1998.

428.Qian Y., Weingast B. R., "Federalism as a Commitment to Preserving Market Incentives" , *Working Papers*, Vol.11, No.4, 1997.

429.Randall A., Hoehn J. P., Brookshire D. S., "Contingent Valuation Surveys for Evaluating Environmental Assets" , *Natural Resources Journal*, Vol.23, No.3, 1983.

430.Rezaei R., Ghofranfarid M., "Rural Households' Renewable Energy Usage Intention in Iran: Extending the Unified Theory of Acceptance and Use of Technology" , *Renewable Energy*, Vol.122, 2018.

431.Robinson G. M., "Ontario' s Environmental Farm Plan: Evaluation and Research Agenda" , *Geoforum*, Vol.37, No.5, 2006.

432.Rogers E.M., *Diffusion of nnovations* (*5th Edition*), Free Press, 2003.

433.Rothstein B., *Social Traps and the Problem of Trust*, Cambridge University Press, 2005.

434.Ruhl J. B., "Farms, Their Environmental Harms, and Environmental Law" , *Ecology Law Quarterly*, Vol.27, No.2, 2000.

435.Sakashita C., Jan S., Senserrick T., et al., "Perceived Value of Motorcycle Training Program: The Influence of Crash History and Experience of the Training" , *Traffic Injury Prevention*, Vol.15, No.4, 2014.

436.Savola H., "Biogas Systems in Finland and Sweden: Impact of Government Policies on the Diffusion of Anaerobic Digestion Technology" , *Earth & Environmental Sciences*, Vol.6, 2006.

437.Searchinger T., Heimlich R., Houghton R. A., et al., "Use of U.S. Croplands for Biofuels Increases Greenhouse Gases through Emissions from Land-se Change" , *Science*, Vol.319, No.5867, 2008.

438.Simova J., Cinkanova L., "Attributes Contributing to Perceived Customer

Value in the Czech Clothing On-ine Shopping" , *E & M Ekonomie a Management*, Vol.19, No.3, 2016.

439.Song G. B., Jie S., Zhang S. S., "Modelling the Policies of Optimal Straw Use for Maximum Mitigation of Climate Change in China from a System Perspective" , *Renewable and Sustainable Energy Reviews*, Vol.55, No.3, 2016.

440.Tian X., Wu Y., Qu S., et al., "The Disposal and Willingness to Pay for Residents' Scrap Fluorescent Lamps in China: A Case Study of Beijing" , *Resources Conservation & Recycling*, Vol.114, 2016.

441.Tyler T. R., *Why People Obey the Law*, Yale University Press, 1990.

442.Ulaga W., Chacour S., "Measuring Customer-erceived Value in Business Markets: A Prerequisite for Marketing Strategy Development and Implementation" , *Industrial Marketing Management*, Vol.30, No.6, 2001.

443.Uslaner E., *The Moral Foundations of Trust*, Cambridge University Press, 2002.

444.Vandekerckhove W., "What Managers Do: Comparing Rhenman and Freeman" , *Philosophy of Management*, Vol.8, No.3, 2009.

445.Vasseur V., Kemp R., "The Adoption of PV in the Netherlands: A Statistical Analysis of Adoption Factors" , *Renewable & Sustainable Energy Reviews*, Vol.41, 2015.

446.Veer A. J. E. D., Peeters J. M., Brabers A. E., et al., "Determinants of the Intention to Use E-Health by Community Dwelling Older People" , *BMC Health Services Research*, Vol.15, No.3, 2015.

447.Venkatachalam L., "The Contingent Valuation Method: A Review" , *Environmental Impact Assessment Review*, Vol.24, No.1, 2004.

448.Venkatesh V., Morris M. G., Davis G. B., et al., "User Acceptance of Information Technology: Toward a Unified View", *MIS Quarterly*, Vol.27,

No.3, 2003.

449.Vermeulen S. J., Campbell B. M., Ingram J. S. I., "Climate Change and Food Systems", *Social Science Electronic Publishing*, Vol. 37, No.37, 2012.

450.Weibull J. W., "The 'as if' Approach to Game Theory: 3 Positive Results and 4 Obstacles", *European Economic Review*, Vol.38, 1994.

451.Wheeler D., Sillanpa A. M., "Including the Stakeholders: The Business Case", *Long Range Planning*, Vol.31, No.2, 1998.

452.Whitman T., Scholz S. M., Lehmann J., "Biochar Projects for Mitigating Climate Change: An Investigation of Critical Methodology Issues for Carbon Accounting", *Carbon Management*, Vol.1, No.1, 2010.

453.Whittaker C., Mcmanus M. C., Hammond G. P., "Greenhouse Gas Reporting for Biofuels: A Comparison between the RED, RTFO and PAS2050 Methodologies", *Energy Policy*, Vol. 39, No.10, 2011.

454.Woodall T., "Conceptualising Value for The Customer: An Attributional, Structural and Dispositional Analysis", *Academy of Marketing Science Review*, Vol.12, 2003.

455.Woodruff R. B., "Customer Value: The Next Source of Competitive Advantage", *Journal of the Academy of Marketing Science*, Vol.25, No.2, 1997.

456.Woolcock M., "Social Capital and Economic Development: Toward a Theoretical Synthesis and Policy Framework", *Theory and Society*, Vol.27, No.2, 1998.

457.Xu Y., Yao Y., "Informal Institutions, Collective Action, and Public Investment in Rural China", *American Political Science Review*, Vol.109, No.2, 2015.

458.Yang H., Yu J., Zo H., et al., "User Acceptance of Wearable Devices",

Telematics & Informatics, Vol.33, No.2, 2016.

459.Yang W. H., Bryan B. A., Macdonald D. H., et al., "A Conservation Industry for Sustaining Natural Capital and Ecosystem Services in Agricultural Landscapes", *Ecological Economics*, Vol.69, No.4, 2010.

460.Yoo J., Park M., "The Effects of E-ass Customization on Consumer Perceived Value, Satisfaction, and Loyalty toward Luxury Brands", *Journal of Business Research*, Vol.69, No.12, 2016.

461.Zeithaml V. A., "Consumer Perceptions of Price, Quality, and Value: A Means-End Model and Synthesis of Evidence", *Journal of Marketing*, Vol.52, No.3, 1988.

462.Zeithaml V. A., Parasuraman A., Berry L. L., "Delivery Quality Service: Balancing Customer Perceptions and Expectations", *Journal of Marketing*, Vol.62, No.2, 1990.

463.Zhao Y., Kou G., Peng Y., et al., "Understanding Influence Power of Opinion Leaders in E-Commerce Networks: An Opinion Dynamics Theory Perspective", *Information Sciences*, Vol.426, 2018.

464.Zheng C., Yu X., Ji, Q., "How User Relationships Affect User Perceived Value Propositions of Enterprises on Social Commerce Platforms", *Information Systems Frontiers*, Vol.19, No.6, 2017.

后　记

在一定的制度安排下，市场能够实现对资源的有效配置。然而，一旦这些制度安排难以满足，就会出现“市场失灵”的状况。就本书而言，利益相关者开展农业废弃物资源化的目的之一是通过减少非合意产出来提高农业生产的效率。要实现资源的最优配置，边际私人收益需与边际社会收益相等。但是，由于农业废弃物资源化的正外部性与公共物品性质，其所带来的生态福利几乎被社会中所有居民无偿享有，而非被开展资源化利用的利益相关者独擅其美。这意味着，这些利益相关者无法获得与农业废弃物资源化正外部性等价的收益。因而，在没有约束或激励政策的条件下，其开展农业废弃物资源化的动力不足，仅依靠市场调控难以实现资源的最优化配置。由此，笔者认为，农业废弃物资源化的正外部性与公共物品性质，是导致当前农业废弃物资源化供给水平不足的主要经济学缘由。

事实上，开展农业废弃物资源化利用需要投入大量的人力、物力和财力，因而，在没有管制，且农业废弃物资源化产品处于无市场或薄市场的情况下，理性的利益相关者为了追求自身利益最大化，其最佳决策为提供一个“较低”程度（甚至是“不提供”）的农业废弃物资源化利用水平。然而，作为政府管理机构，其行为目标在追求经济利益的同时，还需通过科学构建约束与激励机制，推动经济发展与环境保护的“双赢”，从而实现可持续发展。因而，对于政府而言，所有利益相关者的边际社会收益曲线垂直加总同时也应当是社会对于农业废弃物资源化利用水平的需求曲线。要达成这一目标，则需弥补利益相关者因开展农业废弃物资源化利用而遭受的净损失（也可称为机会成本）。由此，笔者认为，要将农业废弃物资源化的理论“潜在价值”顺利转化为市场“真实价值”，一种行之有效的策略是，通过生态补偿的方式，将农业废弃物资源化的正外部性内部化，以实现帕累托最优。

不过，农业废弃物资源化依赖“补偿”推进并非长久之计。杨小凯（2003）指出：“随着分工的演进，不仅迂回生产链的链条种类数增加，而且结构的一些新连接也出现了”。由此可以推断，通过深化分工来改变农业的弱质特性，或是推进以农业废弃物资源化为核心的循环农业实现由高生态低效益向高生态高效益“惊险一跃”的内在逻辑线索。从农业内部产业的深化来看，对农业废弃物这一非合意产出进行资源化利用需要增加中间品的投入，这无疑有助于提高生产的迂回程度，从而改善农业的生产特性；开展农业废弃物资源化利用，能够降低环境污染、维护乡村景观，从而推动休闲观光生态农业的发展，改善农业的功能特性。从农业向非农产业延伸来看，不同农业废弃物产生量的农场、不同农业废弃物处理能力的基地之间的分工与合作，有助于扩大市场网络并增加就业，从而改善农业的组织特性；将农业废弃物加工成具有专业化经济特征的生态产品（如沼气、人造板材），在其卷入贸易后可获得经济回报，从而改善农业的产品特性。因而，从长远来看，伴随农业废弃物资源化与产业经济发展共生互促机制的逐步建立，农业的分工效率将大为改善，农业废弃物资源化的经济价值、生态价值和社会价值实现有机统一将不再是南柯一梦，即农业废弃物资源化利用系统在一定程度上实现了“自我补偿”。由此，笔者认为，在经过长期的努力之后，农业废弃物资源化利用与产业经济发展融合和协调发展机制将实现常态化。在此境况下，即使不予补偿，农业废弃物资源化利用系统亦将得以顺利运转。

然而，令人遗憾的是，尽管学界针对农业废弃物资源化的研究源远流长，但有关农业废弃物资源化生态补偿的研究十分罕见，几乎未有先例。本书愿作引玉之砖，尝试以“价值评估—利益博弈—补偿机制”为逻辑主线，以农作物秸秆、畜禽粪尿两类主要农业废弃物为研究对象，基于宏观统计数据与微观调查数据，评估农业废弃物资源化的理论“潜在价值”和市场“真实价值”；从利益相关者的博弈分析中，解构农业废弃物资源化市场“失灵”的原因。在此基础上，研究并设计以生态补偿制度为核心的中国农业废弃物资源化利用整体系统模型。

需要指出的是，本书是在笔者博士学位论文的基础上进一步修订而成的。自 2018 年 5 月签订出版合同起，书稿修订工作历时 8 个月，许多表格的数据都经过了重新演算、修正，部分章节几近重写。正是在师长、亲友的鼎力支持下，本书才得以成功付梓。在此，首先感谢我的博士生导师张俊飚教授。2011 年幸得天眷顾，拜入恩师门下，从那时起便与农业资源与环境经济结下了不解之缘，并于 2012 年开始了农业废弃物资源化生态补偿研究。五年的求学生涯中，恩师的耳提面命、身体力行，让我逐渐明白：学者的世界不止有桃李芬芳的繁盛，更应有为国为民的担当。如今走上讲台已近两年，重新审视自我，惊觉我的世界观、价值观、人生观竟然与恩师越来越像，方才明白“传承”二字的分量。同时，还要特别感谢颜廷武教授。数据是实证研究的生命，正是颜师兄带领团队冒着炎炎烈日深入农村一线开展调研，本书才有了真实、鲜活、可靠的数据材料。张门子弟多才俊，衷心感谢曾杨梅、李芬妮、夏佳奇、陈柱康、畅华仪、罗斯炫、王璇、李心、李泽宇、程嘉宁、李红莉、王瑜洁等研究生在文字校对、格式调整方面的无私贡献。本书能够顺利出版，同样得益于人民出版社各位编辑老师付出的智慧与辛劳。在此还要诚挚感谢本书的责任编辑吴炤东副主任，包容了我的吹毛求疵，宽宥了我的屡次拖稿。

尽管笔者以尽心竭力的态度完成了书稿的写作，但受限于学识水平、学术能力、数据可得性等因素，本书难免有不足之处，敬请读者批评指正。笔者的通讯邮箱是：hekework@gmail.com。

何　可

2019 年 1 月 15 日

于狮子山

责任编辑:吴炤东
封面设计:肖　辉　王欢欢

图书在版编目(CIP)数据

农业废弃物资源化生态补偿/何可 著. —北京:人民出版社,2019.5
(农业与农村经济管理研究)
ISBN 978-7-01-020195-5

Ⅰ.①农…　Ⅱ.①何…　Ⅲ.①农业废物-废物综合利用-农业生态系统-补偿机制-研究-中国　Ⅳ.①X71

中国版本图书馆 CIP 数据核字(2018)第 286056 号

农业废弃物资源化生态补偿
NONGYE FEIQIWU ZIYUANHUA SHENGTAI BUCHANG

何　可　著

人民出版社 出版发行
(100706　北京市东城区隆福寺街 99 号)

中煤(北京)印务有限公司印刷　新华书店经销

2019 年 5 月第 1 版　2019 年 5 月北京第 1 次印刷
开本:710 毫米×1000 毫米 1/16　印张:23
字数:310 千字

ISBN 978-7-01-020195-5　定价:92.00 元

邮购地址 100706　北京市东城区隆福寺街 99 号
人民东方图书销售中心　电话 (010)65250042　65289539